高职高专"十四五"规划教材

电子元器件

（第 4 版）

汪明添　主　编

北京航空航天大学出版社

内 容 简 介

本书共分13章,第1~12章分别讲解电阻器、电容器、电感器和变压器、半导体器件、电接触件、电声器件、压电器件、显示器件、表面组装元器件、集成电路、霍尔元件、电池,主要介绍其外形、符号、命名方法、工作特性、主要应用、使用注意事项、好坏判断等;第13章讲解电子材料,包括绝缘材料、导电材料和磁性材料,主要介绍它们的种类、基本性能和应用等。每章后面配有习题,书末配有实训。

本书是再版书,是对旧版教材的总结、提炼和更新;增加了万能表部分的内容,强化实训,巩固基础,丰富知识,使教材更适于实际需要。

本书可作为高职高专学校电子类专业的教材,也可作为专业技校和相关领域工程技术人员的参考书。

图书在版编目(CIP)数据

电子元器件 / 汪明添主编. -- 4 版. -- 北京:北京航空航天大学出版社,2022.5

  ISBN 978 - 7 - 5124 - 3783 - 8

  Ⅰ.①电… Ⅱ.①汪… Ⅲ.①电子元器件—高等职业教育—教材 Ⅳ.①TN6

中国版本图书馆 CIP 数据核字(2022)第 087962 号

电子元器件(第 4 版)

汪明添　主　编

责任编辑　董立娟

*

北京航空航天大学出版社出版发行

北京市海淀区学院路 37 号(邮编 100191)　http://www.buaapress.com.cn

发行部电话:(010)82317024　传真:(010)82328026

读者信箱:emsbook@buaacm.com.cn　邮购电话:(010)82316936

涿州市新华印刷有限公司印装　各地书店经销

*

开本:710×1 000　1/16　印张:15.75　字数:354 千字

2022 年 6 月第 4 版　2024 年 9 月第 3 次印刷　印数:3 001~4 000 册

ISBN 978 - 7 - 5124 - 3783 - 8　定价:49.00 元

前　言

本书是再版书,是对旧版教材的总结、提炼和更新,增加了万用表部分的内容,强化实训,巩固基础,丰富知识,使教材更适于实际需要。

本书是高等职业教育电子信息类专业的教材,是根据教育部高职高专培养目标和对本课程的基本要求编写的。

元器件是组成电子电路的最小单元。任何行业应用的电器、高科技电子产品、复杂的电子电路,都是由多种元器件组合而成的。学习元器件的相关知识是掌握电子技术的基础。本书是电子信息类专业入门性质的重要技术基础课程和需要长期备用的书籍。

本书编写过程中力求做到以下几个特点:

第一,保证内容基本够用,同时尽量避免和后续电子专业课程内容的重复;力求便于教师教学,便于学生学习、记忆;淡化理论和内部结构,突出实践和外部应用;结合当前高职学校培养技能型人才的要求,力求内容够用、实用。

第二,注重实践。《电子元器件》是一门实用性很强的课程,本书在阐述元器件结构和特性的同时,也用较大篇幅简述了元器件的检测和应用。在书后面列有元器件实训,旨在提高学生对本课程理论知识的理解,提高学生的实践动手能力和学习兴趣。

第三,通俗易懂。本书在内容的取舍上严格按高职教材"必需""够用"的原则进行,使教材内容做到清楚、准确、简洁。在编写过程中,尽量注意深入浅出,说理清楚,力求做到通俗易懂,可读性好。为此,编者在书中插入了大量的元器件实物图片,使得内容更直观、更形象、更生动、更容易理解和记忆。

本书共分13章,第1~12章分别讲解电阻器、电容器、电感器和变压器、半导体器件、电接触件、电声器件、压电器件、显示器件、表面组装元器件、集成电路、霍尔元件、电池,主要介绍它们的外形、符号、命名方法、工作特性、主要应用、使用注意事项、好坏判断等;第13章讲解电子材料,包括绝缘材料、导电材料和磁性材料,主要介绍它们的种类、基本性能和应用等。每章后面配有习题,书末配有实训。

本书可作为高职高专电子类专业的教材,也可作为专业技校和相关领域工程技术人员的参考书。

本书由贵州电子信息职业技术学院教师汪明添主编,谢忠福、吴文涛、吴政江为副主编,陆忠梅参与了本书的编写。其中,汪明添编写了前言、第1、4、8、10~13章、元器件实训及附录。谢忠福编写了第2章。陆忠梅编写了第3、5、7章。吴政江编写了第6章。吴文涛编写了第9章。贵州电子信息职业技术学院教师石锦闪担任主审。

本书编写过程中参考了大量文献和书籍,在此,对这些文献的作者深表感谢。

由于编者的水平有限,本书难免有欠妥之处,并且新型材料和元器件不断出现,书中不能一一介绍,真诚希望广大读者批评指正,以期完善和更新。有兴趣的读者可以发送邮件到:wmt8899@sina.com,与作者进一步沟通;也可发送邮件到:xdhydcd5@sina.com,与本书策划编辑进行交流。

本书配有电子课件,有需要的教师可发送电子邮件免费索取。

编　者

2022 年 5 月

目　　录

第 **1** 章

电阻器

各种导电材料对通过的电流总呈现一定的阻碍作用,并将电流的能量转换成热能,这种阻碍作用称为电阻。具有电阻性能的实体元件称为电阻器。加在电阻器两端的电压 U 与通过电阻器的电流 I 之比,称为该电阻器的电阻值 R,单位为欧姆(Ω)。

电阻器在电路中的用途是阻碍电流通过。具体说,电阻器在电气装置中的作用,大致可以归纳为降低电压、分配电压、限制电路电流、向各种电子元器件提供必要的工作条件(电压或电流)等几种功能。

电阻器一般分为固定电阻器、可变电阻器和敏感电阻器 3 大类。

1.1 固定电阻器

1.1.1 电阻器的电路符号和主要性能参数

1. 电阻器的电路符号和单位

凡阻值固定不能调节的电阻器称为固定电阻器,其电路符号如图 1.1.1 所示。在电路中,大部分电阻器的功率较小,除个别额定功率要求较高以外,电路图中一般不标出电阻器的额定功率。

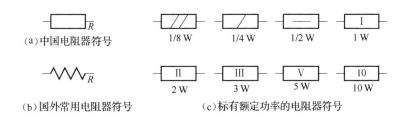

图 1.1.1 固定电阻器的电路符号

电阻器单位有 Ω、$k\Omega$、$M\Omega$、$G\Omega$、$T\Omega$ 等,它们的关系如下:

$$1 \text{ T}\Omega = 1\,000 \text{ G}\Omega; 1 \text{ G}\Omega = 1\,000 \text{ M}\Omega; 1 \text{ M}\Omega = 1\,000 \text{ k}\Omega; 1 \text{ k}\Omega = 1\,000 \text{ }\Omega.$$

2. 电阻器的主要性能指标

(1)标称阻值

为了便于工业上大量生产和使用者在一定范围内选用,国家规定了一系列值作为电阻器的阻值标准,即标称阻值系列。

我国电阻器的标称阻值有 E6、E12、E24、E48、E96、E192 几种系列,其中 E6、E12、E24 比较常用,如表 1.1.1 所列。标称值不连续分布,若将表中各数乘 10^n 可得到不同阻值的电阻器,如 1.1×10^3 为 $1.1\ \text{k}\Omega$ 电阻器。

(2)允许误差

允许误差是指电阻器的标称值与实际阻值之差。在电阻器的生产过程中,由于技术原因实际电阻值与标称电阻值之间难免存在偏差,因而规定了一个允许误差参数,也称为精度。

$$电阻器的允许误差 = \frac{电阻器的实际值 - 电阻器标称值}{电阻标称值} \times 100\%$$

常用电阻器的允许误差分别为 $\pm 5\%$、$\pm 10\%$、$\pm 20\%$,对应的精度等级分别为Ⅰ、Ⅱ、Ⅲ级。

表 1.1.1 电阻器参数表

系列	允许误差	标称值												精度等级
E24	$\pm 5\%$	1.0	1.1	1.2	1.3	1.5	1.6	1.8	2.0	2.2	2.4	2.7	3.0	Ⅰ
		3.3	3.6	3.9	4.3	4.7	5.1	5.6	6.2	6.8	7.5	8.2	9.1	
E12	$\pm 10\%$	1.0	1.2	1.5	1.8	2.2	2.7	3.3	3.9	4.7	5.6	6.8	8.2	Ⅱ
E6	$\pm 20\%$	1.0	1.5	2.2	3.3	4.7	6.8							Ⅲ

(3)额定功率 P

额定功率是指在一定条件下,电阻器能长期连续负荷而不改变性能的允许功率。额定功率的大小也称瓦(W)数的大小,如 1/8 W、1/4 W、1/2 W、1 W、2 W、3 W、5 W、10 W、20 W,一般用数字印在电阻器的表面上,如图 1.1.1(c)所示。如果无此标识,可由电阻器的体积大致判断其额定功率的大小。如 1/8 W 电阻外形尺寸为 8 mm、直径为 2.5 mm;1/4 W 电阻器的外形尺寸长为 12 mm、直径为 2.5 mm。

此外电阻器的参数还有最高工作温度、极限工作电压、稳定性、噪声电动势、绝缘电阻、绝缘耐压、高频特性和机械强度等。

1.1.2　电阻器的型号命名

根据国家标准(GB2470—81)规定,国产电阻器的型号由 4 个部分组成,如表 1.1.2 所列。

表1.1.2　电阻器和电位器的型号命名方法

第一部分:主称		第二部分:电阻器材料		第三部分:产品分类		第四部分:序列号
字母	含义	字母	含义	符号	产品类型	用数字表示
R	电阻器	T	碳膜	1	普通	
		H	合成碳膜	2	普通	
		I	玻璃釉膜	3	超高频	
		J	金属膜	4	高阻	
		N	无机实芯	5	高温	
		S	有机实芯	6	—	
W	电位器	X	绕线	7	精密	
		Y	氧化膜	8	高压	
		C	沉积膜	9	特殊	
				G	高功率	
				T	可调	
				W	微调	
				D	多圈可调	

例如,RJ-71为精密金属膜电阻,RXT-2为可调绕线电阻,RT-2为普通碳膜固定电阻器。

1.1.3　电阻器的识别方法

电阻器的主要参数(标称阻值和允许误差)可标在电阻器上,以供识别。固定电阻器的常用标志方法有以下3种:

1.直接标志法

直接标志法是指将电阻器的主要参数和技术性能指标直接印制在电阻器表面上,适用于体积较大(大功率)的电阻。直标法中标称阻值是用阿拉伯数字和单位符号在电阻器的表面直接标出。直标法中误差表示有直标误差和罗马文字误差。

直标误差就是用百分数表示允许误差,如图1.1.2(a)所示。

罗马文字误差就是用罗马文字表示允许误差,用"Ⅰ""Ⅱ""Ⅲ"表示误差等级。"Ⅰ"表示"±5%","Ⅱ"表示"±10%","Ⅲ"表示"±20%",如图1.1.2(b)所示。

2.文字符号法

文字符号法是用字母和数字符号有规律地组合来表示标称电阻值。允许误差也用文字符号表示。其规律是:符号位(Ω、K、M、G、T)表示电阻值的数量级别,如标识为5K7中的K表示电阻值的单位为kΩ,符号前面的数字表示电阻值整数部分的大小,符号后面的数字表示小数点后面的数值,即该电阻器的阻值为 5.7 kΩ。

例:Ω33→0.33 Ω   3Ω3→3.3 Ω   33Ω→33 Ω   330Ω→330 Ω

3K3→3.3 kΩ   33K→33 kΩ   3M3→3.3 MΩ   33M→33 MΩ

3G3→3 300 MΩ   33G→33 000 MΩ   3T3→3.3×10⁶ MΩ

表示允许误差的符号如表 1.1.3 所列。

表 1.1.3　表示允许误差的文字符号

文字符号	B	C	D	F	G	J	K	M	N
允许误差	±0.1%	±0.25%	±0.5%	±1%	±2%	±5%	±10%	±20%	±30%

文字符号标志法一般在大功率电阻器上应用较多,具有识读方便、直观的特点。

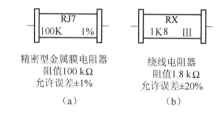

精密型金属膜电阻器　　　　绕线电阻器
阻值100 kΩ　　　　　　阻值1.8 kΩ
允许误差±1%　　　　　允许误差±20%
(a)　　　　　　　　(b)

图 1.1.2　直接标志示意图

3. 色环标志法

(1)四色环电阻

普通电阻器大多为四色环电阻。最靠近电阻器一端的第一条色环的颜色表示第一位有效数字,第二条色环的颜色表示第二位有效数字,第三条色环的颜色表示倍乘率,第四条色环的颜色表示允许误差。

(2)五色环电阻

精密电阻器大多为五色环电阻。其中,第一、第二、第三条色环表示第一、第二、第三位有效数字,第四条表示倍乘率,第五条表示允许误差,如图 1.1.3 所示。

第一位数　　　允许误差　　　第一位数　　　允许误差
第二位数　　倍乘率　　　第二位数　　　倍乘率
第三位数

图 1.1.3　色环标志示意图

四环电阻器色标符号规定如表 1.1.4 所列。在识读时,要区别电阻器的第一条色环和最后一条色环,否则会引起误读。以四环电阻的区别为例,首先第四环(允许误差)和第三环的距离比其他环间的距离较大(见图 1.1.3)。其次若误将第一环有效数字位读为误差位,则可能没有与它对应的误差颜色或有效数字颜色(见表 1.1.4)。最后用万用表测出电阻器阻值应与读出的阻值之差在合理的范围内,否则说明色环顺序读反了。

表 1.1.4　电阻器色标符号规定

颜　色	第一色环	第二色环	第三色环(倍乘)	第四色环(允许误差)
黑	0	0	$\times 10^0$	
棕	1	1	$\times 10^1$	$\pm 1\%$
红	2	2	$\times 10^2$	$\pm 2\%$
橙	3	3	$\times 10^3$	
黄	4	4	$\times 10^4$	
绿	5	5	$\times 10^5$	$\pm 0.5\%$
蓝	6	6	$\times 10^6$	$\pm 0.2\%$
紫	7	7	$\times 10^7$	$\pm 0.1\%$
灰	8	8	$\times 10^8$	
白	9	9	$\times 10^9$	$-50\% \sim +20\%$
金	—	—	$\times 10^{-1}$	$\pm 5\%$
银	—	—	$\times 10^{-2}$	$\pm 10\%$
本色(或称无色)	—	—	—	$\pm 20\%$

例:红紫橙金　$27 \times 10^3 (1 \pm 5\%)\Omega = 27(1 \pm 5\%)k\Omega$

棕黑红银　$10 \times 10^2 (1 \pm 10\%)\Omega = 1(1 \pm 10\%)k\Omega$

白紫蓝银绿　$976 \times 10^{-2}(1 \pm 0.5\%)\Omega = 9.76(1 \pm 0.5\%)\Omega$

1.1.4　常用固定电阻器和排电阻器

1. 常用固定电阻器

固定电阻器可根据制作材料和工艺的不同,分为碳膜、金属膜和绕线式等不同类型。

(1)碳膜电阻器(RT)

碳膜电阻器是在磁棒或瓷管上按一定的要求先涂一层碳质电阻膜,然后在两端装上帽盖,焊上引线,并在表面加涂保护漆,最后印上技术参数。图 1.1.4 为某碳膜电阻器实物图。这种电阻体的导电材料是碳膜层,故称为碳膜电阻器。

碳膜电阻器稳定性好,电压的改变对阻值影响很小。其阻值范围大,可以制作成几欧姆的低阻值电阻,也可以制作成几十兆欧的高阻值电阻。而且碳膜电阻器制作成本低,价格便宜,因此是目前使用得最多的一种电阻器,常在要求不高的收音机、录音机中得到广泛使用。

(2)金属膜电阻器(RJ)

金属膜电阻器的外形和碳膜电阻器相似,只是在磁棒或瓷管表面用真空蒸发或烧渗法制成金属膜,如镍铬合金膜和金铂合金膜等。金属膜电阻器体积更小,除具有碳膜电阻器的特征外,它比碳膜电阻器的精度更高,稳定性更好,噪声更低,阻值范围更宽,最明显的是其耐热性能超过碳膜电阻器。由于制作成本高,价格较贵。因此这类电阻器主要用于精密仪器仪表和高档的家用电器中,如音响设备、录像机等。图1.1.5为某金属膜电阻器实物图。

图1.1.4 碳膜电阻

图1.1.5 金属膜电阻

(3)金属氧化膜电阻器(RY)

金属氧化膜电阻器是在磁棒上沉积一层金属氧化膜制成,外形与性能均与金属膜电阻器相同,但其制造工艺简单,成本低,耐热耐压性能更好,但精度不如金属膜电阻器。图1.1.6为某金属氧化膜电阻器实物图。

(4)绕线电阻器(RX)

绕线电阻器是采用电阻系数较大的锰铜合金电阻丝或镍铬合金电阻丝绕在陶瓷管上制成的。在它的外层涂有耐热的绝缘层,其两端有引线或安装金属脚,可分为固定式和可调式两种。绕线电阻器的特点是精度高,噪声小,功率大,一般可承受3~100 W的额定功率。它的最大特点是耐高温,可以在150℃的高温下正常工作。但由于其体积大阻值不高(在1 MΩ以下),因此只适用于在需要大功率电阻器的电路中作分压电阻器、泄放电阻器或滤波电阻器。此外,精密的绕线电阻也用于电阻箱、测量仪器(如万用表)等电气设备和小型电讯仪器仪表中。由于绕线电阻器的电感较大,因而不能在高频电路中使用。图1.1.7为某绕线电阻器实物图。

图1.1.6 金属氧化膜电阻器

图1.1.7 绕线电阻器

水泥电阻器也属于一种绕线电阻器,是将绕线电阻体装在陶瓷绝缘壳中制成。图1.1.8为某水泥电阻器实物图。

(5)玻璃釉膜电阻器(RI)

玻璃釉是一种良好的绝缘物质,既光滑又坚硬。玻璃釉膜电阻器是在磁棒上涂覆一层金属和玻璃釉的混合物而制成。金属玻璃釉电阻器以它绝缘耐压高、温度系数小、噪声系数小、耐酸碱、耐潮湿、耐高温及稳定性可靠等特点,成为一种具有发展前途的电阻器。图1.1.9为某玻璃釉膜电阻器实物图。

2. 排电阻器(RI)

排电阻器简称排阻,是将多个电阻器集中封装在一起组合制成的。排阻具有装配方便、安装密度高等优点,大量应用在电视机、显示器、电脑主板、小家电中。

排阻通常都有一个公共端,在封装表面用一个小白点表示。排阻的颜色通常为黑色或黄色。图1.1.10为某排电阻器实物图。

图1.1.8 水泥电阻器

图1.1.9 玻璃釉膜电阻器

图1.1.10 某排电阻器实物图

排阻可分为SIP排阻、DIP排阻和SMD排阻。SIP排阻即为传统的直插式排阻,依照线路设计的不同,一般分为A、B、C、D、E、F、G、H、I等类型;DIP排阻即双列直插式排阻。SMD排阻即贴片式排阻,安装体积小,目前已在多数电路中取代了SIP排阻。常用的SMD排阻有8P4R(8引脚4电阻)和10P8R(10引脚8电阻)两种规格。SMD排阻电路原理如图1.1.11所示。

排阻的阻值与内部电路结构通常可以从型号上识别出来,其型号标识如图1.1.12所示。型号中的第一字母为内部电路结构代码,代码与电路内部结构的对应关系如图1.1.13所示。

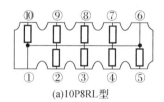
(a)10P8RL型

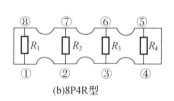
(b)8P4R型

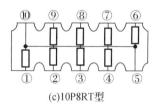
(c)10P8RT型

图1.1.11 SMD排阻电路原理图

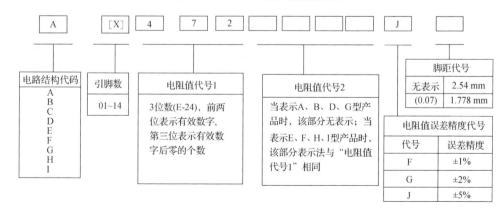

图1.1.12 排阻型号表示方法及含义

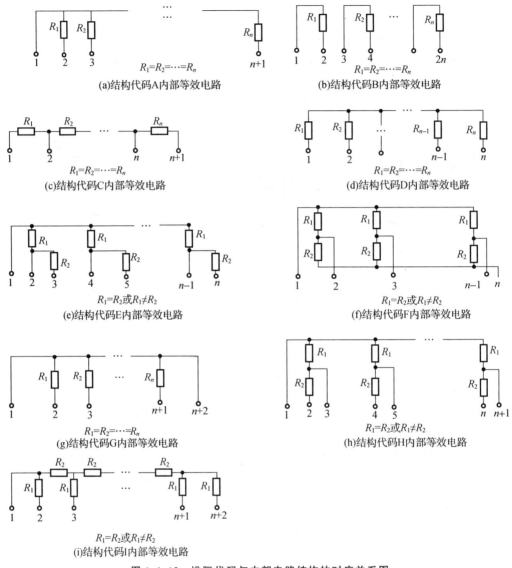

图 1.1.13 排阻代码与内部电路结构的对应关系图

排阻的阻值通常用 3 位数字表示,标注在电阻体表面。在 3 位数字中,从左至右的第一、第二位为有效数字,第三位表示前两位数字乘 10 的 n 次方(单位为 Ω)。如果阻值中有小数点,则用"R"表示,并占一位有效数字。例如:标识为"103"的阻值为 $10 \times 10^3 = 10$ kΩ;表示为"0"或"000"的排阻阻值为 0 Ω,这种排阻实际上是跳线(短路线)。

一些精密排阻采用 4 位数字加一个字母的标识方法(或者只有 4 位数字)。前 3 位数字分别表示阻值的百位、十位、个位数字,第四位数字表示前面 3 个数字乘 10 的 n 次方,单位为 Ω;数字后面的第一个英文字母代表误差(J=±5%、G=±2%、F=±1%、D=±0.25%、B=±0.1%、A 或 W=±0.05%、Q=±0.02%、T=±0.01%、V=±0.005%)。如标识为"2341"排阻的阻值为 234×10 Ω=2 340 Ω=2.34 kΩ。

有的排阻有两种阻值,在其表面会标注这两种电阻值,如 220 Ω/330 Ω,所以 SIP 排阻有方向性,使用时要小心。通常,SMD 排阻是没有极性的,不过有些类型的 SMD 排阻由于内部电路连接方式不同,应用时还是需要注意引出脚的排列方向和顺序的。如 10P8R 型的 SMD 排阻,因其①、⑤、⑥、⑩引脚内部连接不同,有 L 和 T 两种类型。L 型的①、⑥引脚相通,T 型的⑤、⑩引脚相通,分别如图 1.1.11(a)、(c)所示。因此,在使用 SMD 排阻时,应首先确认该排阻表面是否有①引脚的标注后再使用。

1.1.5　固定电阻器的测量与代换

1. 电阻器的测量

用万用表测量电阻器是测量阻值和判别其质量好坏的最简易方法。指针式万用表测量电阻的方法和步骤如下:

① 检查表针。在万用表测试棒未短接时,检查指针是否在零位(万用表左边的零位置)。如不在零位,可旋转机械调零旋钮,将指针调至零位,这种方法一般称为机械调零。

② 选择倍率挡。测量某一电阻器的阻值时,先把转换开关旋钮旋到电阻挡,然后再依据电阻器的阻值正确选择倍率挡。所选择的倍率挡应是读数时,万用表指针指在标度尺的中心部分附近(一般为 1/3～2/3 之间),读数才较准确。

③ 电阻挡调零(又称电气调零)。在测量电阻之前还必须将电阻挡调零。方法是:把万用表两表棒短接,看指针是否在表盘右边的零位。如有偏差,可用手转动电阻挡调零旋钮,将指针调到零位;否则,测得的读数将不准确。如调整电阻挡调零旋钮后,指针仍不到零位,则说明电压已不足,需要更换电池。要注意,在测量电阻时,每换一次倍率挡都必须重新电气调零一次。

④ 测量电阻。右手拿万用表两表笔,左手拿电阻器的中间,用两表笔接触电阻器的两引出端。读出指针所指的数值乘以所选择的倍乘挡的倍乘数,即为被测电阻的阻值。测量时,应尽量使万用表指针在标度尺的中心部分附近读数才较准确。

测量时要注意,手指不能同时接触电阻的两个引线,以免人体电阻与被测电阻并联,产生测量误差。对于体积较小的电阻,可放在桌上测量。在电路中测量电阻器时,一定要先切断电源,而且测量时需要将一端断开,以免受其他元器件的影响,造成测量误差。若电路中接有电容器,还必须将电容器放电,以免产生的电压将万用表烧坏。

2. 电阻器的代换

电阻器损坏需要更换时应尽可能选用原规格型号的电阻器。若没有相同规格的备件,此时,可以用以下方法进行代换:

① 相同种类电阻器在标称值相同时,功率大的电阻器可代换功率小的电阻器。

② 相同种类电阻器的串、并代换法。

如果几只相同种类电阻器串联阻值之和等于被更换电阻器的阻值,可以用串联方法替代。如一只 4.7 Ω 的电阻器烧坏,可用一只 2.0 Ω 和一只阻值为 2.7 Ω 的电阻器串联代换。串联的总电阻值等于各串联电阻器阻值之和,即 $R_总 = R_1 + R_2 + \cdots + R_n$。

如果几只相同种类电阻器并联阻值之和等于被更换电阻器的阻值,可以用并联方法替代。如一只 150 Ω 的电阻器烧坏,可用两只 300 Ω 的电阻器并联来代换。若 n 个电阻器并联,则并联总电阻 $\dfrac{1}{R_总} = \dfrac{1}{R_1} + \dfrac{1}{R_2} + \cdots + \dfrac{1}{R_n}$。

用串、并联代换法时,要考虑串、并联后的功率是否达到原来的要求。另外,串、并联后将使器件体积加大,可能给安装带来不便。

③ 其他种类及规格的代换。在代换时,要考虑性能与价格因素。在一般情况下,金属膜电阻器可以代换同阻值、同功率的碳膜电阻器,氧化膜电阻器可以代换金属膜电阻器。

1.2 可变电阻器

可变电阻器是指其阻值在规定的范围内可任意调节的变阻器,作用是改变电路中电压、电流的大小。可变电阻器可以分为半可调电阻器和电位器两类。半可调电阻器又称微调电阻器,是指阻值虽然可以调节,但在使用时经常固定在某一阻值上的电阻器。这种电阻器一经装配,阻值就固定在某一数值上,如晶体管应用电路中的偏流电阻。在电路中,如果需作偏置电流的调整,只要微调阻值即可;电位器是在一定范围内阻值连续可变的一种电阻器。图 1.2.1 为可变电阻器的电路符号。

(a)微调电阻器　　　(b)可变电阻器　　　(c)三端电位器　　　(d)两端电位器

图 1.2.1　可变电阻器的电路符号

1.2.1　常用电位器

1. 合成碳膜电位器

合成碳膜电位器的电阻体是用碳膜、石墨、石英粉和有机粉合剂等配成一种悬浮液,涂在玻璃釉纤维板或胶纸上制作而成。制作工艺简单,是目前应用最广泛的电位器。合成碳膜电位器的优点:阻值范围宽,分辨率高,能制成各种类型的电位器,寿命长,价格低,型号多。缺点:功率不太高,耐高温性、耐湿性差,阻值低的电位器不容易制作。图 1.2.2 为某合成碳膜电位器实物图。

2. 有机实芯电位器

有机实芯电位器是一种新型电位器,是用加热塑压的方法,将有机电阻粉压在绝缘体的凹槽内。有机实芯电位器与碳膜电位器相比,具有耐热性好、功率大、可靠性高、耐磨性好的优点,但温度系数大、动噪声大、耐潮性能差、制造工艺复杂、阻值精度较差。在小型化、高可靠、高耐磨性的电子设备以及交、直流电路中用作调节电压、电流。图 1.2.3 为某有机实芯电位器实物图。

图 1.2.2　合成碳膜电位器　　　　图 1.2.3　有机实芯电位器

3. 金属膜电位器

金属膜电位器是由金属合成膜、金属氧化膜、金属合金膜和氧化钽膜等几种材料经过真空技术,沉积在陶瓷基体上而制作的。优点:耐热性好,分辨率高,分布电感和分布电容小,噪声电动势很低。缺点:耐磨性不好,阻值范围小($10\ \Omega\sim100\ \text{k}\Omega$)。图 1.2.4 为某金属膜电位器实物图。

图 1.2.4　金属膜电位器

4. 绕线电位器

绕线电位器是将康铜丝或镍铬合金丝作为电阻体,并把它绕在绝缘骨架上制成。绕线电位器优点:接触电阻小,精度高,温度系数小。缺点:分辨率差,阻值偏低,高频特性差。其主要用作分压器、变压器、仪器中调零和调整工作点等。图 1.2.5 为某绕线电位器实物图。

5. 数字电位器

数字电位器取消了活动件,是一个半导体集成电路。优点为:调节精度高、没有噪声、有极长的工作寿命、无机械磨损、数据可读/写、具有配置寄存器和数据寄存器、多电平量存储功能、特别适合于音频系统、易于软件控制、体积小、易于装配。它适用于家庭影院系统,音频环绕控制、音响功放和有线电视设备。图 1.2.6 为某数字电位器实物图。

图 1.2.5　绕线电位器　　　　图 1.2.6　数字电位器

1.2.2 电位器的主要参数

电位器的主要参数有标称阻值、零位电阻、额定功率、分辨率、滑动噪声、阻值变化特性、耐磨性和温度系数等。

1.标称阻值、零位电阻和额定功率

电位器上标注的阻值称标称阻值,即电位器两定片端之间的阻值;零位电阻指电位器的最小阻值,即动片端与任一定片端之间最小阻值;电位器额定功率指在交、直流电路中,当大气压为 $87\sim107$ kPa,在规定的额定温度下长期连续负荷所允许消耗的最大功率。

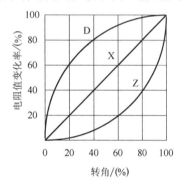

图 1.2.7 阻值变化特性曲线

2.电位器的阻值变化特性

阻值变化特性是指电位器的阻值随活动触点移动的长度或转轴转动的角度变化的关系,即阻值输出函数特性。常用有 3 种,即如图 1.2.7 所示的 D、X 和 Z 型。

(1)指数式(Z 型)

指数式电位器的阻值变化与动触点位置的变化呈指数关系。指数式电位器因电阻体上导电物质分布不均匀,电位器开始转动时,阻值变化较慢,转动角度到行程后半段时,阻值变化较快。指数式电位器适用于音量调节电路,因为人耳对声音响度的听觉最灵敏,当音量达到一定程度后,人耳的听觉逐渐变迟钝。所以,音量调节一般采用指数式电位器,使声音的变化显得平稳、舒适。

(2)对数式(D 型)

对数式电位器的阻值变化与动触点位置的变化呈对数关系。对数式电位器因电阻体上导电物质分布也不均匀,电位器开始转动时,阻值变化较快,转动角度到行程后半段时,阻值变化较慢。对数式电位器适用于与指数式电位器要求相反的电子电路,如电视机的对比度控制线路、音调控制电路。

(3)线性式(X 型)

线性式电位器的阻值变化与动触点位置的变化呈线性关系。线性式电位器电阻体上导电物质分布均匀,单位长度上的阻值大致相等,适于要求调节均匀的场合(如分压器)。

3.电位器的分辨率

电位器的分辨率也称分辨力,对绕线电位器来讲,当动接点每移动一圈时,输出电压的变化量与输出电压的比值为分辨率。直线式绕线电位器的理论分辨率为绕线总匝数的倒数,并以百分数表示。电位器的总匝数越多,分辨率越高。

4. 电位器的动噪声

当电位器在外加电压作用下，其动接触点在电阻体上滑动时，产生的电噪声称为电位器的动噪声。动噪声是滑动噪声的主要参数，动噪声的大小与转轴速度、接触点和电阻体之间的接触电阻、电阻体的电阻率不均匀变化、动接触点的数目以及外加电压的大小有关。

1.2.3　电位器的结构和种类

1. 电位器的结构

图 1.2.8 为旋转式电位器的结构图，由外壳、电阻体、滑动片、转动轴和焊接片组成。转动轴旋转时，电位器的滑动片紧贴着电阻体转动，这样①、②或③、②引出端的阻值会随着轴的转动而变化。当滑动片接近引出端①时，①和②端阻值接近于零，随着旋转轴转动，阻值慢慢增加，在滑动片转到③时，其阻值即为电位器

图 1.2.8　旋转式电位器的结构图

的标称值。使用时外壳应接地以抑制转动轴旋转时引起的干扰。

2. 电位器的种类

电位器种类很多，按调节机构的运动方式分为旋转式(见图 1.2.2)和直滑式(见图 1.2.9)电位器；按联数分为单联式(见图 1.2.2)和双联式电位器(见图 1.2.10)；按有无开关分为无开关和有开关两种；按输出函数特性分为线性式、对数式和指数式。

图 1.2.9　直滑式电位器

图 1.2.10　双联式电位器

1.2.4　电位器的检测

在调整好万用表的电阻挡及倍率挡后，用表笔分别连接电位器的①、③引出端，如图 1.2.8 所示，可测出该电位器的标称值。然后将万用表两表笔分别连接①、②端或②、③端，缓慢地转动电位器的旋转轴，观察表盘指针是否在连续、均匀地移动。如果发现有断续或跳动现象，则说明该电位器存在接触不良和阻值变化不匀问题。在转动的

起点和终点,应能测得①、②端或②、③端的标称电阻和零位电阻。然后测量电位器各端子与金属外壳及旋转轴之间的绝缘电阻,看其绝缘电阻是否足够大(正常接近无穷大)。最后测量电位器电源开关是否起作用,接触是否良好。

当电位器转动噪声大时,将无水酒精滴到电阻体上,反复滑动动片,再滴入一滴润滑油,以减小摩擦,可减小转动噪声。

1.3　敏感电阻器

敏感电阻器是指其阻值对某些物理量(如温度、电压等)表现敏感的电阻器,其型号和命名见附录 A。

1.3.1　热敏电阻器

1.热敏电阻器的符号和主要参数

(1)热敏电阻器的符号

热敏电阻器是用热敏半导体材料经一定烧结工艺制成的。这种电阻器受热时,阻值会随着温度的变化而变化。热敏电阻器有正、负温度系数型之分。正温度系数型电阻器(用字母 PTC 表示)指随着温度的升高,阻值增大;负温度系数型电阻器(用字母 NTC 表示)指随着温度的升高,阻值反而下降。

图 1.3.1(a)为热敏电阻器的电路符号。图 1.3.1(b)为某热敏电阻器的实物图。

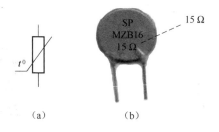

(a)　　　　　　　(b)

图 1.3.1　热敏电阻器

(2)热敏电阻器的主要参数

① 标称阻值:指电阻器在常温 20℃时的阻值,通常标在电阻体外壳上,例如,图 1.3.1(b)中热敏电阻标称阻值为 15 Ω。

② 温度系数:指温度每变化 1℃时的阻值变化率(%/℃)。

其他参数有最高工作温度、额定功率和时间常数等。

2.热敏电阻器的应用

热敏电阻器常用于电路作温度补偿、过热保护、稳压及发热源的定温控制等。

图1.3.2是PTC型正温度系数热敏电阻器在彩电消磁电路中的应用。图中热敏电阻器与消磁线圈串联,在开机瞬间,因常温下热敏电阻阻值很小,其提供消磁电流对显像管进行消磁,使屏幕不带干扰色斑。热敏电阻器流过消磁电流的时刻,大电流使其温度迅速升高,阻值随即急剧增大,从而终止消磁线圈中的电流,完成消磁任务,随后彩电正常工作。所以,称此处的PTC电阻器为消磁电阻器。

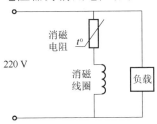

图1.3.2 彩电消磁电路简图

3. 热敏电阻器的检测

首先测量热敏电阻器常温(约20℃)下的阻值,正常阻值应接近其标称阻值。然后用通电的电烙铁靠近热敏电阻器,加热升高温度,若此时阻值变大,则为正温度系数热敏电阻器。若阻值变小为负温度系数热敏电阻器。若阻值仍然不变,则热敏电阻器已坏。

1.3.2 压敏电阻器

1. 压敏电阻器的符号和主要参数

(1)压敏电阻器的符号

压敏电阻器使用氧化锌作为主要材料制成的半导体陶瓷器件,是对电压变化非常敏感的非线性电阻器。在一定温度和一定的电压范围内,当外界电压增大时,阻值减小;当外界电压减小时,其阻值反而增大,因此,压敏电阻器能使电路中的电压始终保持稳定。

图1.3.3(a)为压敏电阻器的电路符号。图1.3.3(b)为某压敏电阻器的实物图。

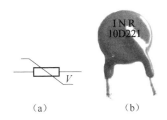

(a)   (b)

图1.3.3 压敏电阻器

(2)压敏电阻器的主要参数

① 压敏电压:指压敏电阻器在规定电流下的击穿电压。当压敏电阻器两端电压升

高到压敏电压时,其阻值急剧减小。压敏电压又称标称电压或临界电压、阈值电压。应用中,压敏电压指加在压敏电阻器两端的交流电压峰值或直流电压值。

　　② 流通容量:指压敏电阻器能承受的最大电流量。超过该值,压敏电阻就会烧坏。用万用表测量压敏电阻器的阻值,其正常阻值应大于 100 kΩ,又不可能是无穷大。

2. 压敏电阻器的应用

　　压敏电阻器在电子线路中可用于开关电路、过压保护、消噪电路、灭火花电路和吸收回路。图 1.3.4 为具有压敏电阻器保护的电子线路,图中选用的压敏电阻器标称电压为 311 V,浪涌电流为 80 A。保险丝的最大电流为 2 A;220 V 电源电压正常时,浪涌峰值电压为 220 V×1.414≈311 V,电器正常工作,此时压敏电阻器的阻值为几兆欧。假如某种原因使输入电压高于 311 V 时,压敏电阻器阻值就很快降低,电流急剧增大,达到 2 A 时迅速熔断保险丝,切断电源。这一过程一般为几微秒,从而保护了家用电器。

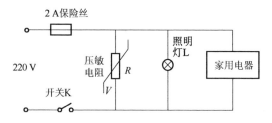

图 1.3.4　具有压敏电阻器保护的电路

1.3.3　熔断电阻器

1. 熔断电阻器的符号和主要参数

(1)熔断电阻器的符号

　　熔断电阻器是又一种敏感电阻器,在电路中起着熔丝和电阻器的双重作用。图 1.3.5 为中国和一些国外公司熔断电阻器的电路符号。图 1.3.6 为某熔断电阻器的实物图。

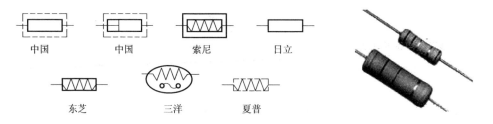

图 1.3.5　熔断电阻器的电路符号　　　　图 1.3.6　熔断电阻器的实物图

(2) 熔断电阻器的主要参数

① 熔断电流：指熔断电阻器允许流过的最大电流。

② 额定电流：指熔断电阻器正常条件下工作时流过的电流，其值小于熔断电流值。

③ 标称电阻：这与普通电阻器的阻值参数相同。熔断电阻器的标称电阻一般为几欧至几十欧。功率较小，一般为 1/8～1 W。

2. 熔断电阻器的应用

熔断电阻器主要应用在电源电路输出和二次电源输出电路中，其功能就是在过流时及时熔断，保护电路中其他元件免受损坏。在电路负载发生短路故障、出现过电流时，熔断电阻器的温度在很短的时间内就会升高到 550～600℃，这时电阻层便受热剥落而熔断，起到保险作用，保护整机安全。

图 1.3.7 为某彩电显像管部分电路简图。电路中熔断电阻器有两方面作用：①若某种故障使变压器 3～4 端电压升高，则流过灯丝电流会增大，由于串联了熔断电阻器 R_1 和 R_2，故起到了限制电流增大的作用，在一定程度上保护了灯丝不被烧断；②当 3～4 端电压继续升高，电流增大到保险丝电阻器的熔断电流值时，R_1 和 R_2 便立即被烧断，从而保护了灯丝及显像管。

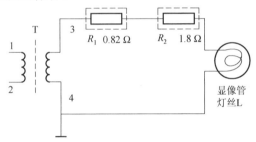

图 1.3.7　某彩电显像管部分电路简图

1.3.4　其他敏感电阻器

光敏电阻器常用于电视接收机的自动亮度控制电路和光电自动控制器、照度计、电子照相机、光电开关和光电报警器等电路中。

1. 光敏电阻器

光敏电阻器的用途如下：

(1) 光敏电阻器的结构和符号

光敏电阻器的结构、符号和实物如图 1.3.8 所示。它主要由光敏层、金属电极、透明板、电极引脚 4 部分构成。光敏层由铊、镉、铅、铋的硒化物及硫化物构成，多用硫化镉(CdS)制作管心。光敏电阻器就是利用管心材料的特性来工作的。当有光照射光敏电阻时，管心材料的电阻率就发生显著变化。光照愈强，阻值愈小；光照愈弱，阻值愈大。

光敏电阻器常制成薄膜结构,为了能吸收更多的光,一般都把 CdS 表面膜做成弯曲的弓字形,如图 1.3.8(c)所示。由于硫化镉怕受潮,所以在它表面涂有一层防潮的透明油脂。

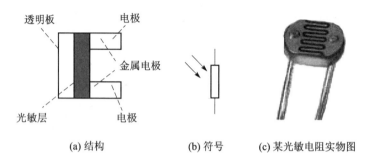

(a) 结构　　　　　　(b) 符号　　　(c) 某光敏电阻实物图

图 1.3.8　光敏电阻器的结构、符号和实物图

(2) 光敏电阻器的种类、参数及好坏判别

1) 光敏电阻器的种类

根据入射波长的不同,光敏电阻器可分为以下 3 种类型:

① 可见光光敏电阻器。其波长范围 $0.4\sim0.76\ \mu m$,主要是多晶硫化镉光敏电阻,常用的有 MG41 型、MG45 型等,主要用于光电自动控制系统、光电计数器、光电跟踪系统等。

② 红外光光敏电阻器。其波长范围 $0.76\sim1\ 000\ \mu m$,常用的有硫化铅、砷化烟、硒化铅等,主要用于导弹制导、卫星姿态监控、红外通信等。

③ 紫外光光敏电阻器。其波长范围 $0.2\sim0.4\ \mu m$,常用的有 CdS、CdSe 及三元化合物半导体,主要用于探测红外线。

2) 光敏电阻器的参数及好坏判别

光敏电阻器的主要参数除具有普通电阻的一切参数,另外还有暗阻和亮阻。

通过测量光敏电阻器的暗阻和亮阻可判别其好坏。如果测量值与正常值接近,说明被测光敏电阻是好的;若与正常值相差太大,则是坏的。

例如,正常 625 - A 型光敏电阻器亮电阻为 $R_L<50\ k\Omega$,暗电阻为 $R_D>5\ M\Omega$;正常 M45 型光敏电阻亮电阻为 $R_L<3\ k\Omega$,暗电阻为 $R_D>30\ k\Omega$。

2. 湿敏电阻器

湿敏电阻器是阻值随环境相对湿度而变化的敏感元件,由湿敏层、引线电极和具有一定强度的绝缘基体组成,广泛用于空调器、恒湿机等家电中作湿度的检测。

图 1.3.9(a)为湿敏电阻电路符号,图 1.3.9(b)为结构图,图 1.3.9(c)为某湿敏电阻器实物图。

3. 气敏电阻器

有毒气体或可燃性气体(如一氧化碳、氢、煤气等)的溢出及泄漏将危及人身及建筑物的安全,故应及时检测它们的存在并通过一定的电子装置进行报警。气敏电阻是利用半导体材料二氧化锡(SnO_2)对气体的吸附作用,从而改变其电阻值的特性制成的。

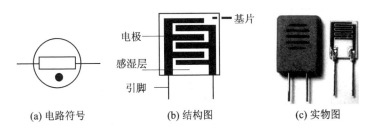

(a) 电路符号　　　　　　(b) 结构图　　　　　　(c) 实物图

图 1.3.9　湿敏电阻器

图 1.3.10 是气敏电阻的结构及图形符号。

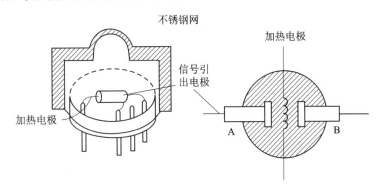

图 1.3.10　气敏器件的结构及图形符号

在一定温度下,气敏电阻中 SnO_2 的电阻会随环境气体的成分不同(主要是看可燃气体的浓度)而变化,这样就将气体浓度的大小转化成了电信号的变化。为了得到高的灵敏度,则要有一个加热电极对气敏电阻进行加温,并给检测电极施加一定的电压。用电流通过电热丝加热后,在正常空气中气敏电阻的电阻值为静态电阻(R_0),放入一定被检测气体后的电阻值为 R_X,则 R_0/R_X 之比称为气敏电阻的灵敏度。气敏电阻接触被检测气体后其阻值从 R_0 变为 R_X 的时间称为响应时间。气敏电阻脱离被测气体后阻值从 R_X 恢复到 R_0 的时间称为恢复时间。图 1.3.11 是一种简单的有害气体检测电路。

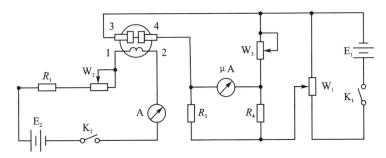

图 1.3.11　用气敏电阻的有害气体检测电路

图中电极 1、2 为加热电极,E_2 为加热电源。调整电位器 W_2 可以改变加热电流的大小。检测电路是由电阻 R_3、R_4、W_3 和气敏电阻组成的电桥来完成的。在未检测前

调整 W_3 使电桥平衡;放入检测气体时,由于气敏电阻阻值发生变化,电桥失去平衡,检流计指针发生偏移。

4. 磁敏电阻器

磁敏电阻器是采用锑化铟单晶材料制成的,特点是在弱磁场中电阻值与磁场的关系呈平方律关系,在强磁场中则呈线性关系。磁敏电阻器为片形,外形尺寸较小(长宽只几毫米),在室温下初始电阻为 $10\sim500\ \Omega$。磁敏电阻器的温度系数较大,在 $0\sim65℃$ 之间电阻随温度升高而下降,其温度系数为 $-2\%/℃$。磁敏电阻的额定功率一般为 $2\ mW$。对于用锑化铟与锑化镍制成的磁敏电阻,在磁感应强度小于 $3\ 000$ 高斯时,电阻接近于平方率规律变化;当磁感应强度大于 $3\ 000$ 高斯时,电阻与磁场呈线性关系。

磁敏电阻器具有较高的灵敏度,可以做成各种无触点开关或无接触电位器。

5. 力敏电阻器

力敏电阻器是利用某些金属和半导体材料的电阻率会随外加应力而改变制成的,可制成转矩计、张力计、加速度计、半导体声电转换元件和各种压力传感器等。

习题 1

一、填空题

1. 电阻器在电路中用途是 _____,归纳为 _____、_____、_____、向各种电子元器件提供必要的工作条件(电压或电流)等几种功能。

2. 电阻器一般分为 _____、_____ 和 _____ 3 大类。

3. 固定电阻器的常用标志方法有 _____、_____、色环标志法 3 种。

4. 五色环电阻中的第一、第二、第三条色环表示 _____,第四条表示 _____,第五条表示 _____。

5. 用指针式万用表测量电阻器的 4 个步骤分别是:检查表针、_____、_____、_____。

6. 电位器的阻值变化特性常用的有:_____ 式、_____ 式、_____ 式 3 种。

7. 光敏电阻器的阻值受外界光线强弱的影响,当外界光线增强时,阻值逐渐 _____;当外界光线减弱时,阻值逐渐 _____。

8. 当压敏电阻两端电压升高到压敏电压时,其阻值急剧 _____。应用中,压敏电压指加在压敏电阻两端的交流电压 _____ 值或直流电压值。

9. 熔断电阻器在电路中起着 _____ 和 _____ 的双重作用。

二、简答题

1. 下列型号代表何种电阻器或电位器？

   RS RH8 RX70 RJ71 WX11 WI81

2. 碳膜、金属膜、线绕式、金属氧化膜和玻璃釉电阻器各具有什么特点？

3. 什么叫电阻排？说明排阻型号表示方法及含义。

4. 下列是何种表示法？表示的阻值是多少？

   2M 180Ω 1Ω1 Ω2 48G 2K2

5. 下列色环表示的电阻器阻值和误差是多少？

   白棕红银 棕红绿银 绿蓝黑黄蓝 红红红银 红红黑橙红

   橙黑棕金 橙白黑白绿 黄紫橙金 棕绿黑棕棕 蓝灰黑（无色）

6. 什么是电位器的指数式、线性式、对数式阻值变化特性？

第**2**章

电容器

电容器是一个储能元件,用字母 C 表示。顾名思义,电容器就是"储存电荷的容器"。尽管电容器品种繁多,但它们的基本结构和原理是相同的。两片相距很近的金属中间被某物质(固体、气体或液体)隔开,就构成了电容器。两片金属称为极板,中间的物质叫介质。

电容器的特性一般概括为通交流、阻直流。电容器通常起滤波、旁路、耦合、储能等作用,是电子线路必不可少的组成部分。

隔直流:作用是阻止直流通过而让交流通过。

旁路(去耦):为交流电路中某些并联的元件提供低阻抗通路。

耦合:作为两个电路之间的连接,允许交流信号通过并传输到下一级电路。

滤波:将整流以后的波变为平滑的脉动波,接近于直流。

储能:储存电能,用于必要的时候释放,如相机闪光灯、加热设备等。

2.1 电容器

2.1.1 电容器的电路符号、单位和型号命名

1.电容器的电路符号

固定电容器是容量固定不变的电容器,图 2.1.1(a)是电容器的一般符号,它在电路图中表示无极性的电容器;图 2.1.1(b)是电解电容器的电路符号,符号中的＋号表示该引脚为正,另一个引脚为负;图 2.1.1(c)表示无极性的电解电容器。

(a)电容器的一般符号   (b)电解电容器   (c)无极性电解电容器

新符号 老符号

图 2.1.1 电容器的图形符号

2. 电容器的容量单位

电容量的大小表示电容器储存电荷的能力,常用的单位是 F、μF、pF。电容器上都直接写出其容量,也有用数字来标识容量的,通常在容量小于 10 000 pF 的时候,用 pF 作单位;大于 10 000 pF 的时候,用 μF 作单位。单位关系如下:

$$1\ F(法拉) = 10^6\ \mu F(微法)$$

$$1\ \mu F(微法) = 10^3\ nF(纳法)$$

$$1\ nF(纳法) = 10^3\ pF(皮法)$$

3. 电容器的型号命名

国产电容器型号命名由 4 部分组成。第一部分用字母"C"表示主称为电容器。第二部分用一个或两个字母表示制造材料。电容器介质材料不同,就规定用不同的字母来表示,并标记在型号主称的后面。电容器型号第二部分字符的意义如表 2.1.1 所列。

表 2.1.1　电容器型号第二部分字符的意义

字母	意义	字母	意义	字母	意义
A	钽电解	G	合金电	Q	漆膜介质
B	聚苯乙烯等非极性有机薄膜	H	纸膜复合介质	T	低频瓷介质
BB	聚丙烯	I	玻璃釉	V	云母纸
BF	聚四氟乙烯	J	金属化纸介质	Y	云母
C	高频瓷介质	L	涤纶等极性有机薄膜	Z	纸介质
D	铝电解	LS	聚碳酸酯		
E	其他介质电解电容	O	玻璃膜		

表中区分介质材料的字母由国家管理部门确定,一般是用一个字母表示一种介质材料,但由于有机薄膜介质存在极性和非极性,为了区分它们,规定用 L 表示极性有机薄膜材料,用 B 表示非极性有机薄膜材料。又规定在 L 后面再加一个字母表示极性有机薄膜中的品种,如用 LS 表示聚碳酸酯;在 B 后面再加一个字母区别非极性有机薄膜中的品种,如用 BB 表示聚苯烯,用 BF 表示聚四氟乙烯。

第三部分用数字(少数用字母)表示电容器的类别,如表 2.1.2 所列。

表 2.1.2　电容器型号第三部分的符号及意义

种类	数字									字母	
	1	2	3	4	5	6	7	8	9	G	W
瓷介质电容器	圆片	管形	叠片	独石	穿心	支柱等		高压		高功率	微调
云母电容器	非密封	非密封	密封	密封				高压			
有机膜电容器	非密封	非密封	密封	密封	穿心			高压	特殊		
电解电容器	箔式	箔式	烧结粉非固体	烧结粉固体			无极性		特殊		

第四部分用数字表示序号。

例:CT1 表示圆片形低频瓷介电容器,CA30 表示液体钽电解电容器,CD10 表示箔式铝电解电容器等。

2.1.2　电容器的常用参数

1. 电容器的常用参数

电容器的主要参数有标称容量(简称容量)、允许偏差、额定电压、漏电流、绝缘电阻、损耗因数、温度系数、频率特性等。

(1)电容器的标称容量

电容器的电容量是指加上电压后它储存电荷的能力大小。储存电荷愈多,电容量愈大;储存电荷愈少,电容量愈小。电容量与电容器的介质薄厚、介质介电常数、极板面积、极板间距等因素有关。介质愈薄、极板面积愈大、介质常数愈大,电容量就愈大;反之,电容量愈小。

标称电容量是标志在电容器上的电容量。和电阻器一样,电容器的容量除了少数特殊和精密的产品有特殊要求外,一般也是按优选系列进行生产。固定电容器标称容量系列如表 2.1.3 所列。

表 2.1.3　固定电容器标称值

标称值系列	标　称　值											
E24(误差±5%)	10	11	12	13	15	16	18	20	22	24	27	30
E12(误差±10%)	10		12		15		18		22		27	
E6(误差±20%)	10				15				22			
E24(误差±5%)	33	36	39	43	47	51	56	62	68	75	82	91
E12(误差±10%)	33		39		47		56		68		82	
E6(误差±20%)	33				47				68			

(2)误差

和电阻器一样,固定电容器上的标称值并不是这个电容的准确值,而会有偏差。用实际值和标称值之差除以标称值所得的百分数就是电容器的误差,通常分为 3 个等级,即 I 级(±5%)、II 级(±10%)、III 级(±20%)。

(3)额定电压

额定电压是指在规定温度范围内,电容器在电路中长期可靠地工作所允许加的最高直流电压。如果电容器工作在交流电路中,则交流电压的峰值不得超过额定电压,否则电容器中介质会被击穿造成电容器的损坏。一般电容器的耐压值都标注在电容器外壳上。

(4)绝缘电阻

绝缘电阻是指电容器两极之间的电阻,也称漏电阻。一般电容器绝缘电阻在 $10^8 \sim 10^{10}$ Ω 之间,电容量越大绝缘电阻越小。电容器的漏电越小越好,也就是绝缘电阻越大越好。绝缘性能的优劣通常用绝缘电阻与电容量的乘积来衡量,称为电容器的时间常数。电解电容器的绝缘电阻较小,一般采用漏电流来表示其绝缘程度。

2.电容器的标识法

(1)直标法

将电容器的容量、耐压及误差直接标注在电容器的外壳上,其中误差一般用字母来表示,常见的表示误差的字母有 K($\pm 5\%$)和 K($\pm 10\%$)等,与电阻中表示误差的字母数值相同;或者直接标注 Ⅰ 级($\pm 5\%$)、Ⅱ 级($\pm 10\%$)、Ⅲ 级($\pm 20\%$)。

例如:CT1 - 0.22 μF - 63 V 表示圆片形低频瓷介电容器,电容量为 0.22 μF,额定工作电压为 63 V。

CA30 - 160V - 2.2 μF 表示液体钽电解电容器,额定工作电压为 160 V,电容量 2.2 μF。

(2)文字符号法

文字符号法是指用阿拉伯数字和字母符号两者有规律地组合标注在电容器表面来表示标称容量。电容器标注时应遵循下面规则:

① 凡不带小数点的数值,若无标志单位,则单位为皮法。例如:2 200 表示 2 200 pF。

② 凡带小数点的数值,若无标志单位,则单位为微法。例如:0.56 表示 0.56 μF。

③ 对于 3 位数字的电容量,前 2 位数字表示标称容量值,最后一个数字为倍率符号,单位为皮法。若第三位数字为9,表示 10^{-1} 倍率。

例如:103→10×10^3 pF=0.01 μF,334→33×10^4 pF=0.33 μF,479→47×10^{-1} pF = 4.7 pF。

④ 许多小型的固定电容器,体积较小,为便于标注,习惯上省略其单位,标注时单位符号的位置代表标称容量有效数字中小数点的位置。

例如:p33=0.33 pF,33n=33 000 pF=0.033 μF,3μ3=3.3 μF。

(3)色标法

电容器色标法的原则及色标意义与电阻器色标法基本相同,其单位是皮法(pF)。

电容器有立式和轴式两种,在电容器上标有 3~5 个色环作参数表示。对于立式电容器,色环顺序从上而下沿引线方向排列。图 2.1.2(a)是立式电容器的色标示意图,表示其容量为 15×10^4 pF=0.15 μF。轴式电容器的色环都偏向一头,其顺序从最靠近引线的一端开始为第一环,通常,第一、二环为电容量的有效数字,第三环为倍乘数,第四环为容许误差,第五环为电压等级,颜色:黑、棕、红、橙、黄、绿、蓝、紫、灰表示的耐压值分别为 4 V、6.3 V、10 V、16 V、25 V、32 V、40 V、50 V、63 V,如图 2.1.2(b)所示。

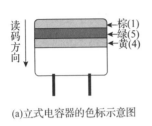

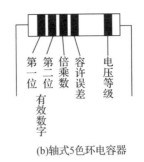

(a)立式电容器的色标示意图　　　　　　　　(b)轴式5色环电容器

图 2.1.2　电容器的色标法示意图

2.2　电容器的分类

电容器按其结构可分为固定电容器、可变电容器和微调（或称半可调）电容器，按电介质分类有有机介质电容器、无机介质电容器、电解电容器、液体介质（如油介质）电容器和气体介质电容器等，按其极性可分为无极性电容器和有极性电容器。

2.2.1　常用的无极性电容器

1.纸介质电容器和金属化纸介电容

纸介电容器是以纸为介质的电容器。纸介电容器（CZ）用两片金属箔做电极，电极夹在极薄的电容纸中，卷成圆柱形或者扁柱形芯子，然后密封在金属壳或者绝缘材料（如火漆、陶瓷、玻璃釉等）壳中制成。它的特点是体积较小，容量可以做得较大（约 1 000 pF～0.1 μF），额定工作电压较高（160～400 V），价格便宜。但是固有电感和损耗都比较大，热稳定性差，只能用于频率在几千赫兹以下的低频电路中。某纸介、金属化纸介电容器实物如图 2.2.1 所示。

(a) 纸介电容器　　　　　　　　　　(b) 超高压金属化电容器

图 2.2.1　某纸介、金属化纸介电容器实物图

金属化纸介电容器（CJ）的结构和纸介电容基本相同，是在电容器纸上覆上一层金属膜来代替金属箔，体积小（其体积只有纸介电容器的 1/6～1/4），但能做成高电压大容量的电容器（耐压可达几十 V 到 1 000 V，容量零点几 μF 到几十 μF），一般用在低频电路中。

金属化纸介电容器的一个特点是具有"自愈"能力，当过高电压使电容器介质某点击穿时,击穿处产生的电弧电流会使金属膜熔化蒸发,短路点消失,两极板重新恢复绝缘,电容器可以自动恢复正常。自愈之后电容器的电容量有所下降,自愈作用也不是无限制的。金属化纸介电容器常用于电风扇、洗衣机、电冰箱及空调设备的电容式电动机的运行电容。

2. 云母电容器

云母电容器(CY)以云母片为介质,用金属箔或者在云母片上喷涂银层做电极板,极板和云母一层一层叠合后,再压铸在胶木粉或封固在环氧树脂中制成。它的特点是介质损耗小、绝缘电阻大、温度系数小、电容精确度高、体积较大。云母电容属于无机介质电容器。云母电容电容量:$10 \text{ pF} \sim 0.1 \text{ } \mu\text{F}$。额定电压:$100 \text{ V} \sim 7 \text{ kV}$,其高稳定性,高可靠性特点常应用于高频振荡,脉冲等要求较高的电路中。图 2.2.2 为某云母电容器实物图。

图 2.2.2 某云母电容器实物图

3. 瓷介电容器

瓷介电容用陶瓷做介质,在陶瓷基体两面喷涂银层,然后烧成银质薄膜做极板制成。属无机介质电容器,瓷介电容具有结构简单、体积小、稳定性高和高压性能好的特点。根据陶瓷成分不同可分为高频瓷介电容器(CC)和低频瓷介电容器(CT)。高频瓷介电容器常用于要求损耗小、电容量稳定的场合,如高频电路中的调谐电容、振荡回路中振荡电容和温度补偿电容器,高频瓷介电容量通常为:$1 \sim 6\ 800 \text{ pF}$,额定电压:$63 \sim 500 \text{ V}$。低频瓷介电容器适用于低频电路。某瓷介电容器实物如图 2.2.3 所示。

普通瓷介电容器　　　　　　　　　　　独石电容器

图 2.2.3 瓷介电容器实物图

此外,独石电容器实际上是一种瓷介电容器,陶瓷材料以钛酸钡为主,由若干片印有电极的陶瓷膜叠放起来烧结而成。它外形具有独石形状,相当于若干个小陶瓷电容并联,容量大、体积小,是小型陶瓷电容器。它具有电容量大、体积小、可靠性高、电容量稳定、耐湿性好等特点;广泛应用于电子精密仪器,各种小型电子设备作谐振、耦合、滤波、旁路;容量范围为 0.5 pF~1 μF,耐压可为二倍额定电压。

4.玻璃釉电容器

玻璃釉电容(CI)采用钠、钙、硅等粉末按一定比例混合压制成薄片为介质,并在各自薄片上涂敷银层,若干薄片加在一起进行熔烧,再在断面焊上引线,最后再涂以防潮绝缘漆制成,外形与独石电容相似。电容量一般在 10 pF~0.1 μF 之间,额定电压一般为 63~400 V,其稳定性较好,损耗小。某玻璃釉电容器实物如图 2.2.4 所示。

图 2.2.4 玻璃釉电容器实物图

5. 有机薄膜电容器

薄膜电容属于有机介质电容器,结构和纸介电容相同,主要有涤纶薄膜电容、聚苯乙烯薄膜电容和聚丙烯薄膜电容。

涤纶电容(CL)又称聚酯电容,介质是涤纶薄膜,和纸介电容器一样有两种,一种是以金属箔和涤纶薄膜卷绕而成,另一种是金属化涤纶电容。金属化涤纶电容器除具有"自愈"功能外,在焊接成引线前,还在电容器芯子两端分别喷上一层金属薄层,增加引出线与电极接触面(不是从金属膜一端引出电极),可以消除卷绕带来的电感,具有体积小、无感的特点,常用于电视机以及各种仪器仪表,起旁路、退耦、滤波、耦合作用,涤纶电容电容量一般在 40 pF~4 μF,额定电压在 63~630 V 之间。

聚苯乙烯电容(CB)的介质是聚苯乙烯薄膜,特点:损耗小,绝缘电阻高,但是温度系数较大,体积较大,可用于高频电路。聚苯乙烯电容量一般在 10 pF~1 μF,额定电压在 100 V~30 kV 之间。

聚丙烯电容(CBB)的介质是聚丙烯薄膜,电容量一般在 1 000 pF~10 μF,额定电压在 63~2 000 V 之间。主要性能与聚苯相似但体积小,稳定性略差。常应用代替大部分聚苯或云母电容,用于要求较高的电路。

某有机薄膜电容器实物如图 2.2.5 所示。

前面所述的电容器都是常见的无极性电容器,其中纸介、有机薄膜类电容器为有机电容器;云母、瓷介、独石、玻璃釉电容器为无机介质电容器。

(a)涤纶电容器(CL)　　(b)聚苯乙烯电容器(CB)　　(c)聚丙烯电容(CBB)

图 2.2.5 有机薄膜电容器实物图

2.2.2 电解电容器

电解电容器也是一种固定电容器,但它和一般固定电容器不同:①电解电容器是一种有确定正负极性的电容器,在电路中采用特殊的图形符号;②电解电容器是小体积、大容量(从几微法到几千微法)电容器,其频率特性差,温度特性也较差,绝缘电阻低,漏电电流大,长久不用会变质失效。

电解电容器以铝等金属为正极,在其表面形成一层氧化膜为介质,介质与电极成为不可分的整体;负极是固体或非固体电解质(即电解液)。由于构成电解电容器的两电极的材料不同,因此它的正负电极分别标出,使用时一定要正极端接电路的高电位,负极端接电路的低电位,否则会引起电容器的损坏。按照电极材料的不同有铝电解电容、钽电解电容和铌电解电容等几种。

1. 铝电解电容器

铝电解电容器采用铝箔作正极,正极表面生成的氧化铝为介质,电解质为负极,其结构如图 2.2.6 所示。

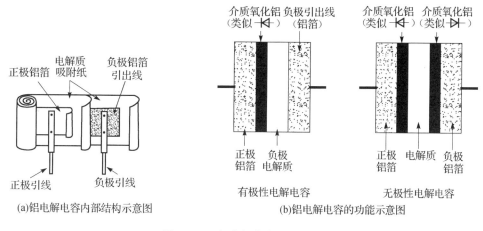

(a)铝电解电容内部结构示意图

(b)铝电解电容的功能示意图

图 2.2.6 铝电解电容器的结构

铝电解电容器的正极铝箔采用化学方法使表面凹凸不平,以增加极片的有效面积,增大电容量。电解质是由硼酸、氨水、乙二醇等制成糊状物质,和正极表面吸附着的一层氧化铝介质保持充分的接触面,使有效面积得到充分利用。由于氧化铝膜类似 PN 结,具有单向导电性,可结合图 2.2.7 说明。图 2.2.7 是氧化铝箔放大的截面,显示出氧化铝膜和铝箔的层次,可以看到铝箔被外表的氧化铝膜包围着。在这样的物质结构中,电流可以从外面穿过氧化铝膜流到铝箔上,如图中标的"①→"所示;但不能让电

图 2.2.7 氧化铝膜单向导电性

流从铝箔上流向氧化铝膜外,如图中标的"一②"所示,这表明氧化铝膜具有单向导电特性。因此只有在电容器正极接高电位、负极接低电位时,介质才起绝缘作用,这时才具有电容器的功能。若电极接反时电容的漏电流很大,很容易击穿损坏。铝电解电容器的负极是电解质。正、负极都有同样的氧化铝膜,其就成为无极性电解电容。

当电容器不工作时,氧化膜会逐渐变薄,绝缘电阻变低,漏电流增大。此时如通以适当的直流电压,则电解质可放出氧原子,与正极铝箔作用,在正极表面生成新的氧化铝介质膜,起到修好氧化铝膜的作用。所以如果电解电容已长期不用,应用前可先加以较低的直流电压一段时间后再正式使用。由于电解质的导电性不太好,电阻较大,因此铝电解电容的损耗较大。

铝电解电容器制造时是将电解质吸附在吸水性好、拉力强的衬垫纸上,另外再加一层铝箔作为负极引线,然后与正极铝箔一起卷绕起来,装入铝壳或塑料壳中。为了防止电解质干涸和引线的牢固,引线端用环氧树脂密封。

铝电解电容器型号格式为 CD××。电解电容器的容量、耐压、极性都在外壳上标明。"+"表示正极,"一"表示负极。有时也用电极引线长短来区别正负极性,长引线为正极,短引线为负极。

高耐压铝电解电容器的体积较大,封装形式为铝外壳(早期亦有纸外壳的产品),外壳兼作负极,另一端引线为正极(亦有将两、三只电解电容封在同一外壳内的产品,负极为外壳,正极分别引出)。

某铝电解电容器(CD)的实物如图 2.2.8(a)所示。

(a)铝电解电容器(CD)　　　　(b)钽电解电容器(CA)

图 2.2.8　某电解电容器实物图

2. 钽电解电容器

钽电解电容器通常是以纯度很高的金属钽粉压成钽片作为正极,放在真空中进行烧结,再用电化学腐蚀法在钽片上形成氧化钽介质薄膜,然后在介质膜上沉积一层固体的氧化锰作为电解质,其外喷金属形成负极,最终用环氧树脂封装成型(亦有用金属外壳封装或涂塑料层的封装)。某钽电解电容的实物如图 2.2.8(b)所示。

钽电解电容器与铝电解电容器相比,具有以下优点:①正极钽氧化膜的化学稳定性比铝氧化膜高,从而保证了钽电解电容器在长期储存后仍具有很小的漏电,其额定耐压也较高;②钽电解电容器在高温下仍可稳定工作(一般为 85~200℃),且温度升高时漏电流减小;③机械强度高;④体积比铝电容器小。

钽电容器常用 CA 标志。电容器的容量 0.45 pF~1 000 μF 之间,额定工作电压有 6.3 V、10 V、16 V 及 63 V 等几种。钽电容器的技术指标高于铝电容,但其价格较贵。

3. 铌电解电容器

铌电解电容器的结构与钽电解电容器相似,其介质采用氧化铌(Nb$_2$O$_5$),氧化铌的介电常数比氧化钽大得多,铌电解电容器的体积更小,其他性能比钽电解电容器稍差。其型号中以 CN 标志。

2.2.3　可变电容器和微调电容器

可变电容器是一种容量可连续变化的电容器;微调电容器是一种容量变化范围较小的电容器,又称半可变电容器,电容量可在某一小范围内调整,一般在 5~45 pF 之间,并可在调整后固定于某个电容值。可变电容器常用在频率需要调节的电路中。由于机械调节存在着许多弊端,如接触噪声大、容易氧化导致接触不良、自然变质率高等。电子技术的飞跃发展使各种频率电路走向了稳定化,调频电路多由电子调谐取代,先进的技术、成熟的电路使可调电容器在应用中自然消亡。所以,机械调节在电器中已逐渐被革除,这里只做简单介绍。

可变电容器是由两组形状相同的金属片间隔一定的距离,并夹以绝缘介质而组成。其中一组金属片是固定不动的,称为定片;另一组金属片和转轴相连,能在一定角度内转动,称为动片。转动动片可以改变两组金属片之间的相对面积,使电容量可调。动片全部旋入时,动片与定片交叠的面积最大,电容量最大;动片全部旋出时,电容量最小。使用可变电容器时,动片应接地,避免调节时人体通过转轴感应引入噪声。

可变电容器的种类很多,按照介质划分有空气介质和薄膜介质两种,空气介质的可变电容器体积较大,不常用;常用的是薄膜介质的可变电容器。按照联数划分有单联、双联、四联等。

1. 单联可变电容

图 2.2.9(a)为空气单联可变电容器,图 2.2.9(b)为密封单联可变电容器。

2. 双联可变电容器

把两组可变电容装在一起同轴转动,叫作双联。双联可变电容器又分为两种:

(1)等容双联可变电容器

等容双联就是将两个单联结构的可变电容器连在一起,两个单联的容量相等,由一个转柄控制两联的动片同步变化,这种双联可变电容器一般都是共用一个动片。图 2.2.9(c)为等容空气双联可变电容器,图 2.2.9(d)为等容密封双联可变电容器。

(2)差容双联可变电容器

差容双联就是指两个联的容量不相等,但仍由一个转柄控制两个联动片的转动,例如,超外差式收音机中片数少的(或片距大的)、电容量较小的振荡联动片连接于振荡电路中,电容量大的调谐联接入调谐电路中。图 2.2.9(e)为差容空气双联可变电容器,图 2.2.9(f)为差容密封双联可变电容器。

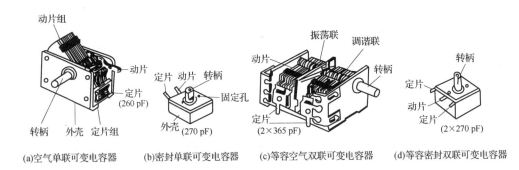

图 2.2.9　常用可变电容器结构示意图

3. 四联可变电容器

四联可变电容器的四联也是受一个转柄的同步控制,一般为密封式,多用于超外差调频调幅收音机中,其外形图如图 2.2.9(g)所示。

可变电容器的电路符号如图 2.2.10 所示。图 2.2.10(a)是一般可变电容器的电路符号,图 2.2.10(b)是双联可变电容器的电路符号,简称双联,用虚线表示它的两个可变电容器的容量调节是同步的。图 2.2.10(c)是四联可变电容器的电路符号,简称四联,用虚线表示它的 4 个可变电容器的容量调节是同步的。图 2.2.10(d)是微调电容器的电路符号。

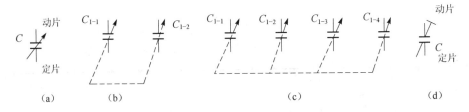

图 2.2.10　可调电容器和微调电容器的电路符号

2.3　电容器的检测与选用

电容器的引线断线、电解液漏液等故障可以从外观看出。准确测量电容的方法是用电容表、电容电桥或 Q 表等仪器检查,一般情况下可用万用表粗略地判断电容器的好坏。

2.3.1　电容器的检测

1. 电容器的检测

(1)感观判别法

从感观上判别电容器的好坏,是修理人员常用的、最简单的方法之一。

一般来讲,片式电容器外表不平滑、圆柱形电容器有挤压痕迹、椭圆形电容器扁得不光、电容器外表机械结构毛糙、电容器标记模糊等,都可作为判断依据。出现上述情况,就可认为这样的电容器不是好电容器,最起码能表明制造工艺不精良,必然难以保证产品质量。这样的电容器一般电容误差很大,额定工作电压不足,绝缘性能较差,漏电流较大,工作极不稳定。

另外,如果电容器外表有裂缝,就应该归于坏电容器之列;特别要小心的是,有些裂缝用肉眼根本发现不了,可用放大镜来查看。如果电容器的引脚松动或封包层松动,可用手轻轻拨动引脚或扭动封包外壳,一经发现就可确定为坏电容器。

(2)万用表检测电容器的好坏

1)电容量大于 $1\,\mu F$ 以上的电容器检测

下面介绍用万用表电阻挡测量的方法,并分析测量过程与判别原理。对图 2.3.1 中一个 $10\,\mu F$、$25\,V$ 的电解电容器为例进行测量分析(若为无极性电容器,则不分正负极)。先将万用表调到 $R\times 1K$ 电阻挡,用黑表笔接触电容器正极,用红表笔接触负极,如图 2.3.1(a)所示。这时会看到,表针先是由∞向 0 方向偏转,当表针偏转到一定位置后又回转,最后回到∞位置停止。

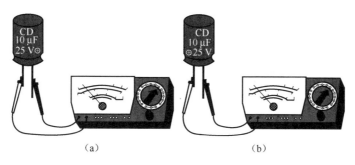

（a）　　　　　　　　　　　　　　　（b）

图 2.3.1　电容器充放电原理

这种反应的原理结合图 2.3.2(a)来分析,虚线框是万用表电阻挡内部简略电路,由一个 1.5 V 电池、几个电阻器和一个表头组成。上面是电容器极板的展开图,A 为负极板,B 为正极板。当黑表笔接触正极,红表笔接触负极时,电池正极通过 $R_3 \rightarrow R_1 \rightarrow$ 表头线圈 $\rightarrow$ 黑表笔 $\rightarrow$ 电容器正电极,与正极板连接;电池负极通过红表笔 $\rightarrow$ 电容器负电极与负极板连接。于是电池给电容器充电,充电电流流过表头线圈时,就带动表针偏转,电流越大,表针偏转越大,电流越小,表针偏转越小。在表笔未接触电容器电极之前,A、B 极板上的电荷相对处于平衡状态;当两个表笔刚接触电容器两电极时,极板上电荷的增加量最大,形成的充电电流最大,所以表针的偏转角度最大,表针向 0 Ω 偏转很快,表针指示的电阻值也就"最小"。

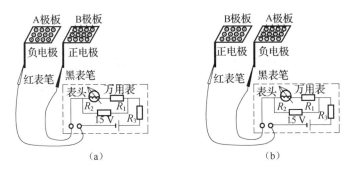

图 2.3.2　用万用表检测电容器的原理示意图

随着 A、B 极板上电荷逐渐增多,电荷的增加量逐渐减弱,流过表头的电流也逐渐减小,表针便向 ∞ 方向回转,直到电容器上充满电荷,表头线圈中就不再有电流流动,这时表针回到 ∞ 处再也不动。这一过程其实是电容器的充电过程,能使表针转动,反映出电容器的充电规律,据此就能判别电容器的好坏,归纳如下:

一般情况下,测量 1～100 μF 的电容器,用 $R \times 100$～$R \times 1K$ 挡;测量大于 100 μF 的电容器,用 $R \times 100$～$R \times 1$ 挡测量电容器的两引线。正常情况下,表针先向 R 为零的方向摆去,然后向 $R = \infty$ 方向退回。如果退不到 ∞,而停在某一数值上,指针稳定后的阻值就是电容器的绝缘电阻(也称漏电电阻)。一般的电容器绝缘电阻在 10^8～10^{10} Ω 之间。若所测电容器的绝缘电阻小于上述值,则表示电容漏电。绝缘电阻越小,漏电越严重。若绝缘电阻为零,则表明电容器已击穿短路;若表针不动,则表明电容器内部开路。

当用数字万用表和电桥或电容表时,可直接显示电容量。

在对电解电容器进行漏电测试时,黑表笔应接电容器的正极,红表笔按负极,接反了测得的漏电电阻值偏小,不符合实际情况,但不能说这个电容器是坏的,如图 2.3.1(b)所示。

在用万用表测量电解电容的充放电时,第一次测量的指针摆动很大,第二次测量时指针摆动就小了。这是因为第一次测量时已对电容器进行了充电,再次测量时应使电容器的正负极短接一次,放掉已充上的电荷,这样测量才比较准确。另外对电路中拆下的电解电容器进行测量时,也应先放电再测量。特别是从高电压电路上拆下的电容器,其电容器上可能已存在很高电压。

2）电容量小于 $1\mu F$ 的电容器用万用表欧姆挡的 $R\times10K$ 挡

由于容量太小，充电时间很短、充电电流很小，在万用表检测时无法看到表针的偏转，所以此时用 $R\times10K$ 挡只能检测它是否漏电，而不能判断它是否开路。即在检测这类小容器时，表针不应偏转；若偏转了一定角度，说明电容器漏电或已击穿。

（3）万用表判断电解电容器的极性

根据电解电容器正接时漏电流小、漏电阻大，反接时漏电流大、漏电阻小的特点可判断其极性。用万用表先测一下电解电容器的漏电阻值，而后将两表笔对调一下，再测一次漏电阻值。两次测试中，漏电阻值小的一次，黑表笔接的是电解电容器的负极，红表笔接的是电解电容器的正极，如图 2.3.3 所示。每次测试之前，都要将电解电容器的两引脚短接放电。

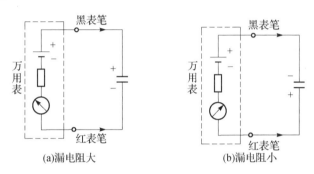

图 2.3.3　用万用表判断电容器极性

2.3.2　电容器的选用

电容器的选用是比较方便的，一般可以选用同型号同规格的电容器。在没有同型号同规格电容器的情况下，可按下列原则选用：

① 保证容量基本相同，除特殊情况外（如调谐电路等）有 20％ 的变动问题不大；旁路、滤波等用途的电容可以用大于原电容量的电容器代替。

② 保证耐压相同或高于原电容器。

③ 可用于高频的电容器，可以代替等值、等耐压的低频电容器。例如，云母或瓷介电容可以代替纸介电容器。密封、防潮性能好的电容可代替非密封、防潮性能差的电容。

④ 可以用两只以上相同耐压的电容并联代替一只电容。并联后总电容量为各并联电容之和，即 $C_总=C_1+C_2+\cdots+C_n$。因为各电容器都并联于电路中，所以每个电容器所承受的电压相等。多个电容并联时，最低耐压不应低于电路电压，即耐压应该以额定电压较低的一个作为使用耐压。

⑤ 可以用两只以上电容器串联，代替一只电容器，只要使串联后总电容量与各电容器容量关系如下：

$$\frac{1}{C_0} = \frac{1}{C_总} = \frac{1}{C_1} + \frac{1}{C_2} + \cdots + \frac{1}{C_n}$$

式中,C_0 为原电容器容量。如果两只电容器串联时,其等效电容为 $C_总 = \dfrac{C_1 \times C_2}{C_1 + C_2}$。

至于电容器串联后的耐压,如果串联的各电容量相等,则所承受电压也相等,且各只电容器的耐压相加应等于或大于原电容器的耐压。串联各电容不相等时,容量大的电容所承受的电压小,而容量小的电容承受电压高。这是因为串联时各电容器的充电电流是相等的。各电容器上的电压降相加,等于电路两端的电压。因为电容量 C 与电压 V 及电荷量 Q 有如下关系: $C = \dfrac{Q}{V}$。

电容器并联应用举例:如图 2.3.4 所示,将两个电解电容器的正极与正极、负极与负极焊接在一起。这两个电容器并联后,总电容为 $330\,\mu\text{F} + 220\,\mu\text{F} = 550\,\mu\text{F}$,总耐压是 16 V。符合电容器参数选用原则。

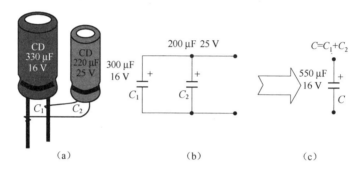

图 2.3.4　电容器并联应用

电容器的串联应用举例:需要指出,用于直流电路中,应该同向串联,如图 2.3.5 (a)所示;用于交流电路中,应逆向串联,如图 2.3.5(f)所示。

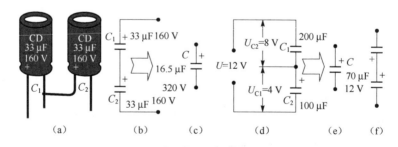

图 2.3.5　电容器串联应用

电容器串联使用时,工作电压的计算方法如下:

① 两个等电容、等耐压的电容器串联时,工作耐压为两电容器耐压之和,而电容为单个电容的一半。例如,图 2.3.5(a)中,两个 33 μF、160 V 的电容器同向串联,相当于一个 16.5 μF、320 V 的电容器,如图 2.3.5(c)所示。

② 如果两个电容器的电容不等,串联应用时,由于两个电容器充电电压的总和等于电路电压,所以电容大的充电电压就低,电容小的充电电压就高。假若电路电压为 U,两个电容器的电容分别为 C_1 和 C_2,则 C_1 两端的充电电压 U_{C_1} 和 C_2 两端的充电电压 U_{C_2} 可由下式求得:

$$U_{C_1} = U \cdot \frac{C_2}{C_1 + C_2} \qquad\qquad U_{C_2} = U \cdot \frac{C_1}{C_1 + C_2}$$

当 $U = 12$ V、$C_1 = 200$ μF、$C_2 = 100$ μF 时,则有:

$$U_{C_1} = 12 \text{ V} \times \frac{100}{200 + 100} = 4 \text{ V} \qquad\qquad U_{C_2} = 12 \text{ V} \times \frac{200}{200 + 100} = 8 \text{ V}$$

这说明 C_1 要选耐压大于 4 V,C_2 要选耐压大于 8 V 的电容器,即电容不相等的两个电容器串联时,不能将两个电容器的耐压直接相加作为总的耐压,如图 2.3.5(d)所示。

电解电容的更换时要注意极性一定要接对;正负极一旦接反,通电后可能会发生爆炸,这一点一定要倍加注意。

习题 2

一、填空题

1. 电容器的特性一般概括为:通 _____、阻 _____。电容器通常起 _____、_____、耦合、储能等作用。

2. 绝缘电阻是指电容器 _____ 之间的电阻,也称 _____。

3. 用文字符号法标识电容器时,应遵循的原则是:凡不带小数点的数值,若无标志单位,则单位为 _____;凡带小数点的数值,若无标志单位,则单位为 _____;对于 3 位数字的电容量,前二位数字表示 _____,最后一个数字为 _____,单位为 _____。

4. 电容器按其结构,可分为 _____ 电容器、_____ 电容器和 _____ 电容器;按其极性,可分为 _____ 电容器和 _____ 电容器。

二、简答题

1. 下列符号标识表示什么意义?
CT81 - 0.22 - 1.6kV　CY2 - 100 - 100V　CD2 - 47μ - 25V　CD3 - 6.8 - 16V
CA1 - 560 - 10V　CZ32　CJ48CC2 - 680 - 250V　CL20　CB14　CE

2. 下列标识表示的电容量为多少?
5μ6　47n　684　561　223　104　0.22　2P2　203　5F9　15

3. 怎样用指针式万用表检测电容器的好坏?

第 **3** 章

电感器和变压器

电感元件是根据电磁感应原理制作的元件。电感元件分为两大类：一类是利用自感作用的电感线圈；另一类是利用互感作用的变压器和互感器。

图 3.1.0 为自感现象示意图。当交流电通过线圈 L 时，便在线圈周围产生交变磁场，这个磁场既能穿过线圈，又能在线圈中产生感应电动势。自感电动势的大小与磁通量、线圈的特性有关，这种特性用自感系数来表示。电感量是表示电感数值大小的量，通常简称电感。

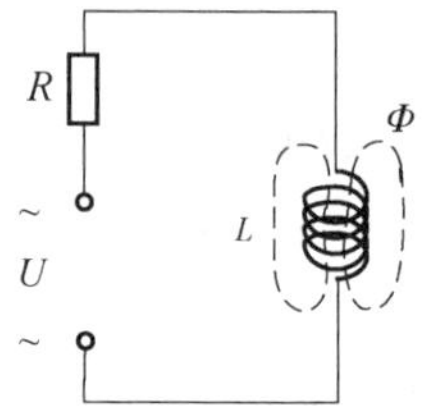

线圈中自感电动势的方向要阻碍原磁场的变化，这是因为原磁场是线圈中的电流产生的，自感电动势阻碍通过线圈的电流发生变化，这种阻碍作用就是电感的感抗（单位是欧姆）。感抗的大小与线圈电感量的大小和通过线圈的交流电的频率有关，电感量越大，感抗越大。同一电感量下，交流电频率越高，感抗也就越大。

图 3.1.0　自感现象示意图

如果在通以交流电的线圈的交变磁场中，放置另一只线圈，交变磁场中的磁力线将穿过这只线圈，在此线圈中会产生感应电动势，这种现象称为互感。通常把原通电线圈称为初级（或原线圈），另外放置的线圈为次级线圈（或副线圈）。次级线圈中感应电动势的大小，同初次级间的互感量有关，初次级之间的相互作用称为耦合（系数）。耦合系数与两线圈的安放位置、方式、有无磁芯等因素有关。两线圈的互感量的大小与各自线圈的电感量及两线圈间的耦合系数有关。

因此，电感元件有两个特性：

① 对直流呈现很小的电阻（近似于短路），对交流呈现阻抗。

② 电感元件具有阻止其中电流变化的特性，所以流过电感的电流不能突变。

电感元件在电子产品中的功能归纳如下：

① 作为滤波线圈阻止交流干扰。

② 作为谐振线圈与电容组成谐振电路。

③ 在高频电路中作为高频信号的负载。

④ 制成变压器传递交流信号。

⑤ 利用电磁的感应特性制成磁性元件，如磁头和电磁铁等器件。

3.1　电感器

电感器多指电感线圈,是一种常用的电子元件,具有自感、互感、对高频阻抗大、对低频阻抗小(即通直流、阻交流)等特性,广泛应用在振荡、退耦(也称去耦)、滤波等电子电路中,起选频、退耦、滤波作用。

3.1.1　电感器的结构和图形符号

1. 电感器的结构

如果把一段导线按某种方式绕在一起,就成为一个线圈。如果使线圈的每圈之间彼此绝缘,就称这样的线圈为电感线圈。电感线圈的种类和结构各种各样,通常由骨架、绕组、磁芯及屏蔽罩组成。根据使用场合的不同,有的线圈没有屏蔽罩,有的没有磁芯,还有的连骨架都没有,只有绕组。

(1)骨　架

骨架常用的材料有电工纸板、胶木、塑胶、云母、聚苯乙烯、陶瓷等。骨架的材料对线圈的质量以及稳定性都有一定的影响,至于骨架在实际使用中的形状品种那就更多了,因此使用时应根据使用要求认真选择。

(2)绕　组

大多数的绕组由绝缘导线在线圈骨架上绕制而成,常用的是各种规格的漆包线。一般说,同样结构的线圈,绕组的圈数越多,线圈的电感越大。导线的直径应根据通过绕组的电流值及线圈的 Q 值选定,通过的电流大,要求的 Q 值高,则线圈的直径应选择大些。在电感量小于几微亨的情况下,绕组常用不带绝缘的镀银铜线绕制,以减少导线的表面电阻,提高线圈的高频性能。

(3)屏蔽罩

为了减小外界电磁场对线圈的影响以及线圈产生的电磁场与外界电路的相互耦合,往往在结构上使用金属罩将线圈屏蔽,并将屏蔽罩接地。

(4)磁　芯

磁芯插入线圈,可以使线圈电感量增加,相应地可以减小线圈匝数、体积和分布电容,提高 Q 值。有时为了调节线圈的电感量,可以通过调节磁芯在线圈中的位置来实现。磁芯通常使用铁氧体材料制作,根据不同要求,制成各种形状。由于短波和超短波线圈工作频率很高又要求电感量很稳定,因此在微调电感量大小时,常用铜或黄铜制作的铜芯来微调。铜芯旋入时使电感量减少,品质因数降低,与磁芯的作用过程恰好相反。

(5)封装材料

有些电感器(如色码电感器、色环电感器等)绕制好后,用封装材料将线和磁芯等密封起来。封装材料常采用塑料、陶瓷或环氧树脂等。

2. 电感器的图形符号

电感器的常见图形符号如图 3.1.1 所示。

 (a)空芯电感线圈 (b)有抽头空芯电感线圈 (c)铁芯阻流线圈

 (d)磁芯电感线圈 (e)间隙磁芯电感线圈 (f)可调磁芯电感线圈 (g)同轴磁芯扼流线圈

图 3.1.1 电感器的图形符号

3.1.2 电感器的主要参数和型号命名

1. 电感器的主要参数

(1)电感量 L 和感抗 X_L

线圈电感量的大小主要决定于线圈的直径、匝数及有无铁芯等,与电流大小无关。除专门的电感线圈(色码电感)外,电感量一般不专门标注在线圈上,而以特定的名称标注。电感的单位为"亨利",简称"亨"(H)。换算单位有毫亨(mH)、微亨(μH)、奈亨(nH)。它们之间的换算关系为:

$$1\ \mathrm{H} = 10^3\ \mathrm{mH} = 10^6\ \mu\mathrm{H} = 10^9\ \mathrm{nH}$$

电感线圈对交流电流阻碍作用的大小称感抗 X_L,单位是欧姆。它与电感量 L 和工作频率 f 的关系为:

$$X_L = 2\pi f L = \omega L$$

电感量的精度,即实际电感量与要求电感量间的误差,对它的要求视用途而定。对振荡线圈要求较高,为 $0.2\% \sim 0.5\%$;对耦合线圈和高频扼流圈要求较低,为 $10\% \sim 15\%$。

(2)线圈的品质因数

品质因数 Q 用来表示线圈损耗的大小,高频线圈的 Q 值通常为 $50 \sim 300$。对调谐回路线圈 Q 值要求较高。对耦合线圈,要求可低一些。对高频扼流圈和低频扼流圈,则无要求。Q 值的大小,影响回路的选择性、效率、滤波特性以及频率的稳定性,一般均希望 Q 值大。线圈的品质因数 Q 为:

$$Q = \omega L / R$$

式中,ω 为工作角频率;L 为线圈的电感量;R 为线圈的总损耗电阻,是由直流电阻、高频电阻(由集肤效应和邻近效应引起)及介质损耗等所组成。

为了提高线圈的品质因数 Q,可以采用镀银铜线,以减小高频电阻;用多股绝缘线代替具有同样总截面的单股线,以减少集肤效应;采用介质损耗小的高频瓷为骨架,以减小介质损耗。采用磁芯虽增加了磁芯损耗,但可以大大减少线圈匝数,从而减小导线直流电阻,对提高线圈 Q 值有利。

(3)分布电容

线圈的匝和匝之间存在着电容,线圈与地之间和线圈与屏蔽盒之间,以及线圈的层和层之间也都存在着电容,这些电容统称为线圈的分布电容。分布电容相当于并联在电感两端,使线圈的工作频率受限制并使线圈的 Q 值下降。采用蜂房绕法或分段绕法可减少高频线圈的分布电容。

(4)额定电流

指电感线圈在正常工作时,允许通过的最大电流值。当通过电感器的工作电流大于这一电流值时,电感器将有烧坏的危险。

2. 电感器的型号命名

电感器的型号命名方法如下:

第一部分——主称,用字母表示(如 L 为线圈,ZL 为扼流圈)。

第二部分——特征,用字母表示(如 G 为高频)。

第三部分——类型,用字母表示(如 X 为小型),但也有用数字表示的。

第四部分——区别代号,用字母 A、B、C 等表示。

如 LGX 为小型高频电感线圈。

3.1.3　电感器的种类

1. 电感器的分类

电感器的种类很多,分类方法各不相同:

➤ **按电感形式分类**:固定电感器、可变电感器。

➤ **按导磁体性质分类**:空芯线圈、磁芯、铁芯、铜芯线圈。

➤ **按工作性质分类**:天线线圈、振荡线圈、扼流线圈、陷波线圈、偏转线圈。

➤ **按绕线结构分类**:单层线圈、多层线圈、蜂房式线圈。

➤ **按结构特点分类**:立式或卧式线圈,有骨架或无骨架的线圈,带屏蔽或不带屏蔽的线圈,密封的或不密封的线圈等。

2. 常用的电感线圈

下面主要从导磁体性质分类上进行描述。

(1)空芯线圈

空芯线圈就是线圈内部没有填充物质,因结构不同又分为单层、多层和蜂房线圈等。

1)单层线圈

单层线圈绕制形式有两种,即密绕和间绕。所谓密绕,就是线圈匝与匝之间相互挨着,如图 3.1.2(a)、(b)所示,前者没有骨架,后者有骨架。间绕就是单层线圈匝与匝之间存在着一定间隔,如图 3.1.2(c)、(d)所示,前者无骨架,后者是有骨架的空芯间绕线圈。

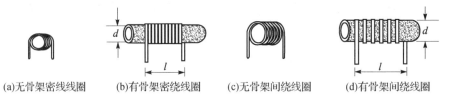

(a)无骨架密绕线圈　　(b)有骨架密绕线圈　　(c)无骨架间绕线圈　　(d)有骨架间绕线圈

图 3.1.2　空芯单层电感器

以图 3.1.2(b)中空芯密绕线圈为例,电感量的计算公式为

$$L = \frac{d^2 N^2}{1\,000l + 440d}$$

式中,L 为空心密绕线圈的电感量,单位为 μH;d 为空心密绕线圈的内径,单位为 mm;l 为空心密绕线圈的长度,单位为 mm;N 为空心密绕线圈的匝数。

以图 3.1.2(d)中空芯间绕线圈为例,电感量的计算公式为

$$L = \frac{d N^2}{102\dfrac{l}{d} + 45}$$

比较密绕和间绕,间绕的匝间距离大,分布电容小,当采用粗导线间绕时可获得 150～400 的 Q 值,其稳定性也较高。对于电感值大于 15 μH 的线圈,应采用密绕,密绕的线圈分布电容较大,电感量较大,Q 值较低。对某些稳定性较高的地方,采用被银法或热绕法制作高稳定型线圈。线圈多用 0.6～1.6 mm 线径的漆包线绕制,线径不同,上面公式中的 L 值不同。

2)多层线圈

由于单层线圈的电感量较小,在电感值大于 300 μH 的情况下,要采用多层线圈。图 3.1.3(a)是一个无封装多层电感线圈。

多层电感线圈最大的缺点是固有分布电容大。因为多层线圈的匝与匝之间、层与层之间存在着电压差,线圈两端电压差最大,当线圈两端有较高电压时,漆包线的绝缘层就容易被较高感应电压击穿,产生打火烧毁线圈的现象。为此在设计制造电感线圈时,可将线圈进行分段绕制,即将一个线圈分成几段绕制。图 3.1.3(b)为分段多层电感线圈。将线圈分段绕制,可降低各段的承受电压,还可减小线圈固有的分布电容。

为了克服多层电感线圈固有分布电容大的缺点,除采用分段绕制外,还采用蜂房式的绕制方式来绕制线圈,图 3.1.3(c)为分段蜂房式多层电感线圈。在绕制这种线圈时,将漆包线以 19°～26°的偏转角绕在骨架上,以减小线圈的分布电容。

(2)磁芯线圈

磁芯线圈是在空芯线圈中装入一定形状的磁芯而成的,是线圈的一类。磁芯如果固定在空芯线圈内,就叫固定磁芯线圈;磁芯如果在线圈内能调节,就叫可调磁芯线圈,

(a)多层电感线圈

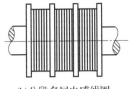
(b)分段多层电感线圈

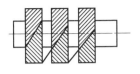
(c)分段蜂房多层电感线圈

图 3.1.3　多层电感线圈

又称可调电感器。

1)固定磁芯线圈

在空芯线圈中加入磁芯后,电感量约增 K 倍,用公式表示为:

$$L = KL_0$$

式中,L_0 为空芯线圈的电感量,单位为 μH;K 为磁芯的导磁率,一般取 $5 \sim 12$;L 为加入磁芯后的电感量,单位为 μH。

上述表明,多层线圈比单层线圈的电感量大,磁芯线圈又比多层线圈的电感量大。电感线圈的电感量一定时,磁芯线圈就比空芯线圈的圈数少得多,且磁芯线圈的分布电容小,同时线圈的 Q 值也有所提高。

2)可调磁芯线圈

可调电感器是电感量可在较大范围内进行调节的电感器,是在线圈中插入磁芯,并通过调节磁芯在线圈中的位置来改变电感量。可调电感器的特点是体积小,损耗小,分布电容小,电感量可在所需的范围内调节。例如收音机中的磁棒天线,线圈在磁棒上移动时,线圈在磁棒正中的电感量最大,线圈移出磁棒外时则电感量最小。

(3)其他电感线圈

1)色码电感线圈

这是一种小型的固定电感器,是一种磁芯线圈,将线圈绕制在软磁铁氧体的基体(磁芯)上,再用环氧树脂或塑料封装,并在其外壳上标以色环(如图 3.1.4(b)所示)或直接用数字(如图 3.1.4 所示为 LG400 型)表明电感量的数值。若标以色环,其电感量的识别与色环电阻一样,数字和颜色的对应关系是一样的,但要注意的是第三条色环是表示有效数字乘以 10 的乘方($10^0 \sim 10^9$),单位是微亨。第四环表示误差。这种电感线圈的工作频率为 $10 \sim 200$ kHz,电感量一般为 $0.1 \sim 33\ 000$ μH。高频采用镍锌铁氧体材料,低频多用锰锌铁氧体材料。国产 LG 小型电感器就是这种"色码电感",不过国产的色码电感通常都印有数字及字母(见图 3.1.4 的 LGI 和 LGX 型)。其字母 A、B、C、D、E 表示最大工作电流的分组代码,即表示各组的最大工作电流为 50、150、300、700、1600 mA。Ⅰ、Ⅱ、Ⅲ分别是表示误差为 $\pm5\%$、$\pm10\%$、$\pm20\%$。LG 型电感线圈有卧式和立式,立式的磁力线散发少,对邻近部件影响小,分布电容小。色码电感器体积小、安装方便,广泛用于电视机、收录机等电子设备中的滤波、陷波、扼流及延迟线等电路。

电感量标称值按 E12 系列分别有 1、1.2、1.5、1.8、2.2、2.7、3.3、4.7、5.6、6.8、8.2 乘以 10^{-1}、10^0、10^1、10^2……所得数值。

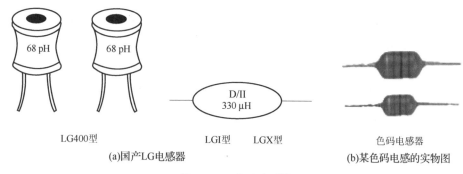

(a)国产LG电感器   (b)某色码电感的实物图

图 3.1.4　色码电感器

图 3.1.4(a)为国产 LG 电感器。图 3.1.4 为(b)某色码电感的实物图。

2)阻流圈(扼流圈)

限制交流电通过的线圈称阻流圈,分为高频阻流圈和低频阻流圈。某扼流圈实物如图 3.1.5 所示。高频阻流圈用于阻止高频信号的电流通过而让频率较低的交流信号和直流信号通过,特点是电感量小,分布电容小,损耗小。其多采用分段绕制及陶瓷骨架;低频阻流圈用于阻止低频信号的通过,电感量可达几亨至几十亨,比高频阻流圈大得多。低频阻流圈多采用硅钢片、铁氧体、坡莫合金等作为铁芯,多用于电源滤波电路、音频电路。

3)小型振荡线圈

小型振荡线圈属于可调磁芯线圈,是超外差式收音机中不可或缺的元件。某小型振荡线圈结构如图 3.1.6 所示。当超外差式收音机中需要产生一个比外来信号高 465 kHz 的高频等幅信号时,就由振荡线圈与电容组成的振荡电路来完成。

图 3.1.5　扼流圈

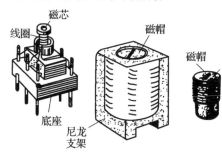

图 3.1.6　小型振荡线圈

振荡线圈分为中波振荡线圈、短波振荡线圈两种。小型振荡线圈一般采用金属外壳作屏蔽罩,内部有尼龙骨架、工字形磁芯、磁帽和引脚等。带螺纹的磁帽可以起到微调电感量的作用,磁帽顶端涂有红色漆,可以区别于外形相同的中频变压器。

3.1.4　电感器的检测与代用

电感器(线圈)的较好检查办法是用电感表等专用仪器进行测试,测量其电感值和 Q 值是否和标称值一致。在不具备专用仪表时,可以用万用表测量电感线圈的电阻来大致判断其好坏。一般电感线圈的直流电阻值应很小(为零点几欧至几欧),低频扼流圈的直流电阻最多也只有几百至几千欧。当量得线圈电阻无穷大时,表明线圈内部或引出端已断线。注意,在测量时,线圈应与外电路断开,以避免外电路对线圈的并联作用造成错误的判断。高频线圈的故障以开路断线居多,局部短路的故障较少。对开路的线圈可以从整机上卸下,细心检查引出端,并可小心将线圈拆下,记下圈数接好引出线,再按原绕法、圈数绕好。蜂房线圈在没有专用绕线机时,可以用卡片纸做一个框架,用手工乱绕(圈数与原线圈相同),亦可达到蜂房绕法的效果。

小型固定电感器(色码电感)一旦断线,则需更换新的,注意更换的电感数值要相近。

有些线圈在绕好后用石蜡或胶固封,重绕后如无恰当固封胶或腊最好不封,切不可用一般胶或蜡进行固封。因为这些材料会导致线圈的 Q 值下降,使整机特性变坏。

3.2　变压器

变压器是利用电磁感应原理,从一个电路向另一个电路传递电能或传输信号的一种电器。变压器可将一种电压的交流电能变换为同频率的另一种电压的交流电能。变压器普遍应用在各种电器的信号耦合、电源变压、阻抗匹配电路中,起隔离直流与耦合交流的作用。变压器常用文字符号"T"表示。

3.2.1　变压器的原理、图形符号、种类和主要参数

1. 变压器的原理和图形符号

变压器的原理可以用图 3.2.1 来加以说明。变压器一般接电源的线圈称为初级,其余的线圈均称为次级。当初级加上交流电压 U_1 后,铁芯中便产生交变磁通 ϕ,形成交变磁场,由于铁芯的磁耦合作用,使次级线圈中感应出电压 U_2。图 3.2.1(b)是普通变压器电路图形符号;图 3.2.1(c)是标出同名端的变压器电路图形符号,它用黑点表示绕组的同名端,同名端代表初级绕组和次级绕组上端的信号相位是同相的,即当①端

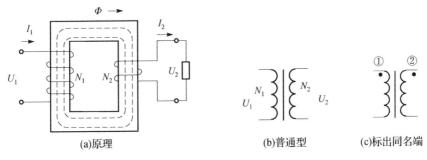

(a)原理　　　(b)普通型　　　(c)标出同名端

图 3.2.1　变压器的原理示意图

电压升高时,②端电压也升高;①端电压下降,②端电压也下降。变压器一般由线圈、铁(磁)芯和骨架(外壳)等几部分组成。变压器是将两组或两组以上的线圈绕在同一个线圈骨架上,或绕在同一铁芯上制成的。若线圈是空芯的,成为空芯变压器,如图 3.2.2(a)所示;若在绕好的线圈中插入了铁氧体磁芯的便称为铁氧体磁芯变压器,如图 3.2.2(b)所示;如果在线圈中插入铁芯,则称为铁芯变压器,如图 3.2.2(c)所示。

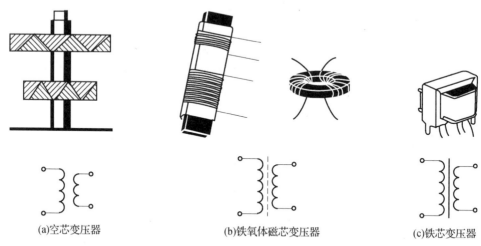

(a)空芯变压器   (b)铁氧体磁芯变压器   (c)铁芯变压器

图 3.2.2 变压器的外形与电路符号

2. 变压器的种类

根据工作频率不同,变压器可分为高频变压器、中频变压器和低频变压器。

低频变压器:低频变压器可分为音频变压器与电源变压器两种,在电路中又可以分为输入变压器、输出变压器、级间耦合变压器、推动变压器及线间变压器等。低频变压器一般为铁芯。

中频变压器:中频变压器(又称中周)适用范围从几 kHz 至几十 MHz。中频变压器一般为磁芯。

高频变压器:此变压器又称耦合线圈和调谐线圈,如天线线圈和振荡线圈等都是高频变压器。高频变压器一般为空芯。

3. 变压器的主要特性参数

1)额定功率

指在规定的频率和电压下,变压器能长期工作而不超过规定温升的输出功率。额定功率中会有部分无功功率,故容量单位用伏安(V·A),而不用瓦(W)表示。

2)匝 比

变压器初级绕组的匝数(N_1)与次级绕组的匝数(N_2)之比称为匝比(n)。在一般情况下,它就是输入电压与输出电压之比,即匝比称变压比(见图 3.2.1)。

$$n = \frac{N_1}{N_2} = \frac{U_1}{U_2} = \frac{I_2}{I_1} = \frac{\sqrt{Z_1}}{\sqrt{Z_2}}$$

式中，Z_1 为变压器初级线圈的阻抗，Z_2 为变压器次级线圈的阻抗。

3）效　率

是指变压器次级输出电功率与初级输入电功率比值的百分数，即

$$效率(\eta)=\frac{输出功率(P_0)}{输入功率(P_i)}\times100\%$$

输入功率＝输出功率＋损耗。变压器的损耗主要有以下两个方面：

① 铜损：变压器线圈大部分是用铜绕线制成的，由于导线存在着电阻，所以通过电流时就要发热，消耗能量，使变压器效率减低。

② 铁损：主要来自磁滞损耗和涡流损耗，为了减少磁滞损耗，变压器铁芯通常采用导磁率高（容易磁化）而磁滞小的软磁性材料制作，如硅钢、磁性瓷及坡莫合金等。为了减少涡流损耗，通常把铁芯沿磁力线平面切成薄片，使其相互绝缘，割断涡流。铁芯一般采用厚度为 0.35 mm 左右的硅钢片叠合制成。

在变压器的损耗中，除铜损和铁损外，还有漏磁损耗。

4）绝缘电阻

表示变压器各线圈之间、各线圈与铁芯之间的绝缘性能。绝缘电阻的高低与所使用绝缘材料的性能、温度高低和潮湿程度有关。

5）温　升

主要是对电源变压器而言。当通电工作后，其温度上升到稳定时，其温度高出周围环境温度的数值。电源变压器的温升愈小愈好。有时参数中用最高温度代替温升。

除了上述主要技术指标之外，不同用途的变压器还有一些特殊要求的技术指标，例如音频变压器还有非线性失真，电源变压器还有空载电流等技术指标，这里就不一一介绍了。

3.2.2　各种用途的变压器

1. 电源变压器

电源变压器主要用于将工频电源 220 V 变成低压交流电，主要组成部件有骨架、线圈、绝缘材料、铁芯及外壳等。图 3.2.3 是电源变压器的结构示意图。

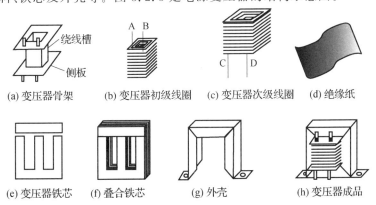

(a) 变压器骨架　　(b) 变压器初级线圈　　(c) 变压器次级线圈　　(d) 绝缘纸

(e) 变压器铁芯　　(f) 叠合铁芯　　(g) 外壳　　(h) 变压器成品

图 3.2.3　电源变压器的结构示意图

(1)变压器的骨架

图3.2.3(a)是塑料方形骨架。骨架的结构形式和材料有多种,还可用胶木板、纸质板等,常根据变压器使用场合和环境来选用,主要考虑耐温、耐潮湿及损耗等。如果在高温环境中使用,则不宜选用塑料骨架,应该选用环氧胶木板或酚醛胶木板做骨架。

(2)变压器的线圈

电源变压器线圈绕组一般用漆包绕线制,一次绕组(初级)在内,二次绕组(次级)在外,这种绕制的变压器漏磁最小,功率体积比最高,效率高,质量好。

(3)变压器的绝缘材料

由于初级线圈AB端加的220 V电压较高,次级CD端送出的12 V电压较低,为了保证初、次级绝缘可靠,常在绕完变压器初级线圈之后,在其外表包绕一层如图3.2.3(d)所示的绝缘纸,再在绝缘纸上绕次级线圈。绝缘纸一般为牛皮纸、青壳纸及白玻璃纸等。

有的两个绕组间有静电屏蔽层。屏蔽层有两种形式,一种形式是用铜箔或铝箔在一次绕组外绕一圈,其接头处不能重合,金属箔只能一头接地;另一种形式是在一次绕组外再用漆包线单独绕一层线圈,然后将一端引出接地,另一头空着不用。

(4)变压器的铁芯

电源变压器铁芯并不是整块铁,而是由许多如图3.2.3(e)所示形状的铁片(常称硅钢片)叠成的。硅钢片外表覆盖着一层薄绝缘漆,以保证相邻硅钢片之间绝缘。每层由一个"I"形部分和一个"E"形部分拼合成。铁片形状除如图3.2.3(e)所示的"EI"形外,还有"口"形、"F"形和"C"形,如图3.2.4所示。

组装变压器时,先将一片"E"形铁片从下向上插入骨架孔中,接着将第二片从上向下插入骨架孔中,从第二片起,每插入一个"E"形铁片,就应在"E"形铁片的口端拼入一个"I"形铁片,如此插入第三层、第四层……直到插完为止。最后要求插入的每层硅钢片之间必须贴紧,每层"E"形与"I"形硅钢片必须紧密结合,如图3.2.3(f)所示。

电源变压器使用薄片铁芯,主要有两方面原因:①规范线圈磁场的磁路,限制磁力线散射,避免干扰其他电路;②减少变压器的涡流损耗,提高变压器效率。

(a)口形铁片　　(b)F形铁片　　(c)C形铁片

图3.2.4　变压器铁芯形状

(5)变压器的外壳

铁片插完,如图3.2.3(g)所示的外壳有两个作用:①外壳上有两个孔,便于用螺钉固定;②屏蔽变压器的感应磁场,以免干扰其他电路。

2. 中频变压器

中频变压器俗称中周。我国广播收音机的中频频率为465 kHz,电视接收机的图像中放频率为38 MHz,伴音中放频率为6.5 MHz,中频变压器一般和电容(外加或内带)组成谐振回路,应能调谐在上述频率,并能在上述频率附近调整。

这里就以彩色电视机中应用的中频变压器为例来讲一讲中频变压器的结构。图 3.2.5 为常用的中频变压器的外观、结构及图形符号。如图 3.2.5 所示,中频变压器主要由骨架、线圈、底座、引脚、磁帽、磁芯及屏蔽罩几部分组成。

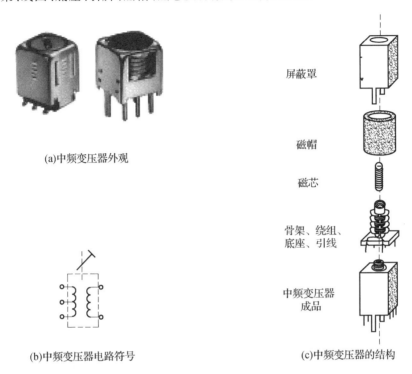

(a)中频变压器外观

屏蔽罩

磁帽

磁芯

骨架、绕组、
底座、引线

中频变压器
成品

(b)中频变压器电路符号

(c)中频变压器的结构

图 3.2.5　常用的中频变压器的外观、结构及图形符号

中频变压器多为两个线圈绕组,一个是初级线圈绕组,另一个是次级线圈绕组。

磁芯为圆柱形,可在骨架内上下调动,磁芯向下调整时,进入骨架(或线圈)的部分增多,线圈电感变大;磁芯向上调整时,骨架(或线圈)里的部分减少,线圈电感变小。另外,中频变压器在应用中,常在初级或次级线圈并联电容,以产生谐振中频,使变压器工作在固定中频上。当谐振频率偏离中频时,可调节磁芯将谐振频率校正在中频上。这样,中频变压器就会选择中频电视信号,由初级耦合到次级。可见,中频变压器不仅有耦合信号、匹配阻抗的作用,还有选择频率的作用。

磁帽是中频变压器的屏蔽罩。由于中频变压器工作频率较高,故作为最外层的铁屏蔽罩,在中频时将呈现一定电感,如果没有磁帽的隔离,则这种电感将影响变压器工作的中频,影响电路正常工作。可见,磁帽的作用很重要。

屏蔽罩在安装时,两个引脚必须保证良好接地;否则,会增大中频变压器的杂散干扰。

3. 音频输入、输出变压器

音频变压器在放大电路中的主要作用是耦合、倒相、阻抗变换等。要求音频变压器频率特性好、漏感小、分布电容小。

输入变压器是接在放大器输入端的音频变压器,它的初级多接输入电缆或话筒,次级接放大器第一级。不过晶体管放大器的低放与功放之间的耦合变压器习惯上也称输入变压器,而把前者分别叫线路输入变压器及话筒输入变压器。输入变压器次级往往有3个引出端,以便向晶体管功放推挽输出级提供相位相反的对称推动信号。图3.2.6是某输入变压器的实物及其图形符号。

输出变压器是接在放大器输出端的变压器,它的初级接放大器输出端,次级接负载(扬声器等)。它的主要作用是把扬声器较低的阻抗通过输出变压器变成放大器所需的最佳负载阻抗,使放大器具有最大的不失真输出,达到阻抗匹配的目的。输出变压器还具有隔离放大器与负载的直流电路的功能。输出变压器根据输出功率级电路的不同,有单边式和推挽式两种。图3.2.7某推挽输出变压器的外形及其图形符号。

图 3.2.6　某输入变压器的外形及其图形符号　图 3.2.7　某推挽输出变压器的外形及其图形符号

4. 自耦变压器和调压变压器

一般变压器的特点之一是初、次级之间的直流电路是完全分离的,它们之间的能量传递是靠磁场的耦合。但自耦变压器与调压变压器是另一种形式的变压器。它们只有一个线圈,其输入端和输出端是从同一线圈上用抽头分出来的。这种变压器初、次级之间有一个共用端,故它们的直流不再是完全隔离的。因此,自耦变压器与调压变压器是一种初、次级绕组之间既有磁耦合,又有电联系的变压器。图3.2.8是调压变压器的外形和图形符号。

自耦变压器的抽头是固定的,即固定从初级分取一部分电压输出;而调压器的抽头则是通过碳刷作滑动接头,输出电压随碳刷移动而可连续可调地输出。

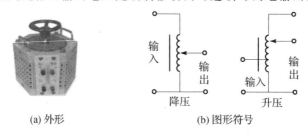

(a) 外形　　　　　　　　　　(b) 图形符号

图 3.2.8　调压变压器的外形和图形符号

3.2.3　变压器的检测和维修

1. 检　测

检测变压器时首先可以通过观察变压器的外貌来检查其是否有明显的异常,如绕组引线是否断裂、脱焊,绝缘材料是否有烧焦痕迹,铁芯紧固螺钉是否有松动,硅钢片有无锈蚀,绕组是否外露等。

① 绕组通断的检测。将万用表置于 $R \times 1$ 挡检测绕组两个接线端子之间的电阻值,若某个绕组的电阻值为无穷大,则说明该绕组有断路故障。如阻值很小,则说明该绕组有短路故障。当绕组出现短路故障时,不能测量空载电流。一般中、高频变压器的线圈圈数不多,其直流电阻应很小,在零点几 Ω 至几 Ω 之间,视变压器具体规格而异。音频和电源变压器由于线圈圈数较多,直流电阻可达几 MΩ 至 kΩ 以上。

② 初次级绕组的判别。电源变压器初级绕组引脚和次级绕组引脚通常是从变压器的两侧引出的,并且初级绕组多标有 220 V 字样,次级绕组则标出额定电压值,如 6 V、9 V、12 V 等。对于降压变压器,由于其初级绕组的匝数多于次级绕组,故初级绕组电阻值通常大于次级绕组电阻值(初级绕组漆包线比次级绕组的细)。可以通过测量两绕组的电阻值,判别初级绕组和次级绕组。

③ 绝缘性能的检测。用绝缘电阻表(若无绝缘电阻表,可用指针式万用表的 $R \times 10K$ 挡)分别测量变压器铁芯与初级绕组、初级绕组与各次级绕组、铁芯与各次级绕组、静电屏蔽层与初次级绕组、次级各绕组间的电阻值,应大于 100 MΩ 或表针指在无穷大处不动。否则,说明变压器绝缘性能不良。

④ 空载电流的检测。将次级绕组全部开路,把万用表置于交流电流挡(通常 500 mA 挡即可),并串入初级绕组中。当初级绕组接入额定电压(一般为 220 V 市电)时,万用表显示的电流值便是空载电流值。此值不应大于变压器满载电流的 10%～20%,如果超出太多,说明变压器有短路性故障。

⑤ 空载电压的检测。将电源变压器的初级绕组接电源(一般为 220 V 市电),用万用表交流电压挡,依次测出各绕组的空载电压值,应符合要求值,允许误差范围一般为:高压绕组≤±10%,低压绕组≤±5%,带中心抽头的两组对称绕组的电压差应≤±2%。

2. 修 理

变压器常见的故障为初级绕组断路或短路,静电屏蔽层与初级绕组或次级绕组间短路,次级绕组匝间短路,初次级绕组对地短路。

当变压器损坏后可直接用同型号变压器代换,代换时应注意电压比、功率和输入、输出电压等参数与原变压器一致。有些专用变压器还应注意阻抗大小的一致性。如无同型号变压器代换时,可重绕维修。

重新绕制变压器绕组的方法为:首先给变压器加热,先拆出铁芯,再拆出线圈,尽可能保留原骨架。记住初次级绕组的匝数及线径,找到相同规格的漆包线,在原骨架上用绕线机绕制同样的匝数,并按原接线方式接线,浸上绝缘漆,再将铁芯插入,烘干即可。

绕组匝数快速估算法。由于小型变压器初级绕组匝数较多,计数困难,可采用天平称重法快速估算匝数。即拆绕组时,先拆下次级绕组,将骨架与初级绕组在天平上称出重量(如为 100 g),再拆下初级绕组。也可拆除线圈后,直接称出初次级绕组重量。当重新绕制时,边绕边用天平称重,当绕组重量接近原绕组时,绕组的匝数基本上达到原绕组匝数。

习题 3

一、填空题

1. 电感元件分为两大类：一类是利用自感作用的_____，另一类是利用互感作用的_____和_____。

2. 电感器具有_____、_____、_____、_____（即通直流、阻交流）等特性，在振荡、退耦（也称去耦）、滤波等电子电路中，起_____、_____、_____作用。

3. 电感量的单位有亨利，毫亨，微亨。它们换算关系为：1 H＝_____ mH＝_____ μH。

4. 高频阻流圈用于阻止_____信号的电流通过，低频阻流圈用于阻止_____信号的电流通过。

5. 变压器效率是指变压器_____与_____比值的百分数。

6. 变压器是从一个电路向另一个电路传递_____或传输_____的一种电器。变压器可将一种电压的交流电能变换为同_____的另一种电压的交流电能。

7. 根据工作频率不同，变压器可分为_____变压器、_____变压器和_____变压器。

8. 自耦变压器与调压变压器是一种初、次级绕组之间既有_____耦合，又有_____联系的变压器。

二、简答题

1. 电感器有什么作用？电感器的结构由哪几部分组成？

2. 电感器的电感量大小主要决定于什么？电感的单位是什么？换算单位有哪些，它们之间的换算关系如何？

3. 简述电感器的检测方法。

4. 简述变压器的主要特性参数。

5. 电源变压器的结构由哪几部分组成？常见的电源变压器铁芯结构有哪几种形式？

6. 简述变压器的检测方法。

第 **4** 章

半导体器件

半导体器件包括半导体二极管、三极管和复合管、场效应管、晶闸管、单结晶体管、激光器件等半导体元件,其品种很多、应用极为广泛。

4.1 半导体和 PN 结

1. 半导体

导电能力特别强的物质称为导体。导电能力非常差,几乎不导电的物质称为绝缘体。半导体就是导电性能介于导体和绝缘体之间的一类物质,如硅、锗、砷、金属氧化物和硫化物等。半导体在现代电子技术中应用十分广泛,其导电能力具有不同于其他物质的一些特点,即其导电能力受外界因数的影响十分敏感,主要表现在以下 3 个方面:

➤ 热敏性:半导体的导电能力随着温度的升高而增加。

➤ 光敏性:半导体的导电能力随着光照强度的加强而增加。

➤ 杂敏性:半导体的导电能力因掺入适量杂质而有很大的变化。

半导体之所以具有上述特性,根本原因在于其物质内部的特殊原子结构和其特殊的导电机理。把完全纯净的、具有晶体结构的半导体称为本征半导体;用特殊工艺掺入适量的杂质后形成的半导体称为杂质半导体。半导体有两种载流子:自由电子和空穴。本征半导体中两种载流子浓度相同,杂质半导体中两种载流子浓度不同。杂质半导体中有 N 型和 P 型之分。在硅(或锗)本征半导体中掺入少量的五价元素(如磷),即形成 N 型半导体,其中自由电子是多子,空穴是少子;在硅(或锗)本征半导体中掺入少量的三价元素(如硼),即形成 P 型半导体,其中自由电子是少子,空穴是多子;本征半导体和杂质半导体都是电中性的。

2. PN 结

(1) PN 结的形成

N 型半导体和 P 型半导体结合时,由于交界面两侧空穴和电子浓度相差很大,因此,载流子将从浓度高的地方向浓度低的地方进行扩散运动。如图 4.1.1(a)所示,P 区的多子(空穴)向 N 区扩散,N 区的多子(电子)向 P 区扩散,扩散的空穴和电子很快在靠近 PN 界面复合而消失。所以,N 区一侧留下带正电的正离子,P 区一侧留下带负电的负离子,形成一层很薄的空间电荷区,称为 PN 结,又称耗尽层,如图 4.1.1(b)所示。由于空间电荷区中 N 区带正电,P 区带负电,正负电荷在交界面附近形成内电场,其方向由 N 区指向 P 区。内电场方向与多子扩散运动的方向相反,一方面它将阻碍多子的扩散运动,另一方面促使了 P 区和 N 区中少子的漂移运动,即 P 区的少子(电子)和 N 区的少子(空穴)向逆内电场方向运动。

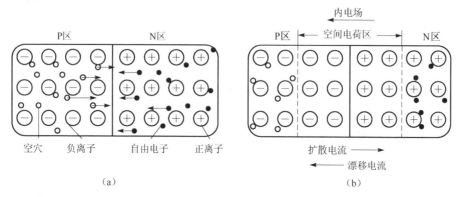

图 4.1.1　PN 结的形成

漂移运动和扩散运动的作用是相反的,当漂移和扩散最终达到平衡时,空间电荷区的宽度便保持不变,PN 结处于稳定状态。

(2)PN 结的单向导电性

1)外加正向电压 PN 结导通

在图 4.1.2(a)中,将 PN 结的 P 区接外加电源的正极,N 区接外加电源的负极,称为给 PN 结加正向偏置电压,简称正偏。此时外电场方向与内电场方向相反,削弱了内电场,破坏了原来动态平衡状态。在外电场作用下,两区的多子被推向空间电荷区,P区的空穴与空间电荷区的部分负离子中和,N 区的电子与空间电荷区的部分正离子中和,这样使空间电荷区变窄。所以,PN 结处于正向导通状态时,正向电阻很小,PN 结形成较大的正向电流,方向由 P 流向 N。

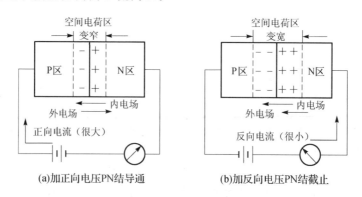

图 4.1.2　PN 结的单向导电性

2)外加反向电压 PN 结截止

在图 4.1.2(b)中,将 PN 结的 P 区接外加电源的负极,N 区接外加电源的正极,称为给 PN 结加反向偏置电压,简称反偏。此时外电场方向与内电场方向相同,则内电场加强,空间电荷区变宽。这样,多子的扩散运动难以进行,少子的漂移运动因少子浓度低而很小。所以,PN 结处于反向截止状态时,反向电阻很大,PN 结形成的反向电流约为零。

4.2　二极管

4.2.1　二极管结构、分类、特性和参数

1.半导体二极管的结构

将一个 PN 结封装在密封的管壳之中并引出两个电极,就构成了晶体二极管。其中,与 P 区相连的引线为正极,与 N 区相连的引线为负极,如图 4.2.1 所示。

图 4.2.1　二极管的结构示意图和符号

2.半导体二极管的分类、型号和命名

二极管按材料分,有硅二极管、锗二极管和砷化镓二极管等;按结构不同,分为点接触型和面接触型二极管;按工作原理分,有隧道、雪崩、变容二极管等;按用途分,有检波、整流、开关、稳压、发光二极管等。图 4.2.2 为点接触型二极管和面接触型二极管的结构示意图。

二极管的型号命名见附录 B。

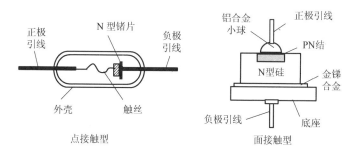

图 4.2.2　点接触型二极管和面接触型二极管

3. 半导体二极管的特性

晶体二极管的特性可以用伏安特性曲线表示。普通硅二极管的伏安特性如图 4.2.3 所示,它反映的是流过二极管的电流随外加电压变化的规律。

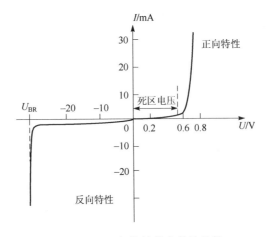

图 4.2.3 二极管的伏安特性曲线

由图可以看出:当所加电压在零值附近时,二极管中流过的电流为零。当正偏电压为 0.5 V 左右时,电流开始出现;电压再增大时,电流明显增大;当电压超过 0.7 V 时,正向电流便急剧增大。这个 0.5 V 左右的正偏电压值称为硅二极管的死区电压或阈值电压(锗二极管的死区电压为 0.2 V 左右),加在二极管上的正偏电压一定要大于此值管子才会导通。而 0.7 V 左右的正偏电压值称为硅二极管的正向压降,一般硅管的正向压降为 0.6～0.8 V,锗管的正向压降为 0.2～0.4 V。若在普通二极管上加反偏电压,反向电流随电压增大而略微增加或不增加。但当反偏电压增大到一定值时,反向电流突然剧增,此时的 PN 结被击穿,这个电压称为反向击穿电压 U_{BR}。当反向电压小于反向击穿电压值时,反向电流始终很微小。

由此可见,二极管同 PN 结一样,具有单向导电性。

4. 半导体二极管的参数

① 最大整流电流(I_F):指允许通过的最大正向工作电流的平均值。如电路电流大于此值,会使 PN 结的结温超过额定值而损坏。

② 额定反向电压(U_R):指二极管使用时所允许加的最大反向电压,一般手册上给出的 U_R 是反向击穿电压的一半。

③ 反向电流(I_R):指二极管在一定温度下加反向电压时的反向电流值。I_R 越大,表明二极管单向导电性能越差。

此外,还有二极管的最高工作频率、正向管压降、极间电容和散热器规格等参数。

4.2.2 常用二极管

常见二极管的外形如图4.2.4所示。

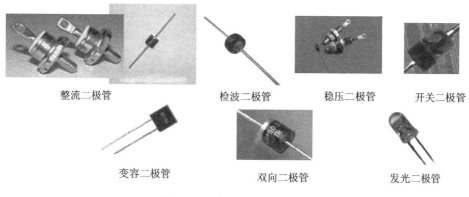

图 4.2.4　常见二极管的外形

1. 整流二极管

整流二极管性能比较稳定,但因结电容较大,不宜工作在高频电路中,所以不能作为检波管使用。整流二极管是面接触型结构,多采用硅材料制成。整流二极管有金属封装和塑料封装两种。整流二极管1N4007主要参数有正向电流(I_F)1 A,反向电流(I_R)5 μA,反向电压(U_R)1 000 V,正向电压(U_F)≤1 V。

2. 稳压二极管

稳压二极管也称齐纳二极管或反向击穿二极管,在电路中起稳压作用。它是利用二极管被反向击穿后,在一定反向电流范围内,反向电压不随反向电流变化这一特点进行稳压的。它的伏安特性曲线及电路符号如图4.2.5所示,由图可见,稳压管正常工作在反向击穿特性曲线的 AB 段时,虽然通过稳压管的电流发生很大变化(ΔI_Z),但稳压管两端电压的变化量(ΔU_Z)却很小,这就体现了稳压作用。

稳压二极管的正向特性与普通二极管相似,但反向特性不同。反向电压小于击穿电压时,反向电流很小,反向电压临近击穿电压时反向电流急剧增大,发生电击穿。此时即使电流再增大,管子两端的电压基本保持不变,从而起到稳压作用。但二极管击穿后的电流不能无限制增大,否则二极管将烧毁,所以稳压二极管使用时一定要串联一个限流电阻。

稳压二极管的主要参数:

① 稳定电压 U_Z:它是指稳压管在正常工作时,管子两端基本保持不变的反向电压值。它是在一定工作电流和温度下的测量值。对于每一个稳压管都有一个确定的稳压值 U_Z,它对应于反向击穿特性曲线 AB 段中点的电压值。由于制造工艺的原因,即使同一型号的稳压管,U_Z 的分散性也较大,所以手册中只给出某一型号管子的稳压范围

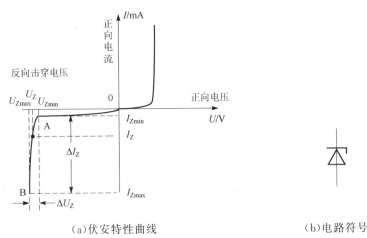

（a）伏安特性曲线 （b）电路符号

图 4.2.5 稳压二极管的伏安特性曲线及电路符号

（如 2CW11 的稳压值是 3.2～4.5 V）。

② 稳定电流 I_Z 和最大稳定电流 I_{Zmax}：稳定电流是指稳压管的工作电压等于其稳定电压时的工作电流。管子使用时不得超过的电流称为最大稳定电流。

③ 最大耗散功率 P_{zm}：它是指稳压管不致发生热击穿的最大功率损耗。其数值为 $P_{zm} = U_Z \times I_{Zmax}$。

④ 动态电阻 r_z：它是稳压管两端的电压和通过稳压管的电流两者变化量之比，即 $r_z = \Delta U_Z / \Delta I_Z$。这是用来反映稳压管稳压性能好坏的一个重要参数，动态电阻越小，说明反向击穿特性曲线越陡，稳压性能越好。

稳压二极管 2CW52 主要参数：稳定电压 U_Z 为 3.2～4.5 V，稳定电流 I_Z 为 10 mA，最大稳定电流 I_{Zmax} 为 55 mA，最大耗散功率 P_{zm} 为 250 mW。

3. 检波二极管

检波二极管的作用是把调制在高频电磁波上的低平信号检出来。检波原理如图 4.2.6 所示,其工作原理是先用检波二极管取出正半周高频调制信号,再用电容滤除高频载波得到有用的低频信号。因为硅二极管导通电压（0.6～0.8 V）比锗二极管导通电压（0.2～0.4 V）高,为保证调制电压小于 0.7 V 能通过,减小信号损失,因此检波二极管多采用 2AP 型锗二极管,结构为点接触型,也有为调频检波专用的一致性好的两只二极管组合件。

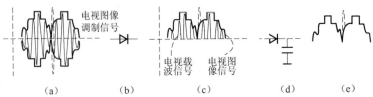

图 4.2.6 二极管的检波原理

检波二极管 2AP2 主要参数:最大整流电流 16 mA,最高反向工作电压 30 V,正向电流≥1 mA,最高工作频率 150 MHz。

4. 变容二极管

变容二极管是一种利用半导体二极管 PN 结电容随外加电压变化而变化的原理制成的二极管,电路符号和典型特性曲线如图 4.2.7 所示。

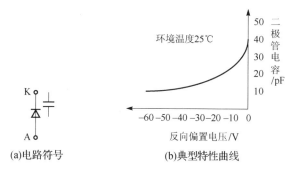

(a)电路符号   (b)典型特性曲线

图 4.2.7 变容二极管的电路符号和典型特性曲线

图 4.2.7(b)是变容二极管的典型特性曲线,由曲线可见,其反向偏置电压由 0 V 增加时,电容量由大约 40 pF 的最大值迅速减小,而在反向偏置电压大约为 60 V 处电容量曲线在约 5 pF 处变得平坦。若给这个二极管加正向偏置电压,则其电容可增加到 40 pF 以上(图中未表示出),但很快就会超过二极管的势垒电压(对于硅管为 0.7 V)的那一点,这时二极管就有很大的正向电流,此时二极管不能当作电容器使用。

总之,变容二极管在一定范围内,反向偏压越小,结电容越大;此外,必须避免工作在正向导通状态。

5. 开关二极管

开关二极管是利用二极管单向导电性在电路中对电流进行控制,从而起到"接通"或"关断"作用,具有开关速度快、体积小、寿命长、可靠性高等特点。开关二极管常用在开关、脉冲、高频等电路中,图 4.2.8 为开关二极管的开关原理图。图中为彩色电视机的行脉冲信号,频率为 15 625 kHz。这种方波加到 2CK11 型开关二极管后,二极管工作在开关状态,高电平时迅速导通,低电平时迅速截止,送出图示的脉冲波。开关二极管就相当于一个电子开关,而这样高频率的开关速度是一般机械开关做不到的。

开关二极管 2CK11 的主要参数有最高反向工作电压 30 V、最大正向电流 30 mA、反向恢复时间≤5 ns,零偏压电容≤3 pF。

开关二极管从截止(高阻)到导通(低阻)的时间叫"开通时间",从导通到截止的时间叫"反向恢复时间",两个时间加在一起统称"开关时间"。

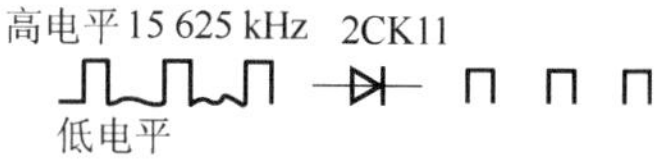

图 4.2.8 开关二极管的开关原理图

6. 阻尼二极管

阻尼二极管用于阻尼电路、整流电路中,具有类似高频高压整流二极管的特性,反向恢复时间少,能承受较高的反向击穿电压和较大的峰值电流,既能在高频下工作又具有较低的正向电压降。图4.2.9为彩电行输出电路原理图,图中E为电源,VD为阻尼二极管。工作过程为:在行管VT断开时,电感L上产生较大的上正下负感应电动势,该电感电动势对电容C充电时,充电电流不经过二极管。充电结束后,电容C对电感L放电,阻尼二极管使电容C上的电压被钳位在0.6 V,阻止LC自由振荡的进行,这样就能提供给彩电行输出线圈所需的锯齿波电流。如果没有阻尼二极管,LC充放电回路一样,回路中就只能得到正弦波,而不是锯齿波。

阻尼二极管2CN1的主要参数有最大整流电流5 000 mA、最高反向工作电压>120 V、正向压降<0.55 V。

7. 肖特基整流二极管

开关电源中,所需的整流二极管必须具有正向压降低、快速恢复的特点,还应具有足够大的输出功率,这时可以使用肖特基整流二极管。肖特基整流二极管即使在大的正向电流作用下,其正向压降也很低,仅为0.4 V左右。因此,肖特基整流二极管特别适用于5 V左右的低电压输出开关电源电路中。电路符号如图4.2.10所示。

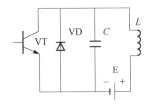

图4.2.9　彩电行输出电路原理简图

图4.2.10　肖特基二极管

肖特基整流二极管有两大缺点:其一,反向截止电压的承受能力较低,目前的产品大约为100 V;其二,反向漏电流较大,使得该器件比其他类型的整流器件更容易受热击穿。当然,这些缺点可以通过增加瞬时过电压保护电路及适当控制结温来克服。

8. 恒流二极管

恒流二极管是二极管的一种,理想情况下,加在恒流二极管上的电压无论为何值,流过它的电流始终为一个恒定值I_H,其等效交流电阻为无限大。实际上,由于受半导体材料、结构及工艺的限制,恒流二极管的工作电压范围一般为零点几伏至几十伏,等效交流电阻从几百千欧至几十兆欧。图4.2.11(a)是恒流二极管电路符号,图中A为阳极,K为阴极。

图4.2.11(b)是恒流二极管的典型伏安特性曲线,可分为4段分析,当电压从0~V_S(V_S为起始电压)上升时,电流线性上升;电压在V_S~V_B间升高时,电流上升趋缓并变得平坦,此时的电流值即为恒定电流(I_H),一般I_H可为50 μA~10 mA之间。这段

电压变化 ΔV 很大,而电流变化 ΔI 不大,因此等效交流电阻 $R = \Delta V / \Delta I$ 很大;当电压超过 V_B 后,电流急剧上升,失去恒流特性,此时恒流二极管击穿;加反向电压时,其特性同硅二极管的正向特性一致。

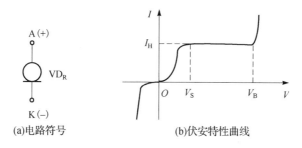

(a)电路符号　　　　　　　　　(b)伏安特性曲线

图 4.2.11　恒流二极管的电路符号和典型伏安特性曲线

恒流二极管的击穿电压 V_B 一般为 $20 \sim 100$ V。

9. 高压硅堆

高压硅堆又叫硅柱,是一种二极管,属高频高压整流二极管,工作电压在几千伏到几十千伏之间。这种二极管之所以能耐受几十千伏高压,是因为其内部由许多高频硅二极管管心串联组成,外面用高频陶瓷或其他耐高压的高频绝缘材料封装。

高压硅堆型号有 2CLG 和 2DLG,图 4.2.12 是高压硅堆外形和内部组成示意图,正、负极性与其中单个二极管极性相同。在黑白和彩色电视机中都用到高压硅堆,图 4.2.12(a)是黑白电视机中应用的高压硅堆,标记"2CLG"表示硅材料高频硅堆,"1 mA"表示整流电流,"18 kV"表示最高耐压。在彩色电视机中看不到这样的二极管,它被封装在高压包(也叫行输出变压器)内部。

(a)2CLG高压硅堆　　　　　　　(b)硅堆内部组成

图 4.2.12　高压硅堆二极管

这种二极管的好坏,可用万用表 $R \times 10K$ 挡来检测,其正向电阻值大于几百千欧,反向电阻值为无穷大。

10. 双向二极管

双向二极管是双向触发二极管的简称,又称二端交流器件(DIAC),是 3 层结构、两个 PN 结,对称性质的二端半导体器件,等效于基极开路,发射极与集电极对称的 NPN 晶体管,其正反伏安特性完全对称。电路符号、结构及等效电路如图 4.2.13 所示,特性曲线如图 4.2.14 所示。当器件两端的电压 U 小于正向转折电压 U_{BO} 时,呈高阻状态;当 $U > U_{BO}$ 时进入负阻区。同样当 U 超过反向转折电压 U_{BR} 时,管子也能进入负阻区。双向二极管的耐压值 U_{BO} 大致分为 3 个等级,分别是 $20 \sim 60$ V、$100 \sim 150$ V、$200 \sim 250$ V。双向二极管可用于触发双向晶闸管,构成过压保护、定时和移相电路等。

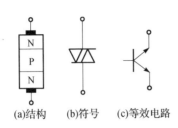
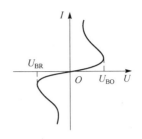

(a)结构　(b)符号　(c)等效电路

图 4.2.13　双向二极管的结构、符号和等效电路　　图 4.2.14　双向二极管的特性曲线

11. 发光二极管

(1) 发光二极管的原理和特点

发光二极管 LED(Light Emitting Diode)是一种将电信号转换成光信号的二极管。原理是 PN 结施加正向偏压时,能量较大的电子或空穴越过势垒分别流入到 P 区或 N 区,然后同 P 区的空穴或 N 区的电子复合,同时以光的形式辐射多余的能量而发光。

发光二极管在制作时,使用的材料不同,就可以发出不同颜色的光。此外,还有变色发光二极管,变色发光二极管可实现红橙黄绿蓝紫多色发光。如小电流时为红色的 LED,随着电流的增加,可以依次变为橙色、黄色,最后为绿色。发光二极管的电路符号和常见外形如图 4.2.15 所示。

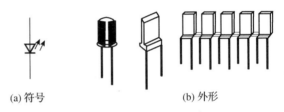

(a) 符号　　　　　　(b) 外形

图 4.2.15　发光二极管的电路符号和常见外形

发光二极管具有功耗低、体积小、可靠性高、色彩鲜艳、寿命长和响应速度快等优点。

(2) 发光二极管的种类

发光二极管根据发出的光可见与否,可分为可见光发光二极管和不可见光发光二极管。

1)可见光发光二极管

发光二极管发光时是以电磁波辐射形式向远方发射的。光电磁波有一定频率与波长,光的波长为 380～780 nm 时,人眼能辨别,故将能发射可见光的二极管称为可见光发光二极管。

根据颜色光又可分为许多种类,发光波长为 630～780 nm 的为红光;发光波长为 555～590 nm 的为黄光;发光波长为 495～555 nm 的为绿光。

单只发光二极管发射功率一般都不大,只有数毫瓦左右。发射光线的形式通常为束射与散射,通常用发射角度图来表示,如图 4.2.16 所示。束射具有发射距离远的优点,散射则具有覆盖面宽等特点。另外,还有一种二极管能发闪烁光。

发光二极管还可以任意串联或并联使用,以增大发射光功率或组成不同射角。

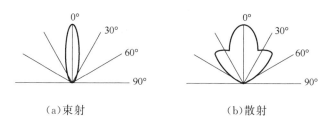

（a）束射　　　　　　　　　　（b）散射

图 4.2.16　发光二极管的束射与散射

ⓐ 磷砷化镓系列发光二极管

这里以磷砷化镓系列 FG112001 型发光二极管为例来说明发光二极管的特性参数。

FG112001 型发光二极管的最大输出功率 P_M 为 30 mW，最大正向工作电流 I_{FM} 为 20 mA，如果超过这一数值二极管就会烧毁。最高反向电压 U_{BR} 大于 5 V。正向工作电流 I_F 为 5 mA。正向工作电压 U_F 小于 2 V。反向电流 I_R 一般小于 100 μA。零偏压下的结电容 C_0 小于 100 pF。

光参数中，发光强度 I_v 大于 0.3 mcd。光射角 θ 为 15°。发光峰值波长 λ_P 为 650 nm，半峰宽度 $\triangle\lambda$ 为 20 nm。

ⓑ BTV 系列电压型发光二极管

BTV 系列电压型发光二极管在元件内部串接有一个电阻器，在使用时不必再串接限流电阻。它的内部结构如图 4.2.17(a)所示，外形尺寸如图 4.2.17(c)所示。

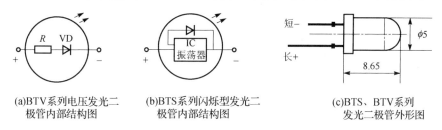

(a)BTV系列电压发光二　　(b)BTS系列闪烁型发光二　　(c)BTS、BTV系列
极管内部结构图　　　　　极管内部结构图　　　　　发光二极管外形图

图 4.2.17　电压型发光二极管与闪烁型发光二极管

ⓒ BTS 系列闪烁型发光二极管

这类二极管内部封装了一个多谐振荡器和一个发光二极管，振荡频率为 1.3～5.2 Hz。只要在 BTS 系列二极管两端加上 5 V 电压，它就会发出 1 s 闪烁 1.3～5.2 次的光，其内部原理结构如图 4.2.17 (b)所示。

2)不可见光发光二极管(红外线发光二极管)

红外线发光二极管的发光波长为 940 nm，人眼无法见到这样的光，常称之为发射二极管或红外线发射二极管。红外线发射二极管在彩色电视机中应用，主要用在手持遥控发射器中，用来遥控彩色电视机调光、调色、调音等。红外线发射二极管发射功率一般不大，只有数毫瓦左右，但有效控制距离可达 5～8 m。

3)其他发光二极管

随着新材料和半导体技术的发展，新型的高亮度、多色化、大型化的 LED 不断地出现。

蓝色、白色 LED:蓝色 LED 材料由碳化硅、氮化镓、铟氮镓 3 种材料构成,它的出现实现了 LED 彩色大屏幕显示。在蓝色发光的基础上,封装时在芯片上添加几毫克的荧光物质就会转换为白色光,可替代微型白炽灯。

4 元素 LED:由铟、镓、铝、磷 4 元素材料制成的 LED 可获得红、橙、黄、琥珀 4 种颜色,发光效率高、高温性很好,适宜于户外使用。

功率 LED:工作电流为 70 mA,能发出极强的光束,视角可达 40°～70°,可用于汽车标志灯等。

贴片式 LED:工作电流小,一般为 1～2 mA,有足够亮度,节省电能,适用于便携产品。

(3) 发光二极管型号命名方法

发光二极管是在普通二极管之后开发、研制和生产的,其型号命名与普通二极管有所不同,主要由 6 个基本部分组成,各部分字符及意义如表 4.2.1 所列。

表 4.2.1　发光二极管型号各部分字符及意义

	第二部分		第三部分		第四部分		第五部分		第六部分
用两个字母表示发光二极管	用一个数字表示发光二极管材料		用一个数字表示发光二极管发光颜色		用一个数字表示发光二极管透明特性		用一个数字表示发光二极管形状		用两个数字表示发光二极管序号
	字符	意义	字符	意义	字符	意义	字符	意义	
FG	1	1 表示磷砷化镓材料	1	1 为红	1	1 为无色透明	0	圆形	
	2	2 表示砷铝化镓材料	2	2 为橙	2	2 为无色散射	1	长方形	
	3	3 表示磷化镓材料	3	3 为黄	3	3 为有色透明	2	符号形	
			4	4 为绿	4	4 为有色散射	3	三角形	
			5	5 为蓝			4	方形	
			6	6 为复色			5	组合形	
							6	特殊形	

(4) 发光二极管的常用驱动电路

发光二极管的驱动方式有直流驱动方式、交流驱动方式、脉冲驱动方式等。

图 4.2.18 是发光二极管常用的驱动电路,稳压电源 U_{cc} 通过限流电阻 R_1 供给发光二极管 VD 电流,而发光二极管的正向工作电压 U_F 与正向工作电流 I_F 有关,但这里 U_F 几乎不变,因此 $I_F=(U_{cc}-U_F)/R_1$。限流电阻 R_1 的大小为 $R_1=(U_{cc}-U_F)/I_F$。

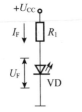

图 4.2.18　发光二极管驱动电路

12. 光电二极管

光电二极管是一种能将光信号转变为电信号的二极管。在实际应用中光电二极管用来接收光源信号,将其转变为电信号,故也称为接收二极管。接收的光源主要是可见光或红外线。

（1）光电二极管结构和符号

光电二极管结构、符号和实物如图4.2.19所示。光电二极管结构与一般二极管相似，但也有区别。光电二极管管心也是PN结，都有两个电极，从P型材料引出正极，从N型材料引出负极，管心封装在透明玻璃内，光线能够照射到管心上。

（2）光电二极管的特性曲线和好坏判别

1）特性曲线

光电二极管工作时，除PN结应受到光线照射外，还必须处在反向偏置电压条件下。图4.2.20为光电二极管的特性曲线，由普通二极管伏安特性可知，加反向电压将产生反向电流，称为反向饱和电流。光电二极管在反向电压下没有光照时，有很小的反向饱和电流。有光照时，反向电流会随光照加强而增大。这是因为管子无光照时呈现的反向电阻很大，一般可达4 MΩ；有光照射时呈现的反向电阻较小，一般为几 MΩ 到 1 kΩ。可见，光电二极管的工作实质，就是反向电阻值随光照强度而变化。

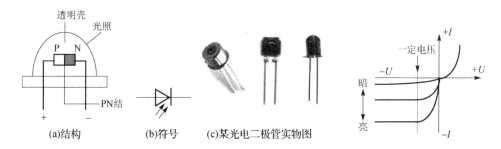

图4.2.19　光电二极管结构、符号和实物图　　　　图4.2.20　光电二极管的特性曲线

2）好坏判别

用万用表 $R \times 1K$ 挡测量光电二极管的正、反向电阻和有光照的反向电阻，然后与正常值比较可判别其好坏。例如 2CU3 型光电二极管反向电阻 830 kΩ，正向电阻 5.2 kΩ，有光照的反向电阻 560 Ω。

4.2.3　二极管主要应用

利用二极管的单向导电性和反向击穿特性，可以构成整流、限幅、稳压等电路。

1. 整　流

利用二极管的单向导电性将交流电变成直流电称为整流。整流电路有半波、全波、桥式等形式。图4.2.21为半波整流电路及波形。

分析：在 u_2 的正半周内，变压器次级绕组上端为正，下端为负，二极管正偏导通，如同开关闭合，有电流流过负载 R_L，忽略二极管的正向压降，$u_o \approx u_2$；在 u_2 的负半周内，变压器次级绕组上端为负，下端为正，二极管反偏截止，如同开关断开，无电流流过负载

R_L，$u_o = 0$。这样，在 R_L 上得到一个正向脉动直流电压，u_o 的波形如图 4.2.21(b)所示。该电路因为只有电源电压半个周期有电流流过负载，故称为半波整流电路。半波整流电路中负载电压的平均值 $U_o = 0.45U_2$，式中 U_2 为变压器次级电压的有效值。

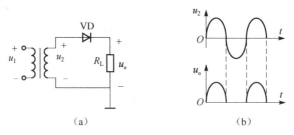

图 4.2.21　半波整流电路及波形

2. 限幅电路

限幅电路是限制输出信号幅度的电路。如图 4.2.22 所示，设二极管为理想元件。由图可知，由于二极管接有反向电压 U_{CC}（设为 5 V），因此只有在 U_i（设为 10 V）为正半周，且当 $U_i > U_{CC}$ 时，VD1 管才导通，其余时间均截止。VD1 管导通时 $U_o = U_{CC}$（忽略二极管正向压降）；截止时 $U_o = U_i$。同理，在 U_i 为负半周，且当 $U_i < -U_{CC}$ 时，VD2 管才导通，其余时间均截止。VD2 管导通时 $U_o = -U_{CC}$；截止时 $U_o = U_i$。由此画出 U_o 的波形如图 4.2.22(b)所示，可见该电路将信号电压 U_i 的两个波顶削掉了，信号电压被限幅在 $U_{CC} = 5$ V。

3. 稳压电路

利用稳压管可以构成简单的稳压电路。图 4.2.23 是一种并联型稳压电路。电阻 R 在电路中起限流作用，限制稳压管电流 I_Z 不超过其允许值，同时它还具有电压调整作用。工作原理如下：当电网电压增加而使输出电压 U_o 也随之升高，U_o 即为稳压管两端的反向电压。U_o 微小的增量会引起稳压电流 I_Z 的急剧增加，从而使 $I = I_Z + I_L$ 加大，则在 R 上的压降 $U_R = IR$ 也增大，则输出电压 $U_o = U_i - U_R$ 降低，从而使输出电压保持不变。同样，当负载电阻减小而使输出电压 U_o 降低时，通过限流电阻 R 和稳压管 VD 的调节作用亦可使输出电压保持不变。

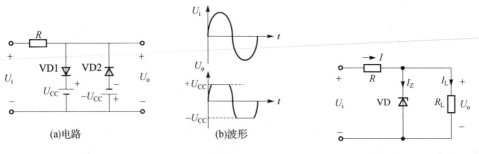

图 4.2.22　限幅电路　　　　图 4.2.23　稳压电路

4.2.4　二极管的检测和代用

1.用指针式万用表检测二极管

(1)二极管的好坏和电极的判别

用万用表的 $R \times 1K$ 挡,将红、黑两表笔分别接触二极管的两个电极,测出其正、反向电阻值,一般二极管的正向电阻为几十 Ω 到几 $k\Omega$,反向电阻为几 $M\Omega$ 以上。正反向电阻差值越大越好,至少应相差百倍为宜。若正、反电阻接近,则管子性能差。用上述测法测得阻值较小的那次,黑表笔所接触的电极为二极管的正极,另一端为负极。这是因为在磁电式万用表的欧姆挡,黑表笔是表内电池的正端,红表笔是表内电池的负端。

由二极管的伏安特性可见,二极管是非线性元件。因此用不同量程的欧姆挡测量时,测出的阻值是不同的。

(2)二极管类型的判别

经验证明,用 500 型万用表的 $R \times 1K$ 挡测二极管的正向电阻时,硅管为 $6 \sim 20$ $k\Omega$,锗管为 $1 \sim 5$ $k\Omega$。用 2.5 V 或 10 V 电压挡测二极管的正向导通电压时,一般锗管的正向电压为 $0.1 \sim 0.3$ V,硅管的正向电压为 $0.5 \sim 0.7$ V。

(3)硅稳压管与普通硅二极管的判别

首先利用万用表的低阻挡分出管子的正、负极,然后测出其反向电阻值。若在 $R \times 1$ Ω、$R \times 10$ Ω、$R \times 100$ Ω、$R \times 1K$ 挡上测出的反向电阻均很大,而在 $R \times 10K$ 挡上测出的反向电阻却很小,说明管子已被击穿,该管为稳压管。若在 $R \times 10K$ 挡上测出的反向电阻仍很大,说明管子未被击穿,该管为普通二极管。此种方法只能对稳压值小于表内电池电压时才有效。

(4)双向二极管的判别

先用万用表 $R \times 10K$ 挡测量其正、反向电阻,由图 4.2.24 可知,其正向转折电压 U_{BO} 和反向转折电压 U_{BR} 均大于 20 V,故正反向电阻均应为无穷大。再配合兆欧表(摇表)测量其转折电压对称性,由图 4.2.24 所示,由兆欧表提供击穿电压,由万用表读出一次值(U_{BO}),再对调双向二极管电极测一次值(U_{BR}),则可看出 U_{BO} 和 U_{BR} 的对称性。U_{BO} 和 U_{BR} 的数值越接近,对称性越好。

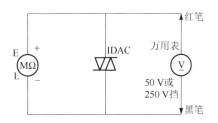

图 4.2.24　双向二极管的检测

2. 用数字式万用表检测二极管

(1) 极性的判别

将数字万用表置于二极管挡，红表插入"V·Ω"插孔。黑表笔插入"COM"插孔，这时红表笔接表内电源正极，黑表笔接表内电源负极。将两只表笔分别接触二极管的两个电极，如果显示溢出符号"1"，说明二极管处于截止状态；如果显示 1 V 以下，说明二极管处于正向导通状态，此时与红表笔相接的是管子的正极，与黑表笔相接的是管子的负极。

(2) 好坏的测量

量程开关和表笔插法同上，当红表笔接二极管的正极，黑表笔接二极管的负极时，显示值在 1 V 以下；当黑表笔接二极管的正极，红表笔接二极管的负极时，显示溢出符号"1"，表示被测二极管正常。若两次测量均显示溢出，则表示二极管内部断路。若两次测量均显示"000"，则表示二极管已击穿短路。

(3) 硅管与锗管的测量

量程开关和表笔插法同上，红表笔接被测二极管的正极，黑笔接负极，若显示电压在 0.5～0.7 V，说明被测管为硅管。若显示电压在 0.1～0.3 V，说明被测管为锗管。用数字式万用表测二极管时，不宜用电阻挡测量，因为数字式万用表电阻挡所提供的测量电流太大，而二极管是非线性元件，其正、反向电阻与测试电流的大小有关，所以用数字式万用表测出来的电阻值与正常值相差极大。

3. 部分二极管的正、反向电阻值

表 4.2.2 中列出了部分二极管的正、反向电阻值(使用 MF50 型万用表测量的结果值)，供读者参考。

表 4.2.2　部分二极管的正、反向电阻值表

型　号	参　数				
	二极管材料	万用表的挡位	实测二极管的型号	正向电阻值	反向电阻值
普通整流二极管	硅	×1K	1N4007	4 kΩ	无穷大
	锗	×1K	2AP15	1 kΩ	≥500 kΩ
稳压二极管	硅	×1K	2CW51	5 kΩ	无穷大
锗检波二极管	锗	×1K	2AP9	1 kΩ	≥500 kΩ
开关二极管	锗	×1K	2AKl2	1 kΩ	≥500 kΩ
	硅	×1K	1SS216	4 kΩ	无穷大
变容二极管	硅	×1K	2CB33	6 kΩ	无穷大
硅阻尼二极管	硅	×1K	2CN2A	5 kΩ	无穷大
	锗		2AN1	10 Ω(R×10 挡)	10 kΩ(R×100 挡)
硅堆整流二极管	硅	×10K	2CLGlmA/15 kV	200 kΩ	无穷大
发光二极管	磷砷化镓	×10K	FG112003	10 kΩ	700 kΩ
红外线发射二极管	砷化镓	×1K	TLN104	14 kΩ	无穷大
红外线接收二极管		×10K	2CU1D	240 kΩ	≥1 MΩ

4.二极管的代用

二极管的代用比较容易。当原电器装置中二极管损坏时,最好选用同型号同档次的二极管代替。如果找不到相同的二极管,首先要查清原二极管的性质及主要参数。检波二极管一般不存在反电压的问题,只要工作频率能满足要求的二极管均可代替。整流二极管要满足反向电压(一定不能低于原档次之反压)和整流电流的要求(电流可以大于原二极管,但不得小于)。稳压二极管一定要注意稳定电压的数值,因为同型号同一档次稳压管的稳定电压值会有差别,所以更换稳压二极管后,电器的指标,例如整流稳压电源输出的直流电压,可能会发生偏差,在要求较严的电路中还应调整有关的电路元件,使其输出电压与原来的相同。

4.3　晶体三极管

4.3.1　晶体三极管的结构、分类、型号命名

1.晶体三极管的结构

晶体三极管由两个 PN 结组成,根据组合的方式不同,可分为 NPN 和 PNP 两种类型,其结构示意图和图形符号如图 4.3.1 所示。每种晶体三极管都由基区、发射区和集电区 3 个不同的导电区域构成,对应这 3 个区域可引出 3 个电极,分别称为基极 b、发射极 e 和集电极 c。基区和发射区之间的 PN 结称为发射结,基区和集电区之间的 PN 结称为集电结。

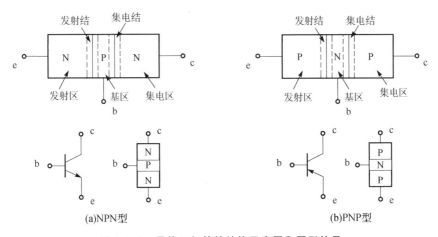

(a)NPN型　　　　　　　　　　　　(b)PNP型

图 4.3.1　晶体三极管的结构示意图和图形符号

2.晶体三极管的分类、型号命名

按所用的半导体材料来分,可分为硅管和锗管两种;按三极管的导电极性来分,可

分为 NPN 和 PNP 型两种;按三极管的工作频率来分,有低频管和高频管两种(一般规定 $f_a > 3$ MHz 的晶体管称为高频管,$f_a < 3$ MHz 的晶体管称为低频管);按三极管的功率来分,有小功率管和大功率管两种。

晶体三极管的型号命名见附录 B。

常用晶体三极管外形及封装形式如图 4.3.2 所示,常见的三极管有金属封装的 B 型、C 型、D 型、E 型、F 型、G 型和塑料封装的 S 型系列。

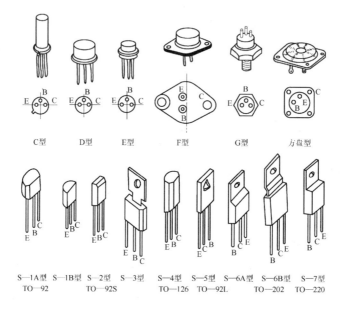

图 4.3.2　常用晶体三极管外形及封装形式

小功率晶体三极管一般用金属外壳封装,绝大多数晶体管外壳和电极绝缘。某些高频小功率晶体管外壳单独引出一根电极引线,安装在电路中时,要把该电极接地,这样金属管壳就起到屏蔽罩的作用,这类晶体管有 4 根电极引线容易辨认。大功率晶体管管壳较大,并做成扁平形状以利于和散热片连接,管壳上有孔,以便用螺钉把管壳固定在散热片上。大功率晶体管和某些功率较大的小功率晶体管,有利于散热,它们的管芯要接集电极,大功率晶体管更是以外壳作为集电极引线,因此在安装这些晶体管时,要注意管壳和其他元件之间的绝缘。

4.3.2　晶体三极管的特性曲线

晶体管的特性曲线是指晶体管各个电极之间电压与电流的关系曲线。下面就以 NPN 型三极管共发射极电路为例,讨论晶体管的输入曲线和输出曲线。图 4.3.3(a) 为 NPN 型三极管共发射极电路,图 4.3.3(b) 为 PNP 型三极管共发射极电路。

1. 晶体三极管的输入特性曲线

输入特性曲线是指当集电极-发射极之间的电压 U_{ce} 为常数(通常取 $U_{ce} \geqslant 1$ V)时,

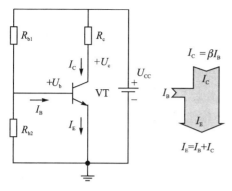

(a) NPN型三极管共发射极电路

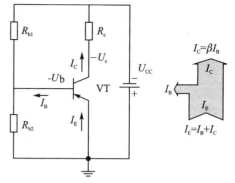

(b) PNP型三极管共发射极电路

图 4.3.3 三极管各极所加电压的极性和电流

基极电流 I_b 与基极-发射极之间的电压 U_{be} 之间的关系曲线,即

$$I_b = f(U_{be})\big|_{U_{ce}=常数}$$

$U_{ce} \geqslant 1$ V 时晶体管的一条输入特性曲线,如图 4.3.4 所示。输入特性曲线与二极管的伏安特性曲线相似,也存在一段死区,这时的晶体管工作在截止状态。只有当外加电压大于死区的电压时,晶体管基极才有电流 I_b。硅管的死区电压约为 0.5 V,锗管不会超过 0.2 V。

2. 晶体三极管的输出特性曲线

输出特性是指当基极电流 I_b 为常数时,集电极电流 I_c 与集-射极电压 U_{ce} 之间的关系曲线,即

$$I_c = f(U_{ce})\big|_{I_c=常数}$$

其特性曲线如图 4.3.5 所示。通常,输出特性曲线分为 3 个工作区:截止区、放大区和饱和区。

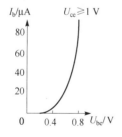

图 4.3.4 三极管共发射极输入特性曲线

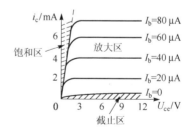

图 4.3.5 三极管共发射极输出特性曲线

① 截止区。$I_b = 0$ 的曲线以下的区域称为截止区。$I_b = 0$ 时,$I_c = I_{ceo}$,I_{ceo} 称为晶体管的集-射极反向电流,又叫穿透电流。此时发射结和集电结都处于反向偏置,即 $U_{be} \leqslant 0$,$U_{bc} < 0$。

② 放大区。输出特性曲线的近于水平的部分是放大区。放大区域具有电流放大

作用,$I_c=\beta I_b$,$I_e=I_c+I_b=(1+\beta)I_b$,由于 I_c 与 I_b 成正比关系,所以放大区也称为线性区。晶体管在放大工作状态时,发射结处于正向偏置,集电结处于反向偏置,即 $U_{be}>0$,$U_{bc}<0$。

③ 饱和区。当 $U_{ce}\leqslant U_{be}$ 时,发射结、集电结都处于正向偏置,即 $U_{be}>0$,$U_{bc}\geqslant0$。此时晶体管工作于饱和状态。在饱和区中,I_c 基本上不受 I_b 控制,即 $I_c\neq\beta I_b$,晶体管失去了电流的放大作用。通常把 $U_{ce}=U_{be}$ 的状态称作临界饱和。

对于晶体管的 3 种工作状态,在电路分析中常常通过测定晶体管的极间电压来判定。

晶体三极管在电路中主要起放大和开关作用。在模拟电路中,三极管通常工作在放大区,起放大作用。在数字电路中,三极管通常起开关作用,主要工作在饱和区和截止区,只在两种状态转换过程的瞬间经过放大区。截止时,$i_B\approx0$,$i_C\approx0$,三极管两个电极 c、e 间可看作断开的开关。饱和时,$U_{ce}\approx0.3$ V,c、e 电极间电位十分接近,近似于短路,如同闭合的开关。

4.3.3 晶体三极管的主要参数

表征晶体三极管特性的参数很多,大致分为 3 类,即直流参数、交流参数和极限参数。

1.直流参数

(1)共发射极直流电流放大系(倍)数 $\overline{\beta}$ 或 h_{FE}

指在静态时(没有交流信号输入),共发射极电路输出的集电极直流电流与基极输入的直流电流之比,即 $h_{FE}=\dfrac{I_c}{I_b}$。这是衡量晶体三极管有无放大作用的主要参数,正常三极管的 h_{FE} 应为几十倍至几百倍。常在三极管外壳上标以不同颜色的色点,以表明不同 h_{FE} 值的范围,如表 4.3.1 所列。

表 4.3.1 β 值与色标对应关系

色 标	棕	红	橙	黄	绿	蓝	紫	灰	白	黑(或无色)
β	5~15	15~25	25~40	40~55	55~80	80~120	120~180	180~270	270~400	400 以上

(2)共基极直流电流放大系数 $\overline{\alpha}$

指在静态时(没有交流信号输入),共基极电路输出的集电极直流电流与射极输入的直流电流之比,即 $\overline{\alpha}=\dfrac{I_c}{I_e}$。

(3)集电极-发射极反向电流 I_{ce0}

指三极管基极开路时,集电极与发射极间的反向电流,俗称穿透电流。I_{ce0} 越小稳定性越好,硅管穿透电流比锗管小,故稳定性较好。

（4）集电结反向电流 I_{cb0}

指三极管发射极开路时的集电结反向电流。三极管的 I_{ce0} 约为 I_{cb0} 的 β 倍。硅管 I_{cb0} 比锗管小。

2. 交流参数

（1）共发射极交流放大系数 β（或 h_{fe}）

指共发射极电路中，集电极电流 I_c 与基极输入电流 I_b 的变化量之比，即 $\beta = \Delta I_c / \Delta I_b$。当三极管工作在放大区小信号运用时，$h_{FE} \approx h_{fe}$（即 $\overline{\beta} = \beta$）。

（2）共基极交流放大系数 h_{fb}（或 α）

指在共基极电路中，输出电流 I_c 与发射极输入电流 I_e 的变化量之比，即 $\alpha = \Delta I_c / \Delta I_e$。

α 和 β 是从两个方面去表征三极管放大性能的参数，它们之间存在着以下换算关系：

$$\beta = \frac{\alpha}{1-\alpha} \text{或} \alpha = \frac{\beta}{1+\beta}$$

（3）共发射极截止频率 f_β

指当 β 因频率升高而下降至低频 β_0 的 0.707（即 $1/\sqrt{2}$）时，即下降 3 dB 时所对应的频率，如图 4.3.6 所示。

（4）共基极截止频率 f_α

指 α 当因频率升高而下降至低频 α_0 的 0.707（即 $1/\sqrt{2}$）时，即下降 3 dB 时所对应的频率。

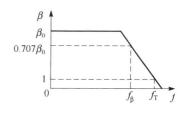

图 4.3.6 三极管的频率特性

（5）特征频率 f_T

指因频率升高，使 β 下降至 1 时所对应的频率。

3. 极限参数

（1）集电极最大允许耗散功率 P_{cm}

指三极管参数变化不超出规定的允许值时的最大集电极耗散功率。若功率耗散过大，将导致集电结烧毁。一般把 P_{cm} 大于 1 W 的管子称为大功率管，P_{cm} 小于 0.5 W 的管子称为小功率管，介于二者之间的称为中功率管。

（2）集电极最大允许电流 I_{cm}

集电极电流 I_c 超过一定值时，晶体管的 β 值要下降，规定当 β 下降到正常值的 2/3 时的集电极电流称为集电极最大允许电流 I_{cm}。因此在使用晶体管时，I_c 超过 I_{cm} 并不一定会使管子损坏，但以降低 β 值为代价。

（3）集-射极反向击穿电压 $U_{(BR)ce0}$

基极开路时，加在集电极与发射极之间的最大允许电压，称为集-射极反向击穿电压。当晶体管的集-射极电压 U_{ce} 大于 $U_{(BR)ce0}$ 时，I_{ce0} 突然大幅度上升说明晶体管已经被击穿，在实际应用中不要超过此规定值。

4.3.4 晶体三极管的检测、更换和代用

1.晶体三极管的检测

(1)三极管管脚和管型的判别

1)判断基极和三极管的管型

三极管的结构可以看作是两个背靠背的 PN 结,如图 4.3.7 所示,按照判断二极管极性的方法,可以判断出其中一极为公共正极或公共负极,此极即为基极 b。对 NPN 型管,基极是公共正极;对 PNP 型管,基极是公共负极;因此,判别出基极是公共正极还是公共负极,即可知道被测三极管是 NPN 型或 PNP 型。

具体方法如下:

将万用表拨到 $R \times 1K$ 或 $R \times 100$ 挡,先假设某一管脚为基极 b,将黑表笔与 b 相接,红表笔先后接到其余两个管脚上,如果两次测得的两个电阻都较小(或都较大),且交换红黑表笔后测得两电阻都较大(或都较小),则所假设的基极是正确的。如果两次测得的电阻值一大一小,则说明所作的假设错了。这时就需重新假定另一管脚为基极,再重复上述的测试过程。

当基极确定以后,若黑表笔接基极,红表笔分别接其他两极,测得的两个电阻值都较小,则此三极管的公共极是正极,故为 NPN 型管;反之,则为 PNP 型管。

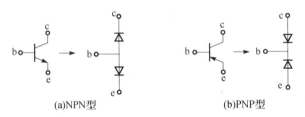

(a)NPN型　　　　　　　　　　　(b)PNP型

图 4.3.7　NPN 型和 PNP 型三极管的等效模型

2)判断集电极 c 和发射极 e

若已知三极管为 NPN 型,则将黑表笔接到假定的 c 极,红表笔接到假定的 e 极,并用手捏住 b、c 两极(但不能使 b、c 直接接触)此时,手指相当于在 b、c 之间接入偏置电阻 R,如图 4.3.8(a)所示,读出 c、e 之间的电阻值;然后,将 c、e 反过来假设再测一次,并与前一次假设测得的电阻值比较,电阻值较小的那一次,黑表笔接的是 c 极,红表笔接的是 e 极。因为 c、e 之间的电阻值较小(偏转大)正说明通过万用表的电流较大,偏置正常,等效电路如图 4.3.8(b)所示。

图 4.3.9 是 PNP 型三极管集电极与发射极的识别及测量示意图。

(2)电流放大倍数 β 大小的判别

用万用表判别 NPN 型三极管电流放大倍数的测量原理如图 4.3.8 所示,PNP 型测量原理如图 4.3.9 所示。只要在 b、c 间接入 30～100 kΩ 电阻(或用手指搭接代替),

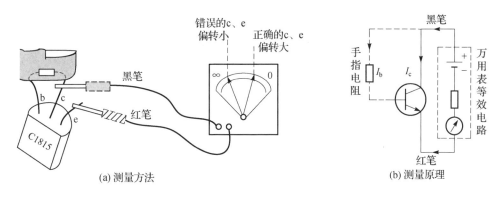

图 4.3.8　NPN 型三极管集电极和发射极的判别

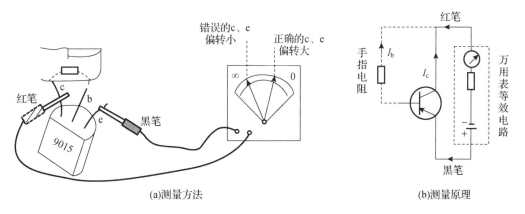

图 4.3.9　PNP 型三极管集电极和发射极的判别

用万用电表 $R \times 1K$ 挡测量。测试 c、e 间的电阻值,若 $30 \sim 100$ kΩ 电阻接入前后两次测得的阻值相差越大(摆动幅度越大),则说明 β 越大。此方法一般适于检查小功率管的 β 值。

如各管脚接触良好,估测 β 时指针不断右移或摆动不定,则说明此管 β 值不稳定。

(3)判断硅管和锗管

利用硅管 PN 结与锗管 PN 结正反向电阻的差别,可以判断不知型号的晶体管是硅管还是锗管。仍用万用表 $R \times 1K$ 挡,测发射结(发射极与基极间)和集电结(集电极与基极间)的正向电阻,硅管在 $3 \sim 10$ kΩ,锗管在 $500 \sim 1\,000$ Ω 之间;两结的反向电阻,硅管一般大于 500 kΩ,锗管在 100 kΩ 左右。

2. 晶体三极管的更换和代用

在家用电器修理中,常常会遇到电路中的晶体三极管损坏,需要用同品种、同型号的晶体管进行更换,或用相同(或相近)性能的晶体管进行代用。

一时找不到相同型号的晶体管时,可以用相近功能的晶体管代用。代用的一般原则:

① 极限参数高的晶体管可以代替较低的晶体管。例如，$U_{(BR)ce0}$ 高的晶体管可以代替 $U_{(BR)ce0}$ 较低的晶体管，P_{cm} 较大的晶体管可以代替 P_{cm} 较小的晶体管等。

② 性能好的晶体管可以代替性能差的晶体管。例如，β 高的晶体管可以代替 β 低的晶体管(但 β 过高的晶体管往往稳定性差，故也不宜选用 β 过高的晶体管)，I_{ce0} 小的管子可以代替 I_{ce0} 大的管子等。

③ 高频、开关三极管可以代替普通低频三极管。当其他参数满足要求时，高频管可以取代低频管。高频管与开关管之间一般也可以相互取代，但对开关特性要求高的电路，一般高频三极管不能取代开关管。

4.3.5　达林顿三极管

达林顿三极管是普通三极管的复合形式，组成结构如图 4.3.10 所示。其中，图 4.3.9(a)是用 VT1 的 e 极与 VT2 的 b 极连接，用 VT1 的 c 极与 VT2 的 c 极连接，这样连接封装后仍是一个具有三极管特性的管子，称为复合三极管或达林顿管。达林顿三极管的 3 个电极仍称为发射极 e，基极 b，集电极 c。图 4.3.10(a)中两个 NPN 型三极管复合成的达林顿三极管仍是 NPN 型。

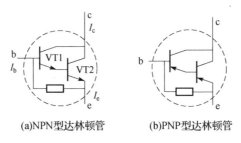

(a)NPN型达林顿管　　　(b)PNP型达林顿管

图 4.3.10　达林顿三极管

达林顿管工作过程如下：当 VT1 有 b 极电流 I_{b1} 输入时，将产生 e 极电流约为 $\beta_1 I_{b1}$。从图中可看出，VT1 的 e 极电流完全输入到 VT2 的 b 极，也就是 $I_{b2} = \beta_1 I_{b1}$，$\beta_1 I_{b1}$ 再经 VT2 放大 β_2 倍后，VT2 的 e 极电流就为 $\beta_1 \beta_2 I_{b1}$。由此可见，达林顿管能将 b 极输入的电流 I_{b1} 放大 $\beta_1 \beta_2$ 倍，其 β 值为两管 β 值之和，即 $\beta = \beta_1 \beta_2$。

达林顿三极管最突出的特点就是具有较大的放大倍数。根据需要与制造不同，达林顿三极管的放大倍数值可达数千，甚至上万，常用于电子设备需要较大增益的电路中。

如果用两个 PNP 型三极管按图 4.3.10(b)连接，就构成一个 PNP 型达林顿三极管。同样具有较大的放大倍数。

4.3.6　光电三极管

1. 光电三极管结构和符号

光电晶体管是既可以实现光电转换,又具有放大功能的特殊用途的晶体管,广泛应用在光控电路中。

光电晶体管的代号为"VT",按导电类型可分为 NPN 型和 PNP 型两类光电晶体管,电路图形符号如图 4.3.11 所示。其基极即为光窗口,所以一般只有发射极 e 和集电极 c 两个管脚。靠近管键或色点的是发射极 e(长脚),另一脚是集电极 c(短脚)。少数光电晶体管基极 b,用作温度补偿。光电晶体管的管脚排列如图 4.3.12 所示。另外,对于达林顿型光电晶体管,封装缺圆的一侧为集电极 c。

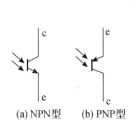

图 4.3.11　光电晶体管电路图形符号

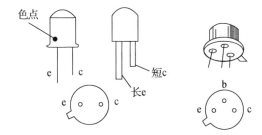

图 4.3.12　光电晶体管管脚排列图

目前,使用较多的为 3DU 型 PNP 型硅光电晶体管。按光电晶体管的电路结构可分为普通型和复合型两类。复合型光电晶体管电路结构如图 4.3.13 所示。

2. 光电三极管的特性曲线和主要参数

(1)光电三极管的特性曲线

光电三极管工作时,b 极不加电压,这与普通三极管不同,但 c - e 极的偏置条件与一般三极管相同。图 4.3.14 是光电三极管的特性曲线,由图可见,管子导通的光电流基本与外加电压无关,只随光照强弱变化。在 c 极电压一定,且光线由暗变亮时,管子产生的光电流就由小变大。

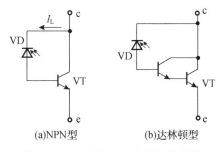

图 4.3.13　复合型光电晶体管结构

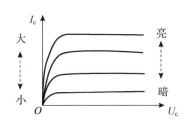

图 4.3.14　光电三极管的特性曲线

光电晶体管基极与集电极间的 PN 结相当于一个光电二极管,光线照在 PN 结上产生的光电流 I_1 相当于普通三极管的 b 极电流。特性曲线中的 I_c 则是 I_1 经管子放大 β 倍后的值,即 $\beta I_1 = I_c$。这同时表明光电三极管的光信号是从 b 极输入的,由于 c 极电流与光电流成正比,因此以 c 极电流曲线作为光电三极管的特性曲线。

(2) 主要参数

① 最高工作电压(V_{ce0})。指无光照状态下,e 极与 c 极之间的漏电流不超过规定值(约 $0.5\ \mu A$)时,光电晶体管所允许施加的最高工作电压,一般在 $10 \sim 50\ V$ 之间。

② 暗电流 I_D。指在无光照时,光电晶体管 e 极与 c 极之间的漏电流,一般小于 $1\ \mu A$。

③ 亮电流 I_L。指受到一定光照时,光电晶体管的集电极电流,通常可达几毫安。

3. 检 测

通过测量光电三极管无光照时的暗电阻和有光照时的亮电阻可判别其好坏。

① 检测暗电阻。将光电晶体管的受光窗口用黑纸片遮住,对于有 b 极的光电三极管无光照时极间电阻的测量方法和大小与普通三极管相同。而无 b 极的光电三极管只能测 c-e 极间电阻,其正反向电阻正常值均为无穷大。

② 检测亮电阻。使受光窗 E_1 朝向某一光源(自然光、白炽灯等),将万用表调到 $R \times 1$ 挡或 $R \times 10$ 挡测 c-e 极间电阻,其正向电阻一般约为几十~几百 Ω。反向电阻无穷大。若实际测量结果与正常值接近,表明管子是好的。

4.4 场效应管

场效应管(FET)是一种晶体管,与三极管相比有许多不同点,具有体积小、重量轻、耗电少、开关速度快、可靠性高、寿命长等优点。三极管是电流控制器件,而场效应管是电压控制器件,它只依靠一种载流子导电,因此又有单极晶体管之称。场效应管还具有抗辐射能力强和输入阻抗高等独特的优点,广泛应用于各个电子领域。场效应管在电路中主要起信号放大、阻抗变换等作用。场效应管的分类如图 4.4.1 所示。

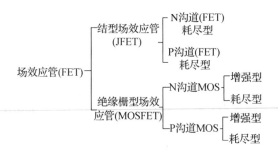

图 4.4.1 场效应管的分类

图 4.4.2(a)为几种常用场效应管的实物图。图 4.4.2(b)为几种场效应管的外型封装,场效应管类型不同,电极的排列位置也有所不同。图中场效应管上的字符是型

号,如 3DJ7 表示硅材料结型场效应管,这些字母在场效应管型号命名中规定了特定意义,详见附录 B 中的有关内容。这是场效应管外表区别于三极管的唯一标记。

（a）几种常用场效应管的实物图

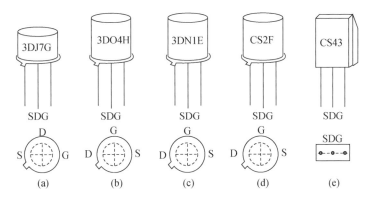

（b）场效应管的外形封装

图 4.4.2　常用场效应管实物及外形封装

4.4.1　场效应管的结构和工作原理

1. 结型场效应管

(1)结型场效应管的结构和工作原理

1）结　　构

结型场效应管是利用半导体内的电场效应进行工作的,又称为体内场效应器件。结型场效应管有 N 沟道和 P 沟道两种,它们的结构和电路符号如图 4.4.3 所示,N 沟道结型场效应管结构是在一块 N 型半导体的两侧分别扩散两个 P 型区,形成两个 PN 结。将两个 P 型区相连接后,引出一个电极,称为栅极 G;从 N 型半导体的上下端各引出一个电极,上端称为漏极 D,下端称为源极 S;P 沟道结型场效应管结构是在一块 P 型半导体的两侧分别扩散两个 N 型区,其他完全与 N 沟道类似。

2）工作原理

N 沟道和 P 沟道结型场效应管的工作原理基本相同,区别在于管子的工作电压极性相反。下面是 N 沟道结型场效应管的工作原理。

如图 4.4.4 所示,在漏极 D 和源极 S 之间加上电源 E_D 后,N 型半导体中的多数载流子(电子)将在电压 U_{DS} 产生的电场作用下向漏极运动,形成漏电流 I_D,方向由 D 极流向 S 极;若在栅极 G 和源极 S 间接入负电压 E_G,即在 PN 结上加上反向偏压 U_{GS},则 PN 结的宽度将随着反向偏压 U_{GS} 增大而增大,因而沟道将变窄,如图 4.4.4 虚线所示,沟道电阻变大,D 极和 S 极之间电流 I_D 将减小。反之,反向偏压 U_{GS} 减小,I_D 将增大。可见其为电压控制型器件。

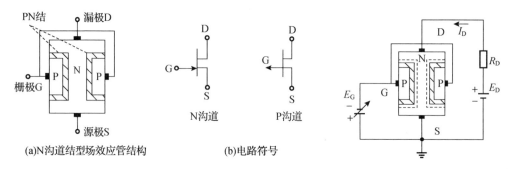

(a)N沟道结型场效应管结构   (b)电路符号

图 4.4.3　结型场效应管

图 4.4.4　N 沟道结型场效应管的工作原理

结型场效应管的输入电阻实质上是 PN 结的反向电阻,一般可达 $10^6 \sim 10^8\ \Omega$。

(2)结型场效应管的特性曲线

1)转移特性曲线

转移特性曲线是在一定的漏源电压 U_{DS} 下,栅源电压 U_{GS} 与漏源电流 I_D 之间的关系曲线,如图 4.4.5 所示,图中 $U_{GS}=0$ 时的漏源电流称为饱和电流 I_{DSS},使 I_D 接近于零的栅极电压称为夹断电压 U_P。

2)输出特性曲线

输出特性曲线又称漏极特性曲线,它是在 U_{GS} 一定时,I_D 与 U_{DS} 之间的关系曲线,如图 4.4.6 所示。它分为 3 个区域:

① 可变电阻区　指的 $U_{DS} < |U_P|$ 的区域,这时 I_D 随 U_{DS} 作线性变化,呈现出电阻性,其电阻随着 U_{GS} 增大(越负)而减小,因此称为可变电阻区。

② 饱和区　指当 U_{DS} 继续增大,I_D 基本不变的区域。此时,I_D 只受 U_{GS} 控制而呈线性变化,而不再随 U_{DS} 增大,即 I_D 对 U_{DS} 呈饱和状态。故又称为恒流区。

③ 击穿区　当 U_{DS} 继续增大,反向偏置的 PN 结将承受超过极限的电压而击穿,I_D 突然上升,不加限制将损坏管子。

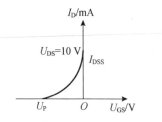

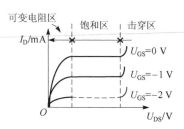

图 4.4.5　N 沟道结型转移特性

图 4.4.6　N 沟道结型输出特性

上述讨论的是 N 沟道结型场效应管,若为 P 沟道结型场效应管,特性曲线如图 4.4.7 和图 4.4.8 所示。

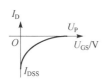
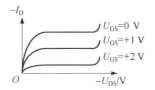

图 4.4.7　P 沟道结型转移特性　　　　图 4.4.8　P 沟道结型输出特性

2. 绝缘栅型场效应管

绝缘栅型场效应管称金属-氧化物-半导体场效应管,简称 MOS 管。它的栅极和源极、漏极完全绝缘,所以输入电阻可达 10^{12} Ω。这种场效应管是利用半导体表面的电场效应进行工作的,又称为表面场效应器件。下面讨论 N 沟道绝缘栅效应管。

(1)N 沟道增强型绝缘栅场效应管

N 沟道增强型绝缘栅场效应管是以一块杂质浓度较低的 P 型半导体作衬底,在它上面扩散两个高浓度的 N 型区,各自引出一个电极作为源极 S 和漏极 D;在漏极和源极间,再生长一层二氧化硅(SiO_2)绝缘层,然后在绝缘层上覆盖一层金属铝作为栅极 G。其结构和电路符号如图 4.4.9 所示。

工作原理如图 4.4.10 所示。当 $U_{GS}=0$ 时,源极 S 和漏极 D 形成两个反向串联的 PN 结,源漏之间 $I_D \approx 0$。当 $U_{GS} > 0$ 时,栅极与衬底之间在正栅压作用下形成一个指向衬底 B 的电场(如图中箭头),它将在绝缘层与 P 型衬底附近吸引较多的电子,形成一个 N 型薄层,其导电类型与 P 型衬底相反,称为反型层。当漏源间加上一定的正电压时,通过反型层中的电子,漏源间有电流 $I_D > 0$ 流过。这种场效应管的导电沟道是在 U_{GS} 大于某一数值(称为开启电压,用 U_T 表示)后,也就是 U_{GS} 增强后产生的,所以称为增强型场效应管。

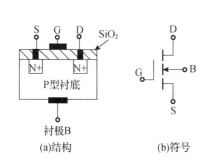
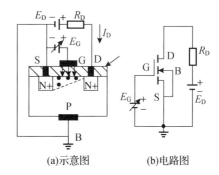

(a)结构　　　　　　(b)符号　　　　　　(a)示意图　　　　(b)电路图

图 4.4.9　N 沟道增强型绝缘栅场效应管　　图 4.4.10　N 沟道增强型绝缘栅场效应管工作原理

导电沟道形成后,在 U_{DS} 的作用下,漏极电流 I_D 沿沟道产生的压降使沟道各点与栅极间的电压不再相等,该电压削弱了栅极中电场的作用,使沟道从源极到漏极逐渐变窄,当 U_{DS} 增加到使 $U_{GD}=U_{GS}-U_{DS}=U_T$ 时,沟道在漏极附近出现预夹断,若再增加 U_{DS},I_D 不再增加,基本保持预夹断时的数值。

(2)N 沟道耗尽型绝缘栅场效应管

N 沟道耗尽型绝缘栅场效应管的结构与增强型相同,只是它的二氧化硅绝缘层中掺有大量正离子。因此管子在 $U_{GS}=0$ 时,就能形成 N 型反型层导电沟道,如图 4.4.11 所示。只要在漏源间接入电压 U_{DS},便有漏极电流 I_D。如果在栅极上加正电压 $U_{GS}>0$,导电沟道会加宽,增大 I_D;反之,在栅极上加负电压 $U_{GS}<0$,导电沟道会变窄,减小 I_D;当栅源电压负到某一数值 U_P(夹断电压)时,导电沟道会被反向电场消除,$I_D=0$。所以,这种场效应管称为耗尽型场效应管。

3. 绝缘栅型场效应管的特性曲线

下面以 N 沟道绝缘栅场效应管为例,介绍绝缘栅场效应管的特性曲线。

(1)转移特性

N 沟道增强型绝缘栅场效应管的转移特性曲线如图 4.4.12(a)所示,$U_{GS}=0$ 时,$I_D=0$;只有 $U_{GS}>U_T$(开启电压)时才能 $I_D>0$。N 沟道耗尽型绝缘栅场效应管的转移特性如图 4.4.12(b)所示。$U_{GS}=0$ 时,就有 I_D;要使减小,U_{GS} 应为负值;当 $U_{GS}=U_P$ 时,$I_D=0$。

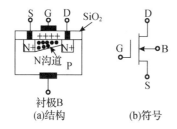

图 4.4.11 N 沟道耗尽型场效应管的结构和符号

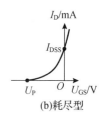

图 4.4.12 N 沟道绝缘栅场效应管的转移特性

(2)输出特性

N 沟道绝缘栅场效应管的输出特性曲线如图 4.4.13 所示。它们各自分为 3 个区可变电阻区、饱和区和击穿区,含义与结型场效应管相同。

上述讨论的是 N 沟道绝缘栅场效应管,简称 NMOS 管。若用 N 型半导体作为衬底,同样可以造成 P 沟道绝缘栅场效应管,简称 PMOS 管。其工作方式相同,只是电压极性相反。其特性曲线和符号如图 4.4.14~图 4.4.16 所示。

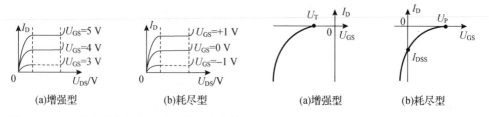

图 4.4.13 N 沟道绝缘栅场效应管的输出特性   图 4.4.14 P 沟道绝缘栅场效应管的转移特性

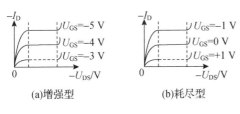

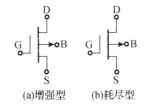

图 4.4.15 P 沟道绝缘栅场效应管的输出特性　图 4.4.16 P 沟道绝缘栅场效应管的电路符号

4.4.2　场效应管的参数和使用特点

1. 场效应管的主要参数

(1) 夹断电压 U_P

当 U_{DS} 一定时,结型场效应管和耗尽型 MOS 管的 I_D 减少到零时的 U_{GS} 值。

(2) 开启电压 U_T

当 U_{DS} 一定时,增强型 MOS 管开始出现 I_D 时的 U_{GS} 值。

(3) 输入电阻 R_{GS}

直流输入电阻是指 DS 极短路,GS 极加规定极性电压 U_{GS} 时,GS 极呈现的直流电

阻值,即 $R_{GS} = \dfrac{U_{GS}}{I_G}$。

由于场效应管 I_G 极其微小,所以在 U_{GS} 一定时,R_{GS} 非常大。场效应管类型不同,其 R_{GS} 值也不同。结型场效应管的 R_{GS} 是 PN 结在反向电压下形成的;MOS 管的 R_{GS} 是绝缘膜形成的,所以 MOS 管的 R_{GS} 比结型管的 R_{GS} 值大得多。结型场效应管的 R_{GS} 值一般在 10^7 Ω 以上,MOS 管的 R_{GS} 值一般在 10^9 Ω 以上。

(4) 跨　导

指在 DS 极电压 U_{DS} 一定的条件下,D 极电流变化量 ΔI_D 与 GS 极电压变化量

ΔU_{GS} 之比,即 $g_m = \dfrac{\Delta I_D}{\Delta U_{GS}}$。该值越大越好。

2. 场效应管的使用特点

场效应管与三极管一样存在极限参数,使用时不要超过击穿电压和最大耗散功率等极限值。

由于 MOS 管的栅极与其他极之间是绝缘的,直流输入电阻极高,所以,在栅极电容上感应的电荷不易放掉,外界静电感应很容易在栅极上产生很高的电压,而导致管子击穿。为此,使用时注意:在接入电路时,栅源之间必须保证有直流电路(通常在栅源之间加反向二极管或稳压管);存放时,3 个电极应短接;焊接时,电烙铁外壳必须接地。

4.4.3　场效应管的检测

1. 结型场效应管电极和管子类型的判别

用万用表 $R×1K$ 挡的任一表笔接结型场效应管的任一脚(设为公共脚),另一表笔分别接另外两脚测量,看两次测得的电阻是否都小于几千欧,若不是,则另设公共脚再测,直到测得两次电阻都小于几千欧为止。此时,该公共脚即是栅极 G。该测试中若是用红表笔接公共脚,则被测管是 P 沟道管;若是用黑表笔接公共脚,则被测管是 N 沟道管;余下二脚便是源极 S 和漏极 D,因源极和漏极可对换使用,故不必再加以区分。对于有 4 个电极的管子,如某电极与其他 3 个电极都不通,则此极是屏蔽极,在使用中应接地。

2. 粗测结型场效应管的性能和放大能力

用 $R×1K$ 挡先测 G 与另外二脚(G 与 S 或 G 与 D)之间的正反向电阻,正向电阻应在几千欧以下,反向电阻应为无穷大,否则是坏管。在用 $R×1K$ 挡测 S 与 D 之间的电阻,应在几千欧以下;如电阻很大,则管子已坏。

要测管子的放大能力,可仍用万用表的 $R×1K$ 挡,将万用表的两表笔分别接管子的 S 与 D 极(不分红黑表笔),然后用手接触 G 极,将人体感应信号输入,应看到指针有明显的摆动(左摆右摆均可,多数左摆),这说明管子有放大能力。摆动越大,放大能力越强,放大倍数越大。交换表笔再测一次,仍用手触 G 极,应能看到类似的指针摆动现象。如在测试过程中发现指针不摆动或摆动极小,说明管子已失效或放大能力极小。注意,如要再测一次放大能力,应将 G 与 S(或 G 与 D)短路放电后再测,否则指针可能不动。

由于绝缘栅场效应管的输入电阻极高,所以不能用万用表检测,需用专用测试仪检测。

4.4.4　双栅极场效应管

除 4.4.1 小节中介绍的 6 种场效应管外,还有具有两个栅极的场效应管,称为双栅极场效应管。它只有 MOS 型,专为电视机、收音机等高频电路应用而研制,双栅极场效应管的特点如下:

① 两个栅极分别用 G_1 和 G_2 来表示,符号如图 4.4.17 所示。

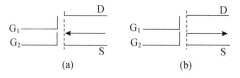

图 4.4.17　双栅极场效应管

② 由于有两个栅极,所以双栅极场效应管共有 4 个电极,分别为 S 极、G_1 极、G_2 极和 D 极。因此在型号命名上,第一部分有的用"3",有的则用"4"。用 3 表示的双栅极场效应管型号有 3SK100、3SK127、3SK138 等,用 4 表示的双栅极场效应管型号有 4DO1C、4DO2B、4DO2G 等。

③ 在应用中,G_1 极专用于信号输入。高频放大时,G_2 极用于自动增益控制(AGC)输入;混频时,G_2 极用于本振信号输入。

另外,与单栅极场效应管相比,双栅极场效应管还具有噪声低、谐波干扰少、增益高、极间电容小和对非线性失真、交叉调制、互调失真的抑制能力强等特点。

4.4.5　功率 MOS 场效应晶体管

功率 MOS 场效应晶体管全称为金属-氧化物-半导体场效应晶体管,简称功率 MOS 场效应管。根据导电结构,MOS 场效应管有垂直导电结构与横向导电结构,而功率 MOS 场效应管几乎都是由垂直导电结构组成的,这种晶体管又称为 VMOS 场效应管,它有 N 沟道和 P 沟道两种类型,电路符号如图 4.4.18 所示。

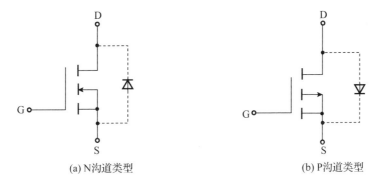

(a) N沟道类型　　　　　　　　　　(b) P沟道类型

图 4.4.18　功率 MOS 场效应管的电路符号

VMOS 场效应管的主要特点如下:

① 管内存在漏源二极管。VMOS 器件内部漏源之间寄生一个反向的漏源二极管,故漏源二极管在实际电路中可起钳位和消振的作用。

② VMOS 器件是一种电压控制器件,具有很高的输入阻抗,驱动电流低(驱动电流为 100 nA 数量级,而输出电流可达数安培或十几安培),驱动电路简单。

③ VMOS 器件工作频率高,开关速度快,开关动态损耗小。

④ VMOS 器件具有负的温度系数及良好的热稳定性。

⑤ VMOS 器件没有二次击穿,安全工作区大,不需要增加保护电路就可以保证安全可靠地工作。

⑥ VMOS 器件的跨导高度线性,放大失真小。

4.4.6 绝缘栅双极晶体管

1.绝缘栅双极晶体管的结构与工作原理

绝缘栅双极晶体管简称 IGBT,将 MOS 场效应管与 GTR 的优点集于一身,既具有输入阻抗高、速度快、热稳定性好和驱动电路简单的特点,又具有通态电压低、耐压高和承受电流大等优点。电磁灶的大功率输出管就常用管内存在漏源续流二极管的 IGBT。

IGBT 的简化等效电路和 N－IGBT 电路符号如图 4.4.19 所示,其中,图 4.4.19(b)是 N 沟道 IGBT 的电路符号,共有两种,对于 P 沟道,电路符号中的箭头方向恰好与 N 沟道的相反。IGBT 的开通与关断是由栅极电压来控制的。栅极施以正电压时,MOS 场效应管内形成沟道,并为 PNP 晶体管提供基极电流,从而使 IGBT 导通。在栅极施以负电压时,MOS 场效应管内的沟道消失,PNP 晶体管的栅极电流被切断,IGBT 即为关断。

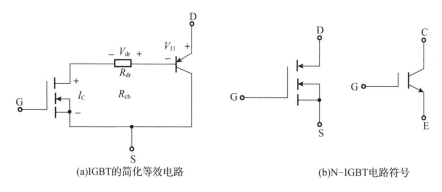

(a)IGBT的简化等效电路　　　　　　　　　(b)N-IGBT电路符号

图 4.4.19　IGBT 的简化等效电路和 N－IGBT 电路符号

2.绝缘栅双极晶体管的简易测试

图 4.4.20 是内有阻尼二极管的 IGBT 电路符号。IGBT 有 3 个电极,分别称为栅极 G(也叫控制极或门极)、集电极 C(亦称漏极)及发射极 E(也称源极)。

内有阻尼二极管

图 4.4.20　内有阻尼二极管的 IGBT 电路符号

IGBT 管好坏可用万用表进行检测。正常情况下 IGBT 管 3 个电极间互不导通(如果 IGBT 管内含阻尼二极管时会出现 E－C 极间导通,C－E 极间为无穷大的情况)即为正常。

内有阻尼二极管的 IGBT 的测试方法及正常数据如图 4.4.21 所示。

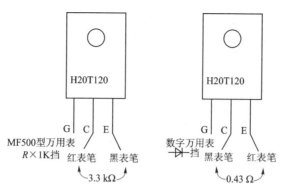

图 4.4.21　IGBT 的测试方法及正常数据

4.5　晶闸管

　　晶闸管是硅晶体管的简称,又名可控硅(英文缩写字母 SCR),是一种大功率可控整流元件,主要优点是效率高、重量轻、体积小、动作迅速;主要缺点是过载能力差,控制电路比较复杂,抗干扰能力较差。

　　晶闸管的种类很多,按特性分有单向晶闸管、双向晶闸管、特种晶闸管(如可关断晶闸管、光控晶闸管、快速晶闸管、逆导晶闸管等),按封装形式分有金属壳式(平板式、螺栓式、小圆壳式)、塑封(带散热片、无散热片),按电流容量分有大功率管、中功率管、小功率管。图 4.5.1 为几种常见晶闸管的外形封装,从图中可看出,晶闸管外表都标有字符,是晶闸管的型号、参数、序号等。另外,在图 4.5.1 (a)中 CR3EM 型晶闸管上面还装有散热片,表明这种晶闸管的功率较大。图 4.5.2 为某些晶闸管的实物图。

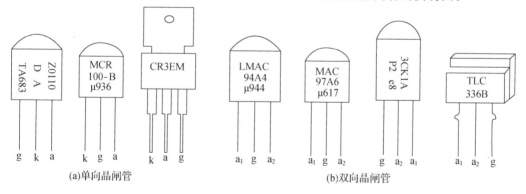

图 4.5.1　几种常见晶闸管的外形封装

图 4.5.2　某些晶闸管实物图

4.5.1 单向晶闸管的结构、特性和工作原理

1.单向晶闸管的符号、结构

单向晶闸管的符号、结构如图 4.5.3 所示。它在一块硅片上通过特殊工艺使硅片成为 4 层(PNPN)半导体结构,有 3 个 PN 结。单向晶闸管有 3 个电极:阳极 A(正向电流由外部流入元件的电极)、阴极 K(元件向外部电路流出正向电流的电极)和控制极 G(流进或流出控制电流的电极)。

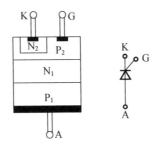

图 4.5.3　单向晶闸管结构和电路符号

2.单向晶闸管的特性

图 4.5.4 为单向晶闸管的特性曲线。

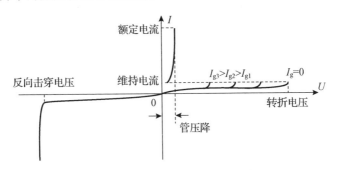

图 4.5.4　单向晶闸管的伏安特性曲线

由图可见:

① 单向晶闸管加反向电压(阳极接负,阴极接正),晶闸管截止。

由于此时晶闸管内部有两个反向的 PN 结,因此其反向伏安特性与一般的二极管反向特性相似,使反向电流急剧增大的反向电压称为反向击穿电压。

② 单向晶闸管加正向电压,当控制极没有加正向电压时,晶闸管截止。

此时 $I_g = 0$,由于晶闸管中仍有一个 PN 结处于反偏。因此,伏安特性仍与二极管反向特性相似。当正向电压到某一数值(称正向转折电压)时,反向 PN 结漏电流突然增大,晶闸管导通,导通后的正向特性与二极管正向特性相似。当晶闸管正向导通时,管压降只有 1 V 左右。显然单向晶闸管控制极正向电压为零时,靠加大正向电压导通

的方法是不可取的,它已失去了晶闸管的导通是依赖于控制极有没有加控制电压这一工作原理的意义,而且,这种导通方法易造成管子击穿损坏。

③ 单向晶闸管加正向电压,当控制极与阴极之间加正向电压时,晶闸管导通。

此时管子很容易导通,且随着控制电流的增大,晶闸管的转折电压要下降。

3. 单向晶闸管的工作原理

下面分析单向晶闸管加正向电压,且当控制极与阴极之间加正向电压时,晶闸管导通的工作原理。

图 4.5.5 为单向晶闸管的内部结构及等效电路。可见,这里把晶闸管看成是一个 PNP 三极管和一个 NPN 三极管组合成的复合管。如果在晶闸管的阳极和阴极之间加正向电压,同时在控制极加一个对阴极为正的电压,就相当于 T_2 的发射结处于正偏,从控制极输入一个控制电流 I_g,这电流就是 T_2 的基极电流 I_{b2},经过 T_2 的放大,在 T_2 的集电极得到电流 I_{c2};而 I_{c2} 又是三极管 T_1 的基极电流 I_{b1},这个电流再经 T_1 的放大,便得到 T_1 的集电极电流 I_{c1},且 $I_{c1} = \beta_1 I_{b1} = \beta_1 I_{c2} = \beta_1 \beta_2 I_g$。由于 T_1 集电极与 T_2 的基极是接在一起的,即 I_{c1} 又作为 I_{b2} 流入到 T_2 基极,将重复出现上述的正反馈循环过程,使晶闸管的 T_1 和 T_2 都很快达到饱和状态,也就是晶闸管处于完全导通。

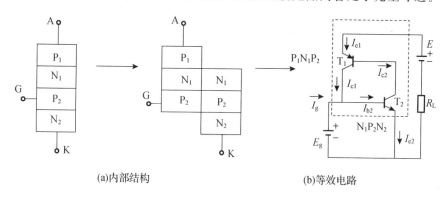

(a)内部结构　　　　　　　　　(b)等效电路

图 4.5.5　单向晶闸管的内部结构及等效电路

在晶闸管导通后,晶闸管的导通状态就完全依靠管子本身的正反馈来维持,因此,即使此时取消外加的控制极电流,元件仍处于导通状态。所以,控制极的作用仅仅是触发晶闸管使它导通。

由此可见,单向晶闸管从截止转化为导通,必须具备两个条件:第一,晶闸管的阳极和阴极之间加正向电压;第二,控制极同时加上适当的正向电压。晶闸管一旦导通,控制极失去作用。

单向晶闸管由导通变为截止方法,一般是将晶闸管阳极与阴极之间的电源断开或加反向电压。另外,如果阳极电流小于晶闸管的维持电流时,晶闸管也会自动关断。

4.5.2　单向晶闸管的主要参数

单向晶闸管的主要参数有:

(1)正向阻断峰值电压 U_{DFM}

在控制极开路和晶闸管处于正向阻断的条件下,可以重复加在晶闸管两端的正向峰值电压,一般比正向转折电压小 100 V。

(2)反向阻断峰值电压 U_{DRFM}

在控制极开路和晶闸管处于反向阻断的条件下,可以重复加在晶闸管两端的反向峰值电压,一般比反向击穿电压小 100 V。

(3)额定正向平均电流 I_F

在环境温度为 $+40℃$ 和规定冷却条件下,允许连续通过的 50 Hz 正弦半波正向电流的平均值。

(4)维持电流 I_H

在室温下,控制极开路时,能维持元件继续导通的最小电流称为维持电流。

(5)控制极触发电压 U_G 和控制极触发电流 I_G

在室温下,阳极正向电压为直流电压 6 V 时,触发晶闸管由阻断变为导通所需要的最小控制极直流电压和电流。

4.5.3　单向晶闸管的检测

1.单向晶闸管电极的判断

塑封型普通晶闸管可以用万用表的 $R \times 1K$ 或 $R \times 100$ 挡测量。将万用表的 $R \times 1K$ 或 $R \times 100$ 挡的黑表笔接某一电极,红表笔依次触碰另外两个电极,假如有一次阻值小,而另一次阻值大,就说明黑表笔接的是控制极 G。在所测阻值小的那一次测量中,红表笔接的是阴极 K;而在所测阻值大的那一次,红表笔接的是阳极 A。若两次测出的阻值都很大,说明黑表笔接的不是控制极 G,应改测其他的电极。

螺栓型晶闸管和平板型晶闸管可用以上方法判别。由于这两种晶闸管 3 个电极的形状区别很大,也可以直接区分出来。有时为了便于和触发电路连接,在其阴极上另外引出一根较细的引线,使晶闸管有 4 个电极,但由于它和阴极直接相连,可用万用表欧姆挡判别。

2.单向晶闸管性能判别

(1)单向晶闸管的电极间电阻测量

通过单向晶闸管电极间电阻测量可简单检测其好坏。一般正常的单向晶闸管电极间电阻如下:

控制极 G 与阴极 K 之间是一个 PN 结。将万用表置于 $R \times 10$ 挡测量,G→K 极间

正向电阻为几 Ω～几百 Ω;反向电阻为几十 Ω～几 kΩ;但控制极与阴极之间的正、反向
电阻的差别,与普通二极管相比较小得多,所以只要反向电阻略大于正向电阻,则为正
常。若正、反向电阻都很大,说明单向晶闸管 G→K 极间已断路;反之,若正、反向电阻
都小于十几欧或接近为零,就说明 G→K 极间有短路或漏电的故障。

控制极 G 与阳极 A 之间为两个 PN 结反向串联,G→A 极间正、反向电阻均很大,
应为几百 kΩ 以上才正常,若电阻较小或很小,就说明存在着漏电与短路故障。

单向晶闸管的阳极 A 与阴极 K 之间为 3 个 PN 结反向串联。A→K 极间正、反向
电阻均很大才为正常。若测得电阻小于 100 Ω,则说明 A→K 极有短路故障。若测得
电阻为几十 kΩ,则说明有 A→K 极有漏电故障。

(2) 触发特性测量

当晶闸管内部的 PN 结有断路的故障时,利用上述测
量电阻的方法是很难判断出来的,应进行触发特性测量,
才能确定晶闸管的好坏。

如图 4.5.6 所示,将万用表置于 $R\times1$ 挡,红表笔接 K
极,黑表笔接 a 极。然后用导线短接一下 g、a 极,这相当于
给 g 极一个正向触发电压,此时指针应明显偏向小阻值方
向,这时断开 a、g 极间的连线(注意,红、黑表笔仍分别与
k、a 极相连,并且在断开 a、g 之间的连线时不允许 a、k 极

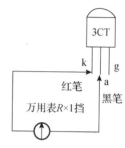

图 4.5.6　单向晶闸管导电
性能的测量

与表笔的接触有瞬间的断开),指针的指示值应保持不变,则表明管子的触发特性基本
正常;否则,就是触发特性不良或不能触发。

但对于大功率管,导通压降可能大于 $R\times1$ 挡电压 1.5 V,维持电流也可能大于
$R\times1$ 挡提供的最大电流,这时管子将不通,可用两块万用表串联或一节干电池与表串
联测试,不要误判。

4.5.4　双向晶闸管的结构、特性和工作原理

1. 双向晶闸管的符号、结构

双向晶闸管的符号、结构如图 4.5.7 所示。双向晶闸管可以看成是一对反相并联
的单向晶闸管,由 NPNPN 这 5 层硅组成,有 3 个电极:一个控制极 G,另外两个统称为
主电极,分别用 T_1 和 T_2 表示。双向晶闸管具有正、反两个方向都能控制导电的特性,
又有应用电路与触发电路简单、工作稳定可靠等优点,因而得到广泛应用,典型产品有
BCM1AM(1 A/600 V)、BCM3AM(3 A/600 V)、2N6075(4 A/600 V)、MAC218 - 10
(8 A/800 V)等。

2. 双向晶闸管的特性

图 4.5.8 为双向晶闸管的特性曲线。

双向晶闸管正向特性曲线处在第一象限。此时主电极加正向电压(T_2 正,T_1 负),

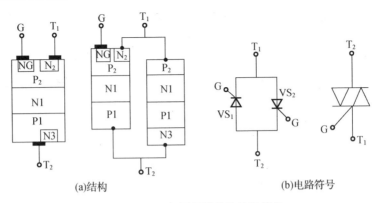

(a)结构   (b)电路符号

图 4.5.7　双向晶闸管的结构及符号

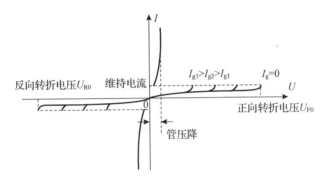

图 4.5.8　双向晶闸管的特性曲线

当控制极开路($I_G=0$)时,管子处于正向截止状态,加大 T_2-T_1 主电极电压 U_{21} 达到正向转折电压 U_{F0},管子将由截止状态变为导通,电流急剧增大。如果主电极加正向电压同时,控制极加触发电流 I_G,那么 I_G 越大,对应的转折电压 U_{F0} 就越低。

　　双向晶闸管反向特性曲线处在第三象限。由于双向晶闸管结构对称,反向特性与正向特性原理相同,只是电流随电压变化的极性相反。

　　双向晶闸管由截止变为导通情况有 4 种:

　　① T_2-T_1 极加正向电压,G 极加正向触发电流,管子导通,工作在第一象限。

　　② T_2-T_1 极加正向电压,G 极加反向触发电流,管子导通,工作在第一象限。

　　③ T_2-T_1 极加反向电压,G 极加正向触发电流,管子导通,工作在第三象限。

　　④ T_2-T_1 极加反向电压,G 极加反向触发电流,管子导通,工作在第三象限。

　　设计电路时,最好使管子在①④两种状态下工作,此时灵敏度最高。

　　双向晶闸管导通后,即使撤销控制极触发电压,仍能继续保持导通状态。当主电极 T_2-T_1 间电压降为零,或主电路中电阻大到某一较大数值时,双向晶闸管就由导通变为截止状态,这与单向晶闸管的关断特性相同。

4.5.5　双向晶闸管的检测

1. 极性的判别

(1)先判断 T_2 极

一般双向晶闸管极间阻值如下:T_2 - T_1 极间正反向电阻均为无穷大;T_2 - G 极间是两个相反的 PN 结,正反向电阻均为无穷大;T_1 - G 之间是一个特殊结构,不具有一般二极管的正反向电阻特性,电阻值通常为几欧~几百欧。

如图 4.5.9(a)所示,利用万用表的 $R \times 1K$ 挡测量 T_1、T_2、G 中任意两个电极之间的正反向电阻来判别 T_2 极,如测得其中两个电极间的正、反向电阻都很小,可判定这两极是 G 极和 T_1 极,则剩下的就是 T_2 极。

图 4.5.9 为带散热板的双向晶闸管,其 T_2 极通常与散热板连通,据此确定 T_2 极。

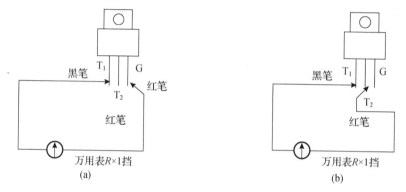

图 4.5.9　双向晶闸管电极的判断

(2)判断 T_1 极和 G 极

确定 T_2 极后,先假定另外两个电极中一个为 G 极,另一个为 T_1 极。然后用万用表 $R \times 1$ 挡,把黑表笔接 T_1 极,红表笔接 T_2 极,测得电阻值应为无穷大。接着在保持红表笔与 T_2 极相接的情况下,用红表笔尖把 T_2 极与 G 极短路(见图 4.5.9(b)),相当于给 G 极加一个负触发信号,此时电阻约为 $10~\Omega$,证明管子已经导通,导通方向为 $T_1 \rightarrow T_2$。再将红表笔与 G 极脱开(但仍接 T_2),若阻值保持不变,证明管子在触发导通之后能维持导通状态;然后将两表笔对调再测一次,即红表笔接 T_1 极,黑表笔接 T_2 极,此时电阻值也应为无穷大;接着在保持黑表笔与 T_2 极相接的情况下,用黑表笔尖把 T_2 极与 G 极短路,相当于给 G 极加一个正触发信号,此时电阻约为 $10~\Omega$,黑表笔与 G 极脱开后若阻值保持不变,证明管子触发后在 $T_2 \rightarrow T_1$ 方向也能维持导通状态。由此可断定上述的假定是正确的,否则假定与实际不符,须重新假定,重复上面的测量,直到找出 T_1 极与 G 极。

2. 触发能力的判别

在判别 T_1 极、G 极的过程中,也检查了双向晶闸管的触发能力。如果无论按哪一种假定去测量,都不能使双向晶闸管触发导通,说明管子已损坏。

由于大功率双向晶闸管的触发电流较大,$R \times 1$ 挡可能无法使它触发导通,为此可给万用表的 $R \times 1$ 挡外接一节 1.5 V 的电池,将测试电压提升到 3 V,以增大触发电流。

4.5.6 晶闸管的应用

晶闸管的应用范围很广,按工作原理,可以分为 4 大类:整流、逆变(把直流电变为交流电)、交流开关、直流开关。目前应用较多的是整流,下面举一例说明。

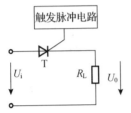

图 4.5.10 单向半波可控整流电路

图 4.5.10 为纯电阻负载的单相半波可控硅整流电路。工作过程为:如果输入电压 U_i 的正半周的某一时刻在控制极上加触发信号,则晶闸管就会导通。例如在 t_1 时刻给控制极加上触发脉冲,如图 4.5.11(b)所示,晶闸管导通。当输入电压 U_i 下降到接近零时,晶闸管的正向电流减少到维持电流以下,晶闸管关断。在 U_i 的负半周内,晶闸管承受反向电压截止。在第二个正半周内,再在相应的时刻 t_2 加入触发脉冲,晶闸管又会导通等。负载 R_L 得到电压波形如图 4.5.11(c)所示。

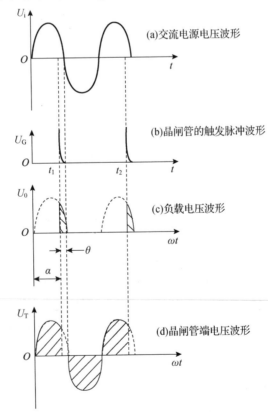

(a)交流电源电压波形

(b)晶闸管的触发脉冲波形

(c)负载电压波形

(d)晶闸管端电压波形

图 4.5.11 单相半波可控整流电路的电压波形图

在正半周内,改变控制极触发脉冲的输入时刻(又叫触发脉冲移相),可以改变晶闸管的导通时间,负载电压波形就会随之改变,从而改变整流电路输出电压大小,实现可控整流。晶闸管在正向电压作用下不导通的范围叫控制角或移相角,用 α 表示。导通的范围叫导通角,用 θ 表示。显然导通角越大,输出电压越大。当控制角为 α 时,输出电压的平均值为:

$$U_0 = 0.45 U_i \frac{1 + \cos \alpha}{2}$$

当控制角 $\alpha = 0$ 时,成为半波整流电路,$U_0 = 0.45 U_i$。

对于单相桥式半控整流电路,输出电压的平均值均为:

$$U_0 = 0.9 U_i \frac{1 + \cos \alpha}{2}$$

4.5.7　特种晶闸管

1. 可关断晶闸管

可关断晶闸管(GTO 晶闸管)与一般晶闸管的一般特性相同,主要区别是控制特性不同,单、双向晶闸管一旦导通,控制极就失去控制作用。在晶闸管的工作电流小于维持电流后,晶闸管才能截止。可关断晶闸管的工作状况与它们不同,控制极(又称门极)既对导通电流有控制作用,也能触发管子由截止变为导通,还能控制管子由导通变为截止,突出表现了可关断的特点,因此称为可关断晶闸管。

图 4.5.12 是可关断晶闸管符号,图 4.5.13 是可关断晶闸管工作原理等效图。从图 4.5.13 可知,这种晶闸管相当于由一个 NPN 型三极管与一个二极管组成。当图 4.5.13 中 g-k 极加正向电压,即三极管发射结加正向偏压时,三极管就导通电流,等于可关断晶闸管 a-k 极间导通正向电流,灯泡 HL 就发光。g-k 极加负电压时,等于发射结反向偏压,三极管截止,相当于可关断晶闸管 a-k 极间不导通电流,灯泡 HL 不发光,就关断了晶闸管。当 g-k 极间不加电压($U_g = 0$ V)时,发射结无正向偏压,三极管不导电,相当于可关断晶闸管 a-k 极不导通,灯泡 HL 不发光,也关断了可关断晶闸管。由此可见,可关断晶闸管的工作原理与一个 NPN 型三极管的工作原理相似。另外可关断晶闸管 g-k 极加正电压使管子触发导通后,管子导通较大正向电流时,控制极需要加较大反向电压才能将已导通的电流关断;管子导通较小正向电流时,控制极只需要加较小的反向电压就能将已导通的电流关断。

可关断晶闸管用于逆变器、直流断续器等需要强迫关断的地方,可以简化主回路。

可关断晶闸管检测包括判断电极、检测触发能力的方法与单向和晶闸管一样。下面介绍可关断晶闸管检测关断能力方法:取一只电解电容器,先将万用表置于 $R \times 100$ 挡,用红、黑两表笔分别接触电解电容器的"-"极和"+"极,等于给电解电容器充满电,然后将万用表拨至 $R \times 1$ 挡,按照检测触发能力的操作步骤,使 GTO 触发导通并维持导通状态,再把电解电容器的负极接 GTO 的门极 G,用电解电容器的正极去触碰

GTO 的阴极 k,若指针迅速向左回摆至无穷大位置,则说明 GTO 关断能力正常。

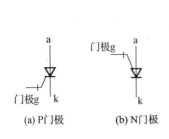

图 4.5.12　可关断晶闸管符号

(a) P门极　　(b) N门极

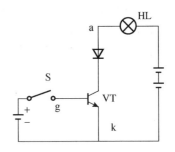

图 4.5.13　可关断晶闸管工作原理等效图

2. 逆导型晶闸管

逆导型晶闸管可双向导电,但又比双向晶闸管有更多的优点。图 4.5.14 是逆导型晶闸管的图形符号,图 4.5.14(b)是它的等效结构原理图。

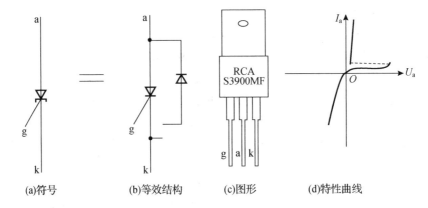

(a)符号　　(b)等效结构　　(c)图形　　(d)特性曲线

图 4.5.14　逆导型晶闸管

从结构原理可知,这种管子由单向晶闸管和二极管组成,二极管反向并联在单向晶闸管的阳极和阴极之间。图 4.5.14(c)是器件成品,图 4.5.14(d)是它的特性曲线。

从特性曲线看,这种晶闸管具有特殊的伏安特性,它的正向特性与一般单向晶闸管相同。它的特殊性主要表现在反向特性上,反向特性同一个二极管的正向特性,能够反向导通电流。因此,有时又将逆导晶闸管称为反向导通晶闸管(RCT)或非对称晶闸管(ASCT)。

这种晶闸管比普通晶闸管容量大、电压高、速度快,适用于反向不需要承受电压的场合。

3. 光控晶闸管

光控晶闸管俗称光控可控硅,是一种光控元件,可直接驱动大功率电路。

(1)光控晶闸管的结构和符号

光控晶闸管有单向和双向之分,单向晶闸管结构与普通晶闸管相同,也是由

$P_1N_1P_2N_2$ 这 4 层半导体构成 3 个 PN 结,有 a 和 k 极。根据需要与制造不同,有的引出 g 极构成三极型光控晶闸管,有的则不引出 g 极构成两极型光控晶闸管。光控晶闸管结构、符号及实物如图 4.5.15 所示。

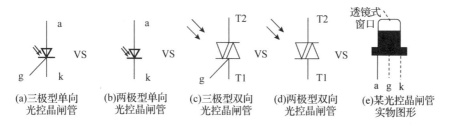

图 4.5.15　光控晶闸管的结构、符号及实物

双向光控晶闸管结构与普通双向晶闸管相似,等效为两个反向并联的单向晶闸管,两侧作成斜面,可以接收两个不同方向的入射光线。

成品光控晶闸管有塑封和金属封装,都有一个入射光线的窗口,图 4.5.15(e)就是金属封装光控晶闸管成品,入射口在顶端,做成玻璃透镜型。三极型单向光控晶闸管有 a、k 和 g 极。两极型单向光控晶闸管只有 a 和 k 极。

三极型双向光控晶闸管有 T_1、T_2 和 g 极。两极型单向光控晶闸管只有 T_1 和 T_2 极。

图 4.5.13(b)为图形符号,与光电二极管的图形符号完全相同。但在电路图中光电二极管符号旁边一般都标记"VD"字符,而两极型单向光控晶闸管符号旁边一般都标记"VS"字符,以示区别。

(2)光控晶闸管的工作原理

光控晶闸管工作原理基本与普通单、双向晶闸管相同,仅在控制形式上有区别。普通晶闸管靠控制极加信号触发导通,光控晶闸管靠光信号来控制导通。

单向光控晶闸管一旦被光信号触发导通,即使撤销光信号,晶闸管仍会保持导通状态不变。除非撤销两极电压或外加反向电压,光控晶闸管才能由导通转变为截止,这与普通晶闸管的关断特性相同。

光控双向晶闸管与普通双向晶闸管的触发特点有所不同。普通双向晶闸管加正、反向触发电压都能导通。光控双向晶闸管在有光照时导通,而无光照时截止。光控双向晶闸管的关断特性与普通双向晶闸管相同,都是在撤销主电压或将主电压反向时,才能使双向晶闸管由导通变为截止。

(3)光控晶闸管的特性曲线

光控晶闸管的特性曲线和普通晶闸管相似,只是用光信号代替电信号。普通晶闸管的转折电压随触发电流增加而降低,而光控晶闸管的转折电压随光照强度增加而降低。

(4)检　测

以单向光控晶闸管为例。检测时,首先将受光窗口用黑纸片或黑胶带盖住,再用万用表 $R\times1$ 或 $R\times10$ 挡测阴极 k 与阳极 a 的正反向电阻值,应很大。如阻值较小或为零,则说明晶闸管已损坏。然后,去掉黑纸片或黑胶带,用一光源照射窗口,测阳极与阴极的正向电阻值,应减至很小。如仍很大,则损坏。

4.6 单结晶体管

单结晶体管是有一个 PN 结的器件,故称单结晶体管。单结晶体管可组成弛张振荡器、自激多谐振荡器以及定时延时等电路,具有电路结构简单、热稳定性好等优点。

4.6.1 单结晶体管的结构、符号和型号

1.单结晶体管的结构、符号

图 4.6.1(a)是 N 型单结晶体管的结构图,在 N 型硅片一侧制作一个 PN 结,构成单结晶体管管心,然后在 P 型材料上引出一个电极,称发射极 e。再在 N 型硅片另一侧两端安装两个电极,分别称作第一基极 b_1 和第二基极 b_2,这样便构成一个单结晶体管。可见,单结晶体管由一个 PN 结和两个基极构成,因此也称为双基极二极管。

b_1、b_2 基极之间是单纯 N 型硅材料,具有一定电阻,称为基极电阻 R_{bb}。基极电阻 R_{bb} 由两部分组成,PN 结到 b_1 极间的硅片为第一部分,这部分硅片电阻称为第一基极电阻 R_{b1};PN 结到 b_2 极间的硅片为第二部分,这部分硅片电阻称为第二基极电阻 R_{b2};单结晶体管基极电阻 R_{bb} 等于 R_{b1} 与 R_{b2} 之和,即 $R_{bb}=R_{b1}+R_{b2}$。

发射极与硅片之间是一个 PN 结,图 4.6.1(b)中用一个二极管表示单结晶体管的结构特点。图 4.6.1(c)为单结晶体管电路符号,分为 N 型和 P 型,N 型指硅片为 N 型材料,P 型指硅片为 P 型材料。

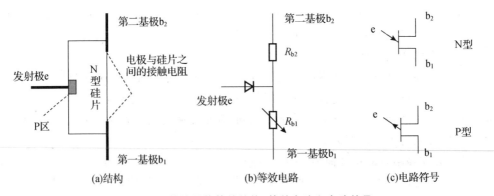

(a)结构　　　　　　(b)等效电路　　　　　　(c)电路符号

图 4.6.1 单结晶体管的结构、等效电路和电路符号

图 4.6.2(a)、(b)、(c)是 3 种不同型号单结晶体管的外形封装,图 4.6.2(d)为某单结晶体管实物图。

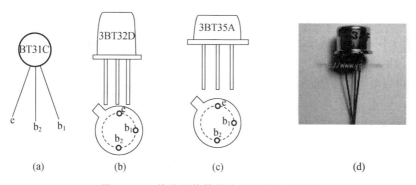

图 4.6.2　单结晶体管的外形封装和实物图

2. 单结晶体管的型号

单结晶体的型号由 4 部分组成,详细如图 4.6.3 所示。

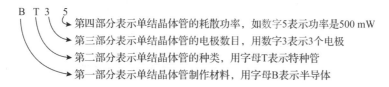

图 4.6.3　单结晶体的型号组成部分的意义

4.6.2　单结晶体管的工作原理、特性曲线和参数

如图 4.6.4 所示,在基极 b_1、b_2 之间加上一个固定的直流电压 E_b,在发射极 e 与第一基极 b_1 之间也加上一个电压 E_e,R_e 是限流电阻,调节分压电位器 R_W 就可以调节 U_e 和 I_e 的大小。

设 b_1、b_2 之间电压为 U_{bb},则位于 b_1、b_2 之间的 A 点电位将决定于上下两部分硅片的电阻 R_{b1} 与 R_{b2} 所形成的分压比 η。

$$\eta = \frac{R_{b1}}{R_{b1} + R_{b2}}$$

即 A 点电位为 $U_A = \eta U_{bb} = \dfrac{R_{b1}}{R_{b1} + R_{b2}} U_{bb}$。

将发射极电位 U_e 由零增加,当 $U_e < U_A$ 时,二极管 D 处于反向偏置,$I_e \approx 0$。继续增加发射极电位,使该点电位比 U_A 高出一个二极管的管压降 U_D,即 $U_e = U_A + U_D$ 时,e 对 b_1 开始导通,电流 I_e 逐渐增加,图 4.6.5 中 P 点以前的特性区称为截止区。随着发射极电流 I_e 的增大,在硅片的下半部注入大量空穴型载流子,因而使 R_{b1} 迅速减小,发射极 e 对第一基极 b_1 之间变成低阻导通状态,且 U_A 降低;U_A 的降低又导致二极管的正偏压增加和 I_e 的进一步增加,从而使 R_{b1} 进一步减少;R_{b1} 的进一步减少又使 U_A 进一步降低……元件内部形成强烈的正反馈。当 R_{b1} 的减少超过 I_e 的增加时,发射极

电压 U_e 将自动随 I_e 的增加而降低,这就是单结晶体管的负阻特性。图 4.6.5 中从 P 点起,管子工作状态由截止区转入负阻区,转折点称为特性曲线的峰点,对应于点的电压和电流分别称为峰点电压 U_P 和峰点电流 I_P。

当发射极电流 I_e 增加到某一数值时,电压 U_e 下降到最低点。图 4.6.5 特性曲线上这一点叫谷点,所对应的电压和电流分别称为谷点电压 U_V 和谷点电流 I_V。此后,要提高 I_e 就必须加大 U_e,这一现象称为饱和。管子导通后的稳定工作点是在饱和区。

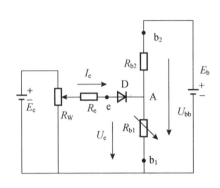

图 4.6.4　测量单结晶体管特性的测量电路

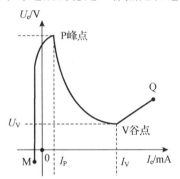

图 4.6.5　单结晶体管特性的特性曲线

如上所述,单结晶体管当发射极电压 U_e 高于峰点电压 U_P 时,单结晶体管导通;导通以后,只有在发射极电压 U_e 小于 U_V 和发射极电流 I_e 小于 I_V 时,单结晶体管才会截止。

4.6.3　单结晶体管的检测

1. 判别单结晶体管的发射极

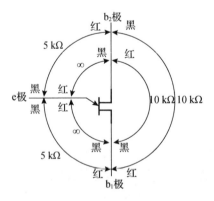

图 4.6.6　单结晶体管极间阻值

单结晶体管结构是一个 PN 结,用万用表电阻挡测量 3 个电极间的电阻值,就能判别出发射极。N 型单结晶体管的极间电阻值如图 4.6.6 所示,如果测出了极间电阻值为 5 kΩ 左右,那么黑表笔接的管脚就是发射极,红表笔接的管脚就是基极 b_1 或 b_2,两基极对称可互换。

2. 判别单结晶体管的好坏

将万用表调到 $R \times 1K$ 挡,对单结晶体管 3 个极间的电阻进行正反 6 次测量,便可得到 6 个电阻值,如果符合图 4.6.6 所示的电阻值,就表明被测单结晶体管是好的;如果测量数值有较大差异,就表明被测单结晶体管是坏的。

习题 4

一、填空题

1. 半导体具有与其他物体所不同的特点是 _____ 性、_____ 性、_____ 性。

2. 发光二极管根据发出光可见与否,分为 _____ 发光二极管和 _____ 光发光二极管。

3. 硅二极管正向导通电压降为 _____ V,锗二极管正向导通电压降为 _____ V。

4. 变容二极管在一定范围内,反向偏压越小,结电容越 _____。

5. 晶体三极管在电子电路中主要起 _____ 和 _____ 作用。根据 PN 结组合的方式不同,可分为 _____ 和 _____ 两种类型,3 个极分别为 _____、_____ 和 _____。

6. 场效应晶体管是利用输入电压产生的电场效应来控制输出电流的一种 _____ 控制器件,又称为 _____ 晶体管。场效应管分类有 _____ 型场效应管和 _____ 型场效应管两种类型。

7. 晶闸管是硅晶体管的简称,又名 _____(英文缩写字母 SCR),是一种大功率可控整流元件。按特性分,有 _____ 晶闸管、_____ 晶闸管、_____ 晶闸管 3 种。

8. 单结晶体管由 _____ 个 PN 结和 _____ 个基极构成,因此也称为 _____ 二极管。

二、简答题

1. 何谓半导体导电能力的热敏性、光敏性、杂敏性?

2. 何谓二极管的单向导电性?

3. 简述整流二极管、稳压二极管、检波二极管、变容二极管、开关二极管、阻尼二极管和双向二极管的特点及作用。

4. 简述用指针式万用表和数字式万用表如何分别判别二极管的极性及性能好坏。

5. 简述用指针式万用表如何判别三极管管脚和管型。

6. 结型场效应管的输出特性曲线分为哪 3 个区域?各个区域分别具有什么特性?

7. 简述用指针式万用表判别结型场效应管的管脚和类型。

8. 如何用指针式万用表判别单向晶闸管和双向晶闸管的电极和性能的好坏?

第 **5** 章

电接触件

任何电子设备均须将各种元器件按照线路的要求在电气上连接起来构成一部整机,其中大部分属于固定连接(如焊接),但也有若干部位需要经常接通、断开或转换电路,这时就需要通过各种类型的开关、接插件、继电器等来实现这些功能。这些元器件在电路中所执行的功能都属于分合式电接触,统称电接触件。

随着电子设备的小型化以及集成电路功能块的发展,电子设备中使用的电接触件数量日益增多,它们在电路中起着连接各个系统或电路的作用,其质量和可靠性往往直接影响到整个电子系统或设备是否能正常工作,比如电接触不可靠不仅影响信号和电能的正确传送,而且也是噪声的重要来源之一。

5.1 开 关

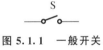

图 5.1.1 一般开关
图形符号

在电子设备中,开关是用于接通和切断电路的,文字符用 K 表示,也可以用 S 或 XS 表示,一般开关图形符号如图 5.1.1 所示。

常用的机械结构开关有波段开关、拨动开关、按钮开关、键盘开关、琴键开关、钮子开关和刷型开关等。随着新技术的不断发展,各种非机械结构的开关不断出现,如气动开关、水银开关以及高频振荡式、电容式、霍尔效应式等各类接触和非接触、有触点和无触点电子开关等。下面介绍几种常用的开关。

5.1.1 常用的开关

1. 波段开关

波段开关一般在金属支架上固定一个或多个开关片层,开关片基体是绝缘的,绝缘基体常用 3 种材料制成,即高频瓷、环氧玻璃布胶板和纸质胶板。波段开关的各个触片都固定在绝缘基片上;支架中心装有转轴,它带动开关片中间的切入式接触片旋转,就能使开关片上的某两个触点接通或断开。支架的旋转部分还装有滚珠,它与支架体上的定位卡配合,保证开关动作时跳步迅速、干脆,定位准确。波段开关多用几极几位为主要规格。图 5.1.2(a)为某波段开关的结构示意图,图 5.1.2(b)为其电路符号。使用时通过旋转使几极联动,同时切断或接通电路。波段开关一般工作电流为 0.05～0.3 A,电压为 50～300 V。

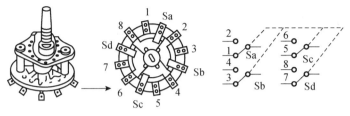

(a)某波段开关的结构示意图　　　　(b)电路符号(4极2位)

图 5.1.2　某波段开关的结构示意图及其电路符号

开关的"极"对应于过去所称的"刀"。"位"则对应于过去所称的"掷",如双极双位开关就是双刀双掷开关。开关的极相当于开关的活动触点(触头、触刀),位相当于开关的静止触点。当按动或拨动开关时,活动触点就与静止触点接通(或断开),从而起到接通或断开电路的作用。由于单极单位开关只有一个活动触点和一个静止触点,所以只能接通或断开一条电路。单极双位开关可选择接通(或断开)两条电路的一条,双极双位开关可同时接通或断开两条独立的电路,其他极位开关的作用可依此类推。

2. 按钮开关

按钮开关通过按动键帽使开关触头接通或断开,从而达到电路切换的目的。家电中的按钮开关主要有两种:一是用于通断电源的开关,现多见到为推推式(彩电上常见),这种开关按一下即接通电源,再按一下便断开复位,开关动作均为"推",故称推推式开关。另一种是轻触开关,其行程与所需压力很小,当轻轻按下时,可实现控制。轻触开关一般无自锁结构,通过电路触发锁定,在彩电音响等家电上应用已十分普遍,主要用于小信号及低压电路转换。图 5.1.3 为某按钮开关外形图。图 5.1.4 为按钮开关电路符号。

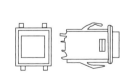

图 5.1.3　某按钮开关外形图

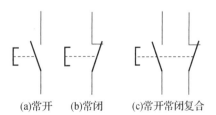

(a)常开　　(b)常闭　　(c)常开常闭复合

图 5.1.4　按钮开关电路符号

3. 键盘开关

键盘有数码键、符号键,其接触形式有导电银浆、簧片式、导电橡胶式等。某键盘开关外形和符号如图 5.1.5 所示。

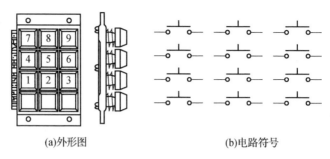

(a)外形图   (b)电路符号

图 5.1.5　某键盘开关外形和符号

导电银浆接触形式的键盘开关即薄膜按键开关,是一种低电压(一般小于 DC40 V)、小电流(小于 100 mA)器件,适用于 TTL 或 CMOS 逻辑电路。按基材不同分为软性和硬性两种,软性薄膜开关结构上由多层柔软薄膜相互黏合而成,如图 5.1.6 所示;硬性薄膜开关是由一块硬质印制电路板作为衬底和多层柔软薄膜相互黏合构成,底层电路由印制板电路板上的导电电路组成,如图 5.1.7 所示。

薄膜开关是一种无自锁的按动开关。当手指没有按动薄膜开关键位时,隔离层把顶层与底层两个触点分开,开关断开。当手指按动薄膜开关键位时,由于薄膜的轻微形变,使顶层和底层触点接触,从而使开关接通。当手指离开键位后,由于薄膜的反弹力,又使顶层和底层两个导电触点分开,使开关断开。

薄膜开关具有密封性好、重量轻、体积小的特点,能有效地防尘、防水、防油污等,与传统的机械式开关相比,具有结构简单、外形美观、耐环境性强、便于高密度化的特点,从而提高产品的可靠性和使用寿命(可达 100 万次以上)。各种按键可混合设计,键盘厚度只有 1 mm,广泛应用于各种微计算机控制的设备中。

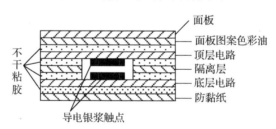

图 5.1.6　软性薄膜开关结构

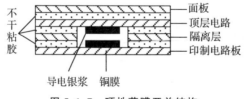

图 5.1.7　硬性薄膜开关结构

4. 琴键开关

琴键开关属于摩擦式接触,锁紧形式有自锁、互锁、无锁、互锁复位,有单键、多键等形式,这种开关广泛应用于收录机、电风扇。某琴键开关外形及电路符号如图 5.1.8 所示。

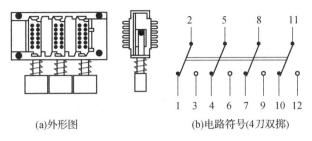

(a)外形图　　　　　　　　(b)电路符号(4刀双掷)

图 5.1.8　琴键开关

5. 钮子开关

钮子开关主要用作电源开关和状态转换开关,小家电及仪器仪表上经常见到这种开关,特点是性能稳定、使用方便、成本低。它有单刀、双刀和 3 刀等结构,触点有单掷、双掷,工作电流从 0.5～5 A 不等。图 5.1.9 为某钮子开关实物图和电路符号。

(a)某钮子开关实物图　　　　　　　　　　(b)电路符号

图 5.1.9　钮子开关实物图和电路符号

6. 拨动开关

拨动开关采用水平滑动换位,切入式咬合接触,一般是直接焊在印制电路板上的,具有体积小、引线接线短、价格较低的优点,常用于仪器仪表、收录机等电子产品中。图 5.1.10 为某拨动开关实物图和电路符号。

(a)外形图　　　　　　　　(b)电路符号图

图 5.1.10　某拨动开关外形图和电路符号

7. 水银开关

水银开关是用玻璃密封一些球状水银液体,并将两根(或三根、四根)彼此隔开的粗铜线的一端穿过玻璃壳也密封在玻璃壳内,导线另一端露在玻璃壳外面,作为开关的引线。利用水银流动及导电的特点,可制作为单向、双向或"万向"开关;单位、双位开关;

常开、常闭式开关。某水银开关结构和实物如图 5.1.11 所示。它利用方向改变(如倾斜)时,水银球位置变化,使开关触点接通或断开,常用于如电风扇倾倒时断电保护机构。

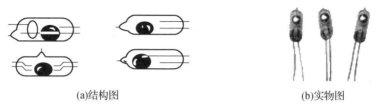

(a)结构图　　　　　　　　　　　　　　　　(b)实物图

图 5.1.11　某水银开关结构和实物图

8. 定时开关

定时开关就是在一定时限内动作的开关。定时开关的类型很多,有机械式、电子式和电机驱动式多种,比如洗衣机上的定时开关以机械式与电子式为多。图 5.1.12 是机械式定时开关的外形及原理图。它的基本原理很像一个时钟机构,当旋动转轴时压紧发条,放手以后以发条为原动力拖动齿轮,经过齿轮组的传动变速带动一个两层的偏心塑料定时凸轮,偏心轮的转动接通或断开相应的接点,完成电机的正转、停止或反转的功能,其时间间隔转动的变速及偏心轮的形状来控制。

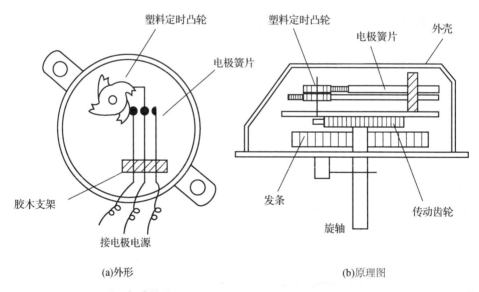

(a)外形　　　　　　　　　　　　　　　　(b)原理图

图 5.1.12　机械式定时开关的结构

电子式一般通过改变定时电容的充放电时间或者改变振荡器的时间常数来控制定时时间,用继电器或晶体管完成触点的通断。

电机驱动式与机械式类似,不同之处是将动力由机械发条改为电驱动的电动机。

5.1.2　开关的主要参数、检测和选用

1.开关的主要参数

① 最大额定电压：是指在正常工作状态下开关能容许施加的最大电压。

② 最大额定电流：是指在正常工作状态下开关能容许通过的最大电流。

③ 接触电阻：开关接通时，"接触对"（两触点）导体间的电阻值叫作接触电阻。该值要求越小越好，一般开关多在 0.02 Ω 以下，某些开关及使用久的开关则在 0.1～0.8 Ω。为了提高开关触点的导电能力，在开关触点上镀有银层或金层，以保证良好的接触。

④ 绝缘电阻：是指开关的导体部分（金属构件）与绝缘部分之间的电阻值，以及不相接触的开关触点之间的电阻值。此值越大越好，一般开关多在 100 MΩ 以上。

⑤ 耐压：也叫抗电强度，其含义是指定的不相接触的开关导体之间所能承受的电压。一般开关至少 100 V，电源（市电）开关要求大于交流 250 V。

⑥ 寿命：是指开关在正常条件下能工作的有效时间（使用次数），通常为 5 000～10 000 次，要求较高的开关为 50 000～500 000 次。

2.开关的检测和选用

检测开关的最简便方法是用万用表的最小欧姆挡，测量处于接通位置的触点与触点间的接触电阻值是否合格，通断是否灵活。并检测处于断开位置的触点与触点间的绝缘电阻是否合格，开关的导体部分（金属构件）与绝缘部分之间的绝缘电阻是否合格。检测时应多转动和拨动开关几次。

选用时，开关的额定电压、额定电流应高于电路中的额定参数，同时要考虑工作环境和机械要求等因素。

5.2　接插件

接插件是用于机器与机器之间、线路板与线路板之间进行连接的元件，分为接件和插件两种。开关和插接件的相同处在于通过其接触对的接触状态的改变从而实现其所连电路的转换目的，而其本质区别在于插接件只有插入拔出两种状态，开关可以在其本体上实现电路的转换，而插接件不能够实现在本体上的转换，插接件的接触对存在固定的对应关系，因此，接插件也可以叫连接器。

5.2.1　接插件的分类、主要参数和选用

1.接插件的分类

按工作频率可分为：低频接插件（使用频率在 100 MHz 以下）和高频接插件（使用

频率在 100 MHz 以上)。高频接插件在结构上要考虑高频电场的泄漏、反射等问题,因此,一般都用同轴结构与同轴线相连接,所以也常称为同轴连接器。随着光纤传输技术的应用,在光纤与设备或光纤与光纤之间通常采用专用的接插件,也叫连接器及跳线器。

按应用场合则有印制电路板连接器、电源插头座、单孔插头插座、电子管座、晶体管座、集成块座等。

按外形结构特征,常用接插件可分为圆形、矩形、印制板插座、带状电缆接插件等。

2. 接插件主要参数和选用

1)最高工作电压和最高工作电流

指插头、插座的接触对在正常工作条件下,所允许的最高电压和最大电流。

2)绝缘电阻

指插头、插座各接触对之间及接触对与外壳之间所具有的最低电阻值。

3)接触电阻

指插头插入插座后,接触对之间所具有的阻值。

4)分离力

指插头或插针拔出插座或插孔时、所需要克服的摩擦力。

影响接插件质量及可靠性的主要因素是温度、潮热、盐雾、工业气体及机械振动等。高温影响弹性材料的机械性能,容易造成应力松弛,导致接触电阻增大,并使绝缘材料性能变坏;潮热使接触点腐蚀并造成绝缘电阻下降;盐雾易导致金属零件等的腐蚀;工业气体的二氧化硫和硫化氢对接触点特别是银镀层腐蚀作用很大;振动易造成焊接点脱落、接触不稳定等。选用时,除应根据产品技术条件规定的电气、机械、环境要求外,还要考虑动作次数、镀层磨损等。测量接插件的好坏,可用万用表的电阻挡分别测量各接点间的接触是否良好。焊接时间不可过长,以防止开关和接插件中的塑料变形。

5.2.2 常用的接插件

1. 圆形接插件

这种接插件如图 5.2.1 所示,俗称航空插头插座。它有一个标准的旋转锁紧机构,并有多接点和插拔力较大的特点,连接较方便,抗振性极好,同时还容易实现防水密封以及电场屏蔽等特殊要求。这种接插件适用于大电流连接,广泛用于不须经常插拔的电气之间及电气与机械之间的电路连接中,且接点数量多,从两个到近百个,额定电流可从 1 A 到几百 A,工作电压均在 300~500 V 之间。

2. 矩形接插件

矩形接插件能充分利用空间位置,广泛应用于机内互连。当带有外壳或锁紧装置时,也可用于机外的电缆和面板之间的连接,如图 5.2.2 所示。矩形接插件可分为插针式和双曲线簧式,带外壳式和不带外壳式,带锁紧式和非锁紧式多种规格。实际使用中可根据电路要求选择。

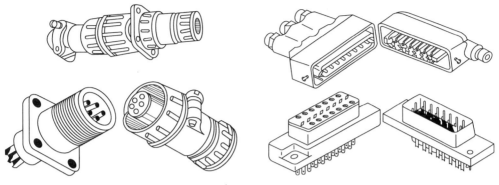

图 5.2.1　圆形接插件　　　　　　　　图 5.2.2　矩形接插件

3. 印制板接插件

印制板接插件的结构形式有直接型、插针型、间接型等,如图 5.2.3 所示。选用时可查阅手册。

4. 扁平排线接插件

这种连接器的端接方法不是靠接触,而是靠刀口刺破绝缘层,实现接点连接的目的,因此,也称绝缘-移位-接触连接器,如图 5.2.4 所示。该类连接器接触可靠,适用于微弱信号的连接,多用于计算机及外部设备中。

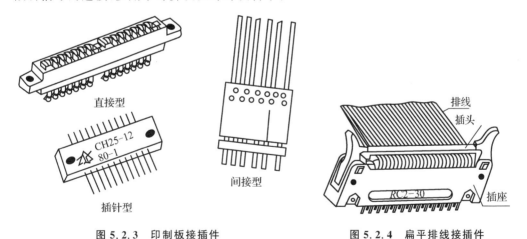

图 5.2.3　印制板接插件　　　　　　　图 5.2.4　扁平排线接插件

5. 其他连接件

① 接线柱:常用于仪器面板的输入、输出接点,种类很多,如图 5.2.5 所示。

② 接线端子:常用于大型设备的内部接线,如图 5.2.6 所示。

③ 导电橡胶:常用于液晶手表和计算器中的液晶显示屏与电路的连接。依靠压

力和橡胶自身的弹力,使介于液晶显示屏和电路间的导电橡胶利用其上的导电体导通。

④ 小型二芯、三芯插头插座:供收录机、电视机以及其他音响设备作为外接输入、放音输出、遥控连接等之用。其品种很多,没有统一的制式。图5.2.7为二芯和三芯插头的外形、内部构造和接线方法。

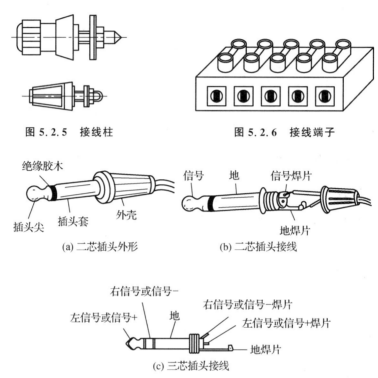

图5.2.5　接线柱　　　　　　　　图5.2.6　接线端子

(a) 二芯插头外形　　　　　　　(b) 二芯插头接线

(c) 三芯插头接线

图5.2.7　二芯和三芯插头的外形、内部构造和接线方法

图5.2.8为插头与插座的连接。当插头插入插座时,插座尖把动簧片向外推开,使动、定簧片分开。这时,插头尖与插座中的动簧片相连接,插头套与插座中的外壳相连接。

其他连接器有电子管插座(如显像管插座)、晶体管插座、集成块插座以及直流电源专用插头插座、光纤连接器、带状电缆连接器等,如图5.2.9所示。

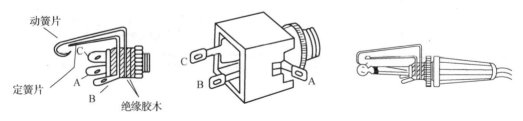

图5.2.8　插头与插座的连接

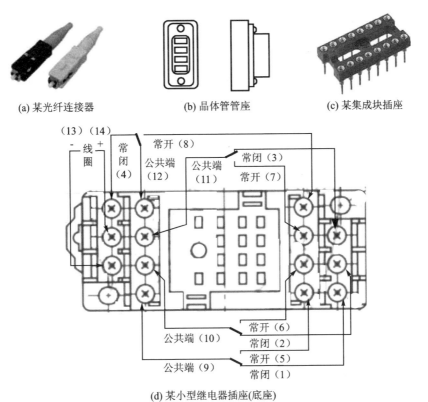

(a) 某光纤连接器　　　　(b) 晶体管管座　　　　(c) 某集成块插座

(d) 某小型继电器插座(底座)

图 5.2.9　其他连接器

5.3　继电器

继电器是一种电子控制器件,用来打开或关闭一定数量互相独立的电路。当输入量(电、磁、声、光、热)达到一定值时,输出量将发生跳跃式变化的自动控制器件。继电器实际上是用较小的电流去控制较大电流的一种"自动开关",故在电路中起着自动调节、安全保护、转换电路等作用,常用于自动控制电路。

5.3.1　继电器的基本组成和分类

1.继电器的基本组成

任何继电器均由两大部分组成:感应机构和执行机构。感应机构是继电器的心脏部分,对输入参量具有感应功能,能对输入参量进行感应、比较并将其变换为执行机构所需要的某种参量,从而使执行机构动作。

2.继电器的分类

继电器的种类和型号很多,且有不同的分类方法。

按继电器的原理或结构特征分,有电磁继电器、热继电器、舌簧继电器、极化继电器、固态继电器等几十种。

按继电器触点负载大小分,有微功率继电器、弱功率继电器、中功率继电器、大功率继电器等。微功率继电器是当触点电压为直流 27 V 时,触点额定电流(阻性)为 0.1 A、0.2 A 的继电器;弱功率继电器是当触点电压为直流 27 V 时,触点额定负载电流(阻性)为 0.5 A、1 A 的继电器;中功率继电器是当触点电压为直流 27 V 时,触点额定负载电流为 2 A、5 A 的继电器;大功率继电器是当触点电压为直流 27 V 时,触点额定负载(阻性)电流为 10 A、15 A、25 A、40 A…的继电器。

按继电器有无触点分,可分为无触点继电器和有触点继电器两种。无触点继电器被控制回路的通断完全靠电或磁的关系来实现,如磁继电器、半导体继电器、光电磁继电器等;有触点继电器被控制回路的通断靠机械触点的动作来实现,如电磁继电器、热继电器和感应继电器等。

下面介绍几种常用的继电器。

5.3.2 普通电磁继电器

1.电磁继电器的工作原理

电磁继电器是继电器中应用较为广泛的一种,根据供电的不同,电磁继电器可分为交流继电器、直流继电器。又可根据线圈与电源的接法不同,分为电流继电器和电压继电器。电流继电器的线圈与电源回路是串联,以电流为输入量;电压继电器的线圈与电源是并联,以电压为输入量,而电压继电器是用得最为普通的一种。

图 5.3.1 是某电磁式继电器的结构和实物图。它主要由铁芯、线圈、衔铁、动静接点和返回弹簧等组成。当在线圈 1、2 两端加上一定电压时,线圈中即有一定电流并使铁芯磁化,这时衔铁就在电磁吸力的作用下克服返回弹簧的拉力被吸向铁芯,从而带动动触点 3 与静触点 4、5 接通或断开。线圈断电后,电磁吸力消失,在返回弹簧力的作用下,衔铁和动触点即返回原来的位置,动静触点也恢复到原来的状态。在使用中如将线圈的 1、2 两端接入某一输入回路作为接收某种控制信号之用,而将 3、4、5 触点接被控电路,即可对被控对象实现各种不同的控制作用。

继电器线圈未通电时处于断开状态的静接点,称为"常开接点"(图中的 5 接点),处于接通状态的静接点称为"常闭接点"(图中 4 接点)。一个动接点与一个静接点常闭,而同时与另一个静接点常开,就称它为"转换接点"(图中 3 接点)。在一个继电器中,可以具有一个或数个(组)常开接点、常闭接点和相应的转换接点。电磁继电器中一般只设一个线圈(也有设多个线圈的),线圈通电时便可实现多组接点的同时转换。

在电路图中,电磁继电器用线圈和触点组表示它的符号,如图 5.3.2 所示。继电器

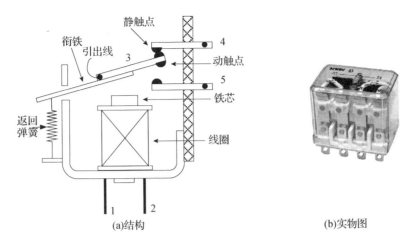

(a)结构　　　　　　　　　　(b)实物图

图 5.3.1　电磁式继电器的结构和外形图

的线圈用一个方框表示,方框内注有字母"K"或"J"。继电器的触点有两种标法:一种画在线圈一侧,另一种分别画在各自的电路中,并标上相关符号。在电路图中,触点组应按线圈没有电流通过时的初始状态画出,触点有 3 种形式,即 H 型(常开触点或动合触点)、D 型(常闭触点或动断触点)、Z 型(转换触点或切接触点)。

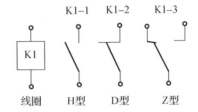

图 5.3.2　电磁继电器的电路符号

2. 电磁继电器的主要特性参数

① 线圈电源和功率,指线圈使用的是直流电还是交流电及线圈所消耗的额定功率。

② 额定工作电压(电流),指继电器可靠工作时的电压(电流)。工作时,输入继电器的电参数应等于这一数值。

③ 线圈电阻,指线圈的直流电阻值。同一型号的继电器为了能适应不同的电路,有许多额定电压供选用,并用规格号加以区别,这些不同规格继电器的线圈电阻不同。如 JZC－21F/005－12 型继电器,其额定工作电压 6 V,线圈电阻 100 Ω,则其额定工作电流为 6 V/100 Ω＝60 mA。

④ 吸合电压(电流)。继电器能够产生吸合动作的最小电压值称为吸合电压(电流)。一般吸合电压为额定电压的 75% 左右,在该电压(电流)时,继电器的吸合是不可靠的。为了能够使继电器的吸合动作可靠,必须给线圈加上稍大于额定电压(电流)的实际电压值,但不能太高,一般为额定值的 1.5 倍,否则将烧坏线圈。

⑤ 释放电压(电流)。释放电压指使继电器从吸合状态转为释放状态的最大电压(电流)值。释放电压比吸合电压小得多,一般释放电压为吸合电压的 10%~50%。

⑥ 触点负荷。它是指触点的负载能力,即触点在切换时能承受的电压和电流值,即触点容量。触点负荷分交流值和直流值,例:JZC－21F 电磁继电器的触点直流负荷

为 28 V/10 A,交流负荷为 220 V/3 A。

3. 电磁继电器的使用注意事项

① 电磁继电器的动作电流一般为几十毫安,应注意对它的驱动。利用晶体管等进行驱动时,必须在线圈两端反向接钳位二极管,以保护驱动器件。

如图 5.3.3 所示,这是一种常用的电磁继电器并联二极管释放保护电路,当断开电源时,继电器线圈的电流突然减少,它的两端会感应出一个瞬时电动势。它与原电源电压叠加后加在输出晶体管的 c、e 之间,使 c、e 之间有可能被击穿。为了消除这个感应电动势的有害影响,在继电器旁并联一只二极管(二极管的极性不能接错),线圈中的自感电动势产生的电流经二极管 VD 泄流,起到保护作用。

② 继电器需要更换时要注意:线圈的额定电压电流应与原继电器相同(最大允许偏差±10%),触点电流应满足电路要求,触点数目足够。

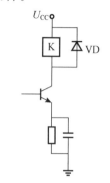

图 5.3.3 电磁继电器并联二极管释放保护电路

4. 电磁继电器的检修

(1)判别类型

电磁继电器分为交流与直流两种,在使用时必须加以区分。在交流继电器的线圈上常标有"AC"字样,在直流继电器上标有"DC"字样。有些继电器标有 AC/DC,则要按标称电压正确使用。

(2)测量线圈电阻

根据继电器标称直流电阻值,将万用表置于适当的电阻挡,可直接测出继电器线圈的电阻值。若所测电阻值为无穷大或为零,则可认为线圈有断路或短路故障;若所测电阻值与标称值相差较大,可认为线圈存在局部短路或漏电。如果线圈有开路现象,应先检查线圈的引出端,看看是否线头脱落。如果断头在线圈的内部或看上去线包已烧焦,只有查阅数据、重新绕制或换一个相同的线圈。

(3)判别触点的数量和类别

在继电器外壳上标有触点及引脚功能图,可直接判别;如无标注,可拆开继电器外壳,仔细观察继电器的触点结构,即可知道该继电器有几对触点,每对触点的类别以及簧片所对应的引出端。

(4)检查衔铁工作情况

用手拨动衔铁,看衔铁活动是否灵活,有无卡阻现象。如果衔铁活动受阻,应找出原因加以排除。另外,也可用手将衔铁按下,然后再放开,看衔铁是否能在弹簧(或簧片)的作用下返回原位。注意,返回弹簧比较容易被锈蚀,应作为重点检查部位。

(5)检测继电器工作状态

测试电路如图 5.3.4 所示。按图连接好电路。将稳压电源的电压从低逐渐向高缓慢调节,当听到衔铁"嗒"一声吸合时,记下吸合电压值和电流值。

当继电器产生吸合动作以后,再逐渐降低线圈两端的电压,这时表上的电流示数将慢慢减小。当减到某一数值时,原来吸合衔铁就会释放,此时的数据便是释放电压和释放电流。一般继电器的释放电压是吸合电压

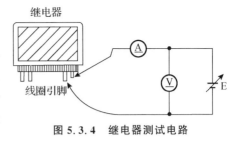

图 5.3.4　继电器测试电路

的 $10\%\sim50\%$。如果被测继电器的释放电压小于 1/10 吸合电压,此继电器就不应再继续使用了。

(6)测量触点接触电阻

用万用表 $R\times1$ 挡先测量常闭触点间的电阻值,应为零。然后测量常开触点间的电阻值,应为无穷大。接着,按下衔铁,这时常开触点闭合,电阻值变为零;而常闭触点打开,电阻值变为无穷大。如果动静触点转换不正常,可轻轻拨动相应的簧片,使其充分闭合或打开。如果触点闭合后接触电阻值极大或触点烧蚀严重,则继电器不能继续使用。若触点闭合后接触电阻值时大时小,但触点基本完好,只是表面颜色发黑,可用细砂纸轻磨或用无水酒精棉球擦洗触点表面,使其接触良好。清洁触点后再测接触电阻,若正常,则可继续使用。

注意,在上述几项测量中,直流继电器应采用直流电源;交流继电器则应采用交流电源,相应的万用表也应使用 AC 50 mA 挡。

5.3.3　特种电磁继电器

1. 舌簧继电器

舌簧继电器是一种新型的具有密封触点的继电器,具有动作快、工作稳定、寿命长、体积小等优点,在自动化设备、运动测量技术、通信等方面得到了广泛应用。

按其结构原理的不同,分为干式舌簧继电器、湿式舌簧继电器和铁氧体剩磁式舌簧继电器 3 类,其中以干式应用最广,一般简称为干簧继电器。下面只介绍干簧继电器。

干簧继电器由干簧管、线圈、屏蔽罩等组成,如图 5.3.5 所示。其核心部分是干簧管,干簧管由一组舌簧片与玻璃管封接而成,管内充以惰性气体。当线圈通电后,簧片在磁场中被磁化,管中两个簧片的端部产生的磁性正好相反,因而互相吸引而闭合,电路接通;当线圈断电时簧片间的引力消失。簧片即依靠其本身的弹性返回原位而断开,电路切断。

利用舌簧管、舌簧片磁化后接通导电的特点,也可以用永久磁铁代替线圈而与舌簧管构成干簧管继电器。图 5.3.6 就是永磁干簧管继电器。这种继电器不再有通电线圈,而是利用永久磁铁的位置变化来控制继电器,达到接通或切断电路的目的,从而完成继电器的功能。

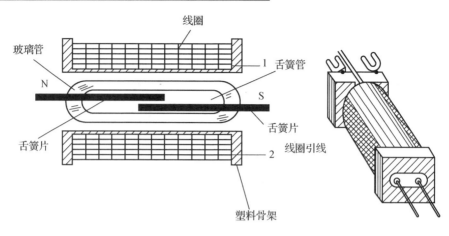

图 5.3.5　舌簧继电器结构及外形

干簧继电器缺点是触点易产生冷焊而粘结、切换容量较低、过载能力较差、簧片易于颤抖等。干簧继电器内的干簧发生粘合在一起的故障(特别是通过电流较大)时,可以用镊子轻轻敲打继电器外壳,使其分开。

2. 极化继电器

极化继电器是一种能反映输入信号极性的电磁继电器。当继电器线圈输入某一极性的信号时,衔铁能够动作而使接点切换。但如信号的极性相反,则无论信号加到多大,也不能使衔铁动作。

此外,还有一种磁保持继电器,主要特点是只需在线圈中通以一定方向、一定大小的电流脉冲即可使接点转换,并在线圈断电后能依靠其他磁力保持其动作状态,特别适用于飞机、卫星、飞船等要求高度节能、减小设备体积重量的场合。

3. 固态继电器

固态继电器(SSR)是一种全部由固态电子元件组成的新型无触点开关器件,利用电子元件(如晶体管、双向晶闸管等半导体器件)的开关特性,可达到无触点、无火花的接通和断开电路的目的。因此,又被称为无触点开关。图 5.3.7 为某固态继电器外观图。

图 5.3.6　永久磁铁干簧管继电器

图 5.3.7　某固态继电器实物图

固态继电器由信号输入电路(光电耦合器)、触发电路及开关元件 3 部分组成,图 5.3.8 为其电气结构组成框图。工作时,只要在输入端③与④加上一定的控制信号,便可以控制输出端①与②的通与断。光电耦合器进行光电隔离;触发电路用于零电压开关型继电器中,抑制非零电压输入时触发开关元件;开关元器件依负载信号的不同而不同,直流负载以功率晶体管为开关元件,而交流负载则用双向可控硅。

固态继电器按使用场合可以分为交流型和直流型两大类。它们分别在交流或直流电源上做负载的开关,不能混用。

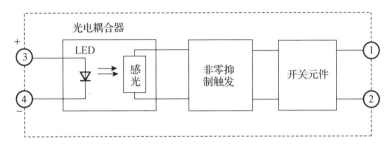

图 5.3.8　固态继电器的电气结构组成框图

5.3.4　继电器应用举例

图 5.3.9 是采用继电器进行水位自动告警的电路。在蓄水池中放入浮子,水位上升时浮子上升。当水位上升至警戒水位时,接点 K 闭合,继电器电路接通,从而使指示灯发光,同时电铃发出声响。

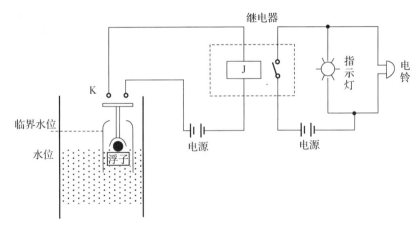

图 5.3.9　用继电器的水位告警电路

图 5.3.10 是采用干簧管继电器的自动称重电路装置。秤的一端装有一个永久磁铁。当秤盘轻时,磁铁靠近干簧管继电器,继电器接点接通,连动的送料斗开关打开,粉料不断流入秤盘。当到达砝码预置重量时,秤盘压平杠杆,永久磁铁离开干簧管继电器,电路断开。连动的送料斗开关关闭,停止送料,即可完成自动称重的功能。

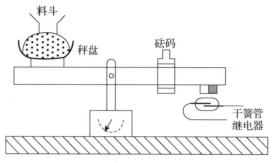

图 5.3.10　干簧管继电器自动称重电路装置

习题 5

一、填空题

1. 开关的极相当于开关的 _____ 触点(触头、触刀),位相当于开关的 _____ 触点。

2. 开关接通时,"接触对"(两触点)导体间的电阻值叫 _____ 电阻。

3. 接插件是用来进行机器与机器之间,线路板与线路板之间进行连接的元件,分为接件和 _____ 两种。接插件也可以叫 _____。

4. 继电器是一种当输入量(电、磁、声等)达到一定值时,输出量将发生 _____ 式变化的自动控制器件。

5. 按继电器的原理或结构特征分,有 _____ 继电器、_____ 继电器、_____ 继电器、极化继电器、固态继电器等几十种。

二、简答题

1. 电子电路中常用的开关有哪些?开关的主要参数有哪些?

2. 怎样检测和选用开关?

3. 常用的接插件有哪些?接插件有哪些主要参数?

4. 如何用万用表测量接插件的好坏?

5. 电磁继电器的主要特性参数有哪些?

6. 简述电磁继电器的检测方法。

7. 简述图 5.3.9 中用继电器水位告警电路的工作过程。

第6章

电声器件

电声器件是一种将电能与声能相互转换的器件,用于将声能转换为电能,或将电能转换为声能;前者包括传声器、磁头、拾音器等器件,后者包括喇叭、耳机、蜂鸣器等器件。

6.1 传声器

传声器是把声音变成电信号的一种电声器件,又叫话筒或微音器,俗称麦克风(MIC),是将声能转换为电信号的一种声电转换器件。

6.1.1 传声器的种类及电路符号

传声器的种类很多。按使用方式,可分为手持式、台式、落地式、领扣式等。按产生音频电压的原理,可分为恒速式、恒幅式等。按指向特性,可分为单向性、双向性、全向性等。按输出阻抗,可分为低阻式、高阻式等。按组成结构,分为动圈式(也叫电动式)、晶体式(也叫压电式)、铝带式、碳粒式、驻极体式、电容式多种。动圈式、铝带式和电容式的体积较大,多用于会场或剧场扩音。驻极体式体积可以做得很小,广泛用于便携式录音机中。

传声器的文字符号为 B 或 BM,电路符号如图 6.1.1 所示。

传声器外形有各式各样,图 6.1.2 列出了几种常见话筒的实物图。

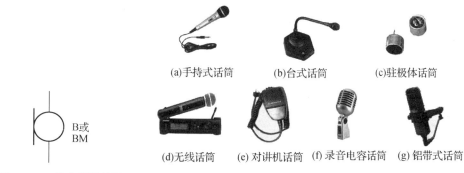

(a)手持式话筒　　(b)台式话筒　　(c)驻极体话筒

(d)无线话筒　(e)对讲机话筒　(f)录音电容话筒　(g)铝带式话筒

图 6.1.1　传声器的符号

图 6.1.2　几种常见话筒的实物图

6.1.2 传声器的常用参数

传声器是一种组合器件,其特性一般可用综合参数来衡量。常用的参数主要有灵敏度、频率响应、增益、输出阻抗、方向性、固有噪声等。

1.灵敏度

灵敏度是指传声器在自由声场中,当声压为 0.1 Pa 时,传声器所产生的输出电压或电动势。话筒的灵敏感可分为声压灵敏度、场强灵敏度、空载灵敏度和有载灵敏度 4 种。在话筒说明书中,除有特殊说明外,灵敏度一般是指场强灵敏度。如动圈式传声器的灵敏度多在 0.6~5 mV/Pa(−6.4~−40 dB)范围内。

2.频率响应(也叫频率特性)

频率特性是指传声器在自由声场中灵敏度和频率变化的关系。以话筒的工作频率为横坐标,以灵敏度为纵坐标,绘出来的曲线就是话筒的频率特性曲线。频率响应的不均匀度常用 dB 来度量。频率响应好的传声器音质也好,普通传声器的频率响应范围多在 100 Hz~10 kHz,质量较优的为 40 Hz~15 kHz,更好的可达 20 Hz~20 kHz。但为适应某些需要,有的传声器在设计制造中有意压低或抬高某频段的响应特性,如为提高语言清晰度、有的专用传声器将低频响应压低等。

3.方向性

方向性是指传声器灵敏度随声波入射方向而变化的特性,当声波从不同方向射向话筒时,话筒在各个方向上的灵敏度不同。传声器的方向性主要有 3 类:

➤ 单向性:单向性传声器的正面灵敏度明显高于背面。根据方向性特性曲线的形状,单向传声器又可分为心形、超心形和超指向 3 种。

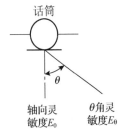

图 6.1.3 话筒方向性

➤ 双向性:双向性传声器前、后两面灵敏度一样,两侧灵敏度较低。

➤ 全向性:全向性传声器对来自四周的声波都有基本相同的灵敏度。

传声器的方向性常用方向性系数 D 来描述。它定义为声音以 θ 角向话筒入射时的灵敏度 E_θ,与声音沿话筒轴向入射时的灵敏度 E_0 的比值(如图 6.1.3 所示),即 $D = \dfrac{E_\theta}{E_0}$。

4.固有噪声

固有噪声是指在无声压作用时,传声器的输出电压。这是由于传声器内部和外导线中分子的热运动以及周围空气压力的扰动形成的噪声电压。

6.1.3　常见的传声器及其应用

1. 动圈式传声器

动圈式(手持式)传声器也称电动式传声器。其外观如图 6.1.2(a)所示,内部结构如图 6.1.4 所示。动圈式传声器有低阻($200\sim600\ \Omega$)和高阻($10\sim20\ \mathrm{k}\Omega$)两种类型。常用动圈式传声器的阻抗为 $600\ \Omega$,频率响应范围一般为 $200\ \mathrm{Hz}\sim5\ \mathrm{kHz}$。动圈式传声器结构坚固、工作稳定,且具有单方向性、经济耐用等优点,应用较为普遍。下面以 SANYO DYNAMIC MICROPHONE VP‐1(IMP,$600\ \Omega$)型传声器为例,说明其结构组成。

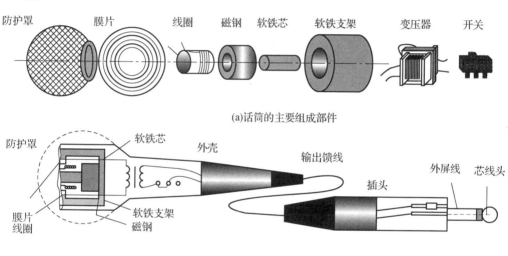

防护罩　膜片　线圈　磁钢　软铁芯　软铁支架　变压器　开关

(a)话筒的主要组成部件

防护罩　软铁芯　外壳　输出馈线　外屏线　芯线头　插头　软铁支架　磁钢　膜片　线圈

(b)话筒的组装解剖图

图 6.1.4　动圈式话筒的组成结构

(1)动圈式传声器的组成部件

它由永久磁铁(磁钢)、音膜(膜片)、音圈(线圈)、变压器及外壳等几部分组成。

① 软铁支架。软铁支架一方面支撑软铁芯、磁钢、膜片、线圈,另一方面紧凑稳固地嵌在塑料或铝质外壳中,使各部件相互支撑。

② 软铁芯。软铁芯与软铁支架都是良好的导磁体,有磁体靠近时很容易被磁化成磁体,磁体移开后磁性马上消失。将软铁制成一定形状与磁体连接在一起,可以引导磁路,改变磁场方向。软铁支架常制成凹圆形,软铁芯制成圆柱形装入软铁支架内,所以软铁芯的外径比软铁支架内径小。软铁芯和软铁支架组合后就成为一个"山"字形,切面如图 6.1.4(b)所示。

③ 磁钢。磁钢是一种永久性磁铁,能长期保持磁场,有很好的磁稳定性,一般用铁铝镍合金做成,有的也用恒磁性铁氧体制成,在话筒中提供磁场源。磁钢内径大于软铁芯外径,磁钢外径又小于软铁支架的内径。

④ 线圈。线圈实际是先制一个纸筒,然后在纸筒外用漆包绕线制,再经浸漆干固定形后成为如图 6.1.4(a)所示的线圈。线圈为密绕式,有两个线头,内径大于软铁芯外径,同时外径又小于软铁支架的内径。

⑤ 膜片。膜片一般用透明薄膜制成,具有一定的硬度,最大特点是制成褶皱形式的波纹,能沿膜片面做垂向伸缩运动不破裂,且经多次振动而不变形。

⑥ 防护罩。防护罩多为白色或黑色金属球形网,在端口制有螺纹,可旋入手柄外壳内,其作用是保护内部膜片、线圈等部件,防止杂物落入话筒内造成损坏。

⑦ 变压器。话筒采用微型变压器,一般只有 4 个接线端,两个输入端和两个输出端。两个输入端与话筒线圈两端连接,两个输出端则送出音频信号,主要用于使话筒与其他设备匹配。

⑧ 开关。开关装于手柄上,是一种拨动式开关,拨到这一端开,拨到另一端关,使用极为方便。

⑨ 外壳。外壳用于支撑话筒所有的部件,同时起保护部件的作用,也便于手握使用。

(2)动圈式传声器的工作原理

图 6.1.5 为动圈式话筒的工作原理图。

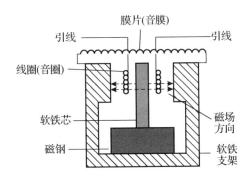

图 6.1.5 动圈式话筒的工作原理图

动圈式传声器音膜上粘的音圈位于强磁场空隙中。当声波传到音膜时,音膜带动音圈随声波的振动而振动,因为音圈是处在永久磁铁的磁场中,其导线切割磁力线,在音圈内端便会产生出随声音而变化的感应电压。由于音圈的圈数较少,产生的音频信号电压很低,故一般都通过变压器进行阻抗变换,同时提高了输出电压。通常输出阻抗有低阻(200～600 Ω)和高阻(10～20 kΩ)两种类型,可以根据放大器输入阻抗的高低进行选择。

2. 铝带式传声器

铝带式传声器是以薄铝带代替音圈去切割磁力线来产生音频电压信号的,结构如图 6.1.6 所示。取两个蹄形永久磁铁,如图 6.1.6 所示那样放置,再在两个蹄形永久磁铁之间分左右放置两块极靴。两块极靴之间就形成了一个强磁场区,磁力线如图

6.1.6 所示。再在磁场中悬挂一条极薄的铝合金带，让铝带的平面与磁力线平行。当对着铝带讲话时，声音产生的声压就推动铝带振动，铝带切割磁力线产生感应电动势，经升压变压器升压后输出。

实际铝带式传声器的蹄形永久磁铁、极靴、铝合金带都固定在有一定形状的外壳上。强磁力极靴的空隙中悬挂一条褶皱形薄铝合金带。铝带振动是由前后压力差引起的，属压差式传声器。又因输出电压与铝带振动速度成正比，故也叫速率式传声器。

铝带式传声器灵敏度高，频率响应为 30 Hz～15 kHz，失真小于 0.5%，因铝带易损坏，不宜在室外或有风处使用，常在专业录音室或广播室使用。

3. 驻极体传声器

图 6.1.6 铝带式传声器的结构

驻极体传声器作为换能器，具有体积小、频带宽、噪声小、灵敏度高的特点，广泛用于助听器、无线传声器、电话机、声控设备等电路中。

(1)驻极体传声器的结构

驻极体传声器是由声能转换部分和专用场效应管部分组成，内部结构如图 6.1.7 所示。

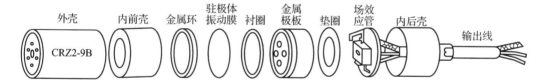

图 6.1.7 驻极体传声器的结构

声电转换的关键元件是驻极体振动膜。它是一片极薄的塑料膜片，在其中一面蒸镀上一层纯金薄膜。然后再经过高压电场驻极处理后形成半永久极化的电介质，两面分别驻有异性电荷。膜片金薄膜面向上，与金属外壳相连通。膜片的另一面与金属极板之间用薄的绝缘衬圈隔离开。这样，金薄膜与金属极板之间就形成一个电容器。当驻极体膜片遇到声波振动时，引起电容器的电场发生变化，从而产生了随声波变化而变化的交变电压。

金薄膜与金属极板之间的电容量比较小，一般为几十皮法，因而它的输出阻抗值要求很高，约几十兆欧以上，不能直接与音频放大器匹配。所以在传声器内接入一只输入阻抗高、噪声系数低的结型场效应管来进行阻抗变换。场效应管有源极(S)、栅极(G)和漏极(D)3 个极，驻极体传声器内使用的是在内部源极和栅极间再复合一只二极管的专用场效应管，接二极管的目的是在场效应管受强信号冲击时起保护作用。场效应管的栅极接金属极板，用驻极体做振膜或反极板，场效应管兼做低噪声前置放大器用。当驻极体受到声波振动时,它与后极板之间会产生一个变化的电场,通过场效应管放大后输出随声波变化的电信号。

图 6.1.8　驻极体传声器符号

驻极体传声器的电路符号如图 6.1.8 所示,是在普通传声器符号上加了一个电容符号。

驻极体传声器的输出端有两个或 3 个输出接点。3 个输出接点的传声器漏极 D、源极 S 及接地电极彼此分开成三端式,如图 6.1.9(a)所示。两个输出接点传声器的外壳与驻极体和场效应管源极相连接做接地端,场效应管漏极做信号输出端,如图 6.1.9(b)所示。

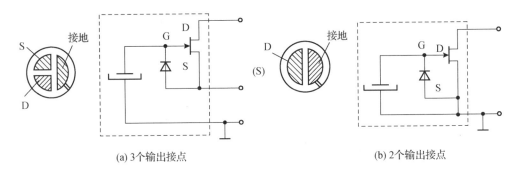

(a) 3个输出接点　　　　　　　　　(b) 2个输出接点

图 6.1.9　驻极体传声器输出端

(2)驻极体传声器的测试

① 极性判别。驻极体传声器的输出端对应内部场效应管的漏极和源极,内部场效应管的栅极和源极之间接有一只二极管,利用二极管的正反向电阻特性可判断驻极体传声器的输出端。极性判别的方法是:将万用表拨至 $R \times 100$ 挡,黑表笔接驻极体传声器的任一输出端,红表笔接另一端,测得一个阻值;再交换表笔,又测得一个阻值,比较两次结果,阻值小者,黑表笔接触的为与源极对应的输出端,红表笔接触的为与漏极对应的输出端。

② 质量判断。质量判断的方法是:将万用表拨至 $R \times 1K$ 挡,黑表笔接驻极体传声器的漏极 D,红表笔接驻极体传声器的源极 S,同时接地,用嘴吹传声器观察万用表指针,若万用表指针不动即无指示,说明传声器已失效;有指示则表明正常。指示范围的大小,表示传声器灵敏度的高低。

6.1.4　传声器的使用与维修

1.传声器的使用

传声器是一种比较精细的声电器件,不能经受剧烈的振动,特别是电容式和驻极体式话筒。试音时,最好用说话或音乐,不宜用手指敲打或用力吹气的方法。使用时应离声源有一定距离,太远则声音小噪声大,太近则容易失真。以一般讲话为例,离一尺左右为宜。应尽量缩短传声器线的长度,且要采用屏蔽线,最好采用双芯屏蔽线。

2. 传声器的维修

动圈式传声器可以用万用表测量输出电阻,大致判断其好坏,低阻式的电阻值为 $50 \sim 200\ \Omega$,高阻式的电阻值为 $500 \sim 1\ 500\ \Omega$。测量时可细听,好的话筒会发出轻微的"咔咔"响声。阻值不对时,说明其变压器有问题,应进行检修。阻值正常而无声响时,表明其音圈断路或被卡死,应对音圈进行修复和调整。驻极体传声器音轻时,则多为驻极体失效,需要更换新品,完全无声时,有可能是内部场效应管损坏。可以小心拆开,更换场效应管。但由于这种话筒体积小,结构紧凑,自己修理一般效果并不理想。

6.2 电声转换器

电声转换器是一种将电能转换为声能的器件,主要包括扬声器、耳机、蜂鸣器、微型电磁讯响器等。

6.2.1 扬声器

1. 扬声器的种类和电路符号

扬声器又称喇叭,是一种将电能转变为声能的器件。扬声器的种类很多,根据能量转换方式分为电动式、电磁式和压电式;按磁场供给方式分永磁式扬声器和励磁式扬声器;按频率特性分为高音扬声器和低音扬声器;按制造结构可分为纸盆式扬声器和号筒式扬声器;按传播声波方式分为直射式喇叭和反射式喇叭。

扬声器的文字符号用字母 B 或 BL 表示,图形符号如图 6.2.1 所示。

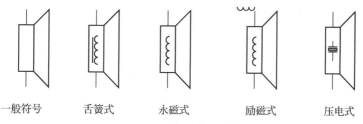

| 一般符号 | 舌簧式 | 永磁式 | 励磁式 | 压电式 |

图 6.2.1 扬声器的图形符号

2. 扬声器的主用参数

(1)额定功率

额定功率又称标称功率或不失真功率,指在非线性失真不超过标准规定条件下的最大输入电功率。扬声器在这一正常功率下长期工作应不致损坏。在扬声器商标或说明书标注的功率即标称功率,单位为瓦(W)或伏安(V·A)。

(2)额定阻抗

扬声器的额定阻抗(又称标称阻抗)是指扬声器在给定频率下的交流阻抗。口径小于 90 mm 的扬声器的额定阻抗是用 1 000 Hz 的测试信号测出的,大于 90 mm 扬声器的额定阻抗则是用 400 Hz 测试信号测出的。扬声器标牌上注出的 4 Ω、8 Ω、16 Ω 等即为扬声器的额定阻抗。选用扬声器时,其标称阻抗一般应与音频功放电路的输出阻抗匹配,在这个阻抗上,扬声器可获最大功率。当不知扬声器额定阻抗时,可以用万用表测量直流电阻,再乘以 1.1～1.3 的系数来估计,即扬声器额定阻抗≈扬声器直流电阻×(1.1～1.3)。

(3)尺寸系列和型号

扬声器的标称尺寸是指扬声器的正面最大直径尺寸。我国的扬声器标称尺寸以毫米为单位,但也习惯用英寸标称扬声器尺寸。扬声器的标称尺寸与扬声器可承受的功率和低频特性有关。一般来说,扬声器的尺寸越大可承受功率也越大,相应低频响应特性也越好(但尺寸小的扬声器不一定高频持性好)。扬声器型号常用以下方法表示,例如:

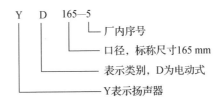

其他参数还有频率响应、灵敏度、非线性失真、效率、方向性和谐振频率等。

3. 常见的扬声器

扬声器的种类很多,下面按扬声器能量转换方式的分类对几种常用的扬声器进行介绍。

(1)电动式扬声器

电动式扬声器具有较好的电器性能,应用最广泛,按发声声波辐射方式可分为直射式和反射式两种。纸盆式扬声器属直射式,号筒式扬声器属反射式。

1)电动式纸盆扬声器

① 结构。电动式纸盆扬声器又称动圈式纸盆扬声器,是使用最多的扬声器。图 6.2.2 为某纸盆扬声器的实物图。电动式纸盆扬声器主要由振动系统和磁路系统两大部分组成,结构如图 6.2.3 所示。其中,纸盆(又称音膜或振动板)、轭环、定心片、支架、音圈和防尘罩等组成了振动系统(也叫能量转换系统),磁铁和芯柱构成磁路系统。

② 工作原理。电动式纸盆扬声器的工作原理如图 6.2.4 所示。当通电的导线(或线圈)放入磁场中时,导线就会受到一个与磁力线垂直方向的力,其方向符合左手定则,故音圈是向上运动的。当磁场磁通密度为 B(单位为特斯拉),音圈导线长度为 l(单位为 m),导线流过的电流为 i(单位为 A)时,导线受力 F 为 $F = B \cdot l \cdot i$。

图 6.2.2　纸盆扬声器的实物图

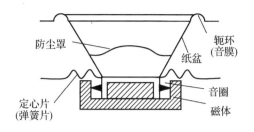

图 6.2.3　电动式纸盆扬声器的结构

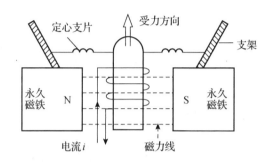

图 6.2.4　电动式纸盆扬声器的工作原理

显然,当在扬声器音圈中通入一个音频电流信号时,音圈就会受到一个大小与音频电流成正比、方向随音频电流变化而变化的力,从而产生音频振动,带动纸盆振动,迫使周围空气发出声波。

由此可见,纸盆是发声的扩音部件。纸盆振动靠音圈电流推动,因此称为动圈式扬声器。

纸盆式扬声器的优点是结构简单,体积小,可以得到较满意的频率响应(或用多个喇叭组合得到)等,缺点是辐射效率低。

2)电动式号筒扬声器(号筒式喇叭)

号筒式喇叭又称高音喇叭,一般在大会会场使用。号筒式喇叭主要由发音头和号筒两大部分组成。发音头组成部件基本与电动式纸盆喇叭相同,有永久环形磁铁、圆形软铁压板、软铁芯、音圈、振动膜及外壳等,如图 6.2.5 所示。

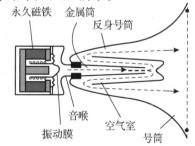

(a)某号筒式喇叭实物图　　　　　　　　(b)结构图

图 6.2.5　号筒式喇叭

号筒有两个作用:一是加强声音转播的方向性,使之比较集中地向某一方向传播;二是能使声阻抗得到匹配。纸盆喇叭的声音从纸盆内有限空间迅速传到外面无限空间时,由于压力突然降低,也是声音幅度突然降低。这表明纸盆喇叭声音不能传播很远,而号筒式喇叭具有号筒的特点,能将声音传播到很远的地方。

号筒式喇叭的缺点是频带较窄,低频响应差、非线性失真较大。优点是功率大、效率高、方向性强、机械性能好等。

(2)电磁式扬声器

电磁式扬声器也叫舌簧式扬声器,主要由纸盆铁架、纸盆、传动杆、传动柱、两块厚铁板、永久磁铁、固定螺丝、极靴、舌簧、支点架、线圈等组成,结构如图6.2.6所示。其中,线圈、舌簧、传动杆、传动柱、纸盆等构成扬声器的振动系统(也叫能量转换系统),而两块厚铁板、永久磁铁、极靴等构成扬声器的磁路系统。

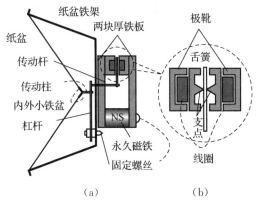

图 6.2.6　电磁式喇叭的结构

电磁式扬声器的工作原理:线圈、舌簧都处在极靴间的磁场中,线圈没有通入音频电流时,舌簧受极靴吸力和斥力相等,处于某一静止位置。当线圈通入音频电流后,线圈磁场就与极靴磁场相互作用,使舌簧以支点为中心不停地左右摆动起来(按图中位置而言),并带动传动杆、传动柱左右运动。舌簧运动位移很小,加上音频电流变化较快,便形成纸盆振动发出声音。纸盆振动的位移(幅度)、速度都随音频电流变化,发出的声音也在音频范围内。这就是电磁式扬声器的工作原理。

电磁式扬声器缺点是频率响应较差,为 $250\sim3\,500$ Hz,额定功率较小,常为 $0.2\sim0.5$ W。它的优点是灵敏度和效率较高,结构简单,价格低廉,在家电中得到广泛应用。

(3)压电陶瓷式扬声器

压电陶瓷式扬声器简称压电喇叭,也叫晶体式喇叭,主要由压电陶瓷片、纸盆及喇叭架组成,结构如图6.2.7(b)所示。有的仅由压电陶瓷片与助音腔组成,如图6.2.7(c)所示。

压电陶瓷式扬声器的工作主要是靠压电陶瓷片来实现电-声转化的。压电陶瓷片如图6.2.7(a)所示。压电陶瓷片具有压电效应。在两根引线上加入音频电压时,两银层间压电陶瓷晶体便能产生随音频电压变化的振动发出声音。制作压电陶瓷扬声器就是应用了压电陶瓷片的这种特性。

压电陶瓷式扬声器结构简单,电声转化效率高,高频特性好,制作成本低,没有线圈和磁铁。此外,它还具有发声清晰、重量轻、厚度薄、功耗小、灵敏度高等特点,但也有不足之处,那就是比较脆弱,音质较差,主要用于高频小功率场合,如手表、钟、玩具、仪表、洗衣机、计算机、报警器等。

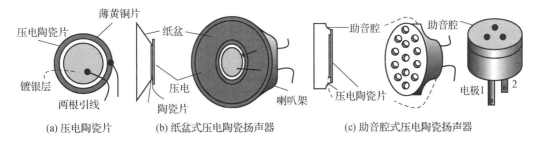

图 6.2.7　压电式陶瓷喇叭的结构

压电陶瓷片的检测:从外观上检查,主要检查压电陶瓷片的表面有无破损、开裂,引线是否脱焊、虚焊。压电效应的检测:将万用表置于微安挡,两表笔任意接在压电陶瓷片的两极引出线上,用铅笔的橡皮头等轻压平放于桌面上或玻璃台板上的压电陶瓷片,观察表头指针是否摆动。若表针有明显摆动,则表明压电陶瓷片完好,否则压电陶瓷片失效。

4. 扬声器的使用

(1)扬声器使用注意事项

① 扬声器应安装在木箱或机壳内,这有利于扩展音量,改善音质,也有利于保护扬声器。

② 扬声器的长期输入电功率不应超过其额定功率,否则将增大失真,甚至烧毁扬声器。

③ 扬声器应远离热源。电动式扬声器的磁铁长期受热会退磁,压电陶瓷式扬声器的晶体受热会降低性能,这些都会使发音的音量变小。

④ 扬声器应防水、防潮。

(2)扬声器与放大器的配接

推动扬声器的放大器有各种不同的电路形式,但从输出特性上可以归纳为定阻抗输出和定电压输出两种方式。

定阻抗输出形式是要求放大器输出阻抗和负载阻抗(扬声器就是放大器负载)相匹配,这时放大器能输出最大功率,放大器的失真最小,传输效率最高。当负载阻抗过大或过小时会产生失配现象。当扬声器阻抗不能和放大器匹配时,可以用串联或并联扬声器(或串、并联相应电阻)的方法使外接总负载电阻与放大器达到匹配。阻抗相差悬殊时可以用变压器达到阻抗匹配。

定压输出电路形式主要特点是放大器输出级具有深度负反馈,使得放大器在额定功率范围内,即使负载阻抗有所变化,其输出电压和失真等技术指标变化很小。因此,对定压输出的放大器而言(很多晶体管 OTL 电路都是定压输出电路),扬声器与放大器配接就很方便。

当扬声器与放大器距离较远时,应考虑馈线电阻对扬声器的影响,这时可以用变压器升压后传输,再用变压器降压匹配扬声器的方法,以减少传输功率的损失。

多个扬声器并联时,几个扬声器正极与正极相联,负极与负极相联。多个扬声器串联应用时,第一个扬声器的正极应与第二个扬声器的负极连接……然后音频信号接在第一个扬声器的正极与最后一个扬声器的负极之间,就可以保证所有扬声器均是在同相位,发声系统音质最佳。

(3)扬声器的检测

给扬声器通上音频信号,可直观地检查出扬声器的好坏、音质及灵敏度高低。也可用指针式万用表的 $R \times 1$ 挡对扬声器做简易检测,即将两表笔断续触碰扬声器两接线端,扬声器应发出"喀喀"声,指针亦相应摆动。声音清晰响亮,表明扬声器质量较好;反之淤涩沙哑,说明质量不好。

然后测量扬声器的直流电阻值。电动式扬声器的直流电阻值通常实测值为其标称阻抗的 $80\%\sim 90\%$。例如一个 8 Ω 标称阻抗的电动式扬声器,实测直流电阻为 $6.4\sim 7.2$ Ω。如果实测阻值太小,一般是该扬声器音圈有问题(特殊品种除外);电磁式扬声器的直流电阻和交流阻抗相差很大,如直流电阻为 80 Ω 的电磁式扬声器,交流阻抗一般为 300 Ω;压电陶瓷式扬声器的直流电阻正常值应为无穷大。

如果测量时扬声器不发声,指针也不摆动,说明扬声器内部音圈断路或引线断裂;若扬声器不发声而表针偏转且阻值基本正常,则表明扬声器振动系统有问题,大多是音圈变形或磁钢偏离正常位置,使音圈及纸盆不能振动发声。

6.2.2　耳　机

耳机同扬声器一样,也是一种将电信号转换成声音的换能器件,具有体积小、影响范围宽、失真小、灵敏度高、左右声道立体声效果好等多种优点,广泛应用于便携式收录机、收音机中。耳机有头戴式、耳塞式及无线耳机等多种形式。图 6.2.8 为几种常见耳机的外形和符号。高性能耳机频响范围可以达到 $1.6\sim 25\ 000$ Hz,远高于扬声器的频响范围。耳机的谐波失真及互调失真均可以小于 0.1%,也远优于扬声器。

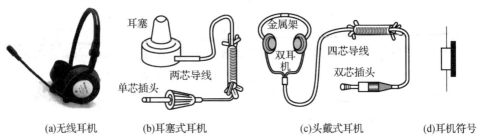

(a)无线耳机　　(b)耳塞式耳机　　　　(c)头戴式耳机　　　(d)耳机符号

图 6.2.8　耳机的外形及符号

耳塞式耳机由永久磁铁、线圈、垫圈、膜片等组成,如图 6.2.9 所示。耳塞机的音圈是固定的,发声靠动膜片,当音频电流流过线圈磁铁时,电磁铁将产生交变的磁场,对软磁材料制成的膜片产生吸引和排斥作用,使膜片振动发声。耳塞额定功率小,频率响应差,但体积小,价格便宜。耳塞机有高阻($600\ \Omega$、$800\ \Omega$、$1.5\ k\Omega$)和低阻($8\ \Omega$、$10\ \Omega$、$16\ \Omega$)之分。耳塞机多用于袖珍收音机及收录机。

　　动圈式低阻头戴耳机的工作原理同电动扬声器相似,一般用薄膜代替纸盆做振膜,靠通有音频信号的线圈带动振膜推动空气发声,如图 6.2.10 所示。与电磁式耳塞机相比,具有灵敏度高、频率响应好、低音丰富等特点。由于采用音圈的原因,其阻抗为低阻型,有 $16\ \Omega$ 和 $32\ \Omega$ 两种。

　　高保真耳机主要与随身听、CD 机等高保真音响整体配套使用,要求频率特性好,谐波失真小,所以广泛采用平膜动圈式耳机,其结构和扬声器更接近,平膜动圈式耳机多为 $2\times16\ \Omega$ 和 $2\times32\ \Omega$(立体声双耳机)。此外,高保真耳机在结构、材料、工艺方面都有很大的发展,如双音路(动圈和静电两个换能器)、多振膜(一个有源振膜和多个无源振膜组合)、设置各种声学孔、采用新材料振膜、高磁能磁铁等。

　　耳机在使用时需注意阻抗匹配,避免受潮或振动。耳机的引线较软,移动灵活方便,但因经常扭动会造成内部断线,特别是引线与耳机及插头的连接处需注意保护。用万用表检测耳机的方式与检测扬声器的方式大体相同。

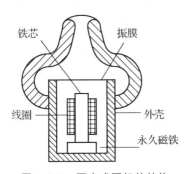

图 6.2.9　耳塞式耳机的结构

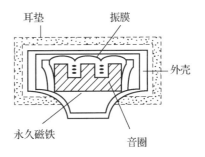

图 6.2.10　动圈式低阻头戴耳机的结构

6.3　蜂鸣器

　　蜂鸣器是一种能将音频信号转化为声音信号的发音器件,具有体积小、重量轻、功耗低、声压高、性能可靠、寿命长、便于安装等特点。蜂鸣器的种类较多,一般按结构性能分为电磁式蜂鸣器和电子式蜂鸣器两大类。图 6.3.1 是常见的两种蜂鸣器,图 6.3.1(a)为电磁式蜂鸣器,图 6.3.1(b)为电子式蜂鸣器,图 6.3.1(c)为蜂鸣器的图形符号,用字母 FM 表示,这两个字母是"蜂、鸣"的第一个汉语拼音字母。电磁式蜂鸣器多用于洗衣机。电子式蜂鸣器应用较广,在电子钟、门铃、燃器具等电器上都得到应用。

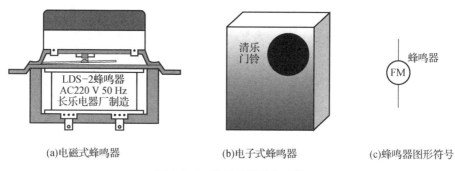

(a)电磁式蜂鸣器   (b)电子式蜂鸣器   (c)蜂鸣器图形符号

图 6.3.1　常见的两种蜂鸣器

6.3.1　电磁式蜂鸣器

图 6.3.2 中的电磁式蜂鸣器主要由线圈、铁芯、振动簧片、支架、斜杆旋钮等部件组成。电磁蜂鸣器能产生声音,起主要作用的是 3 个部件,电感线圈、E 字铁芯、钢质簧片。将这 3 个部件从它的结构中摘画出来,如图 6.3.3 所示。钢质簧片一端铆接固定在铁芯的一边,称为定端,另一端自然地处在中间铁芯的上面,靠簧片自身弹力与铁芯保持约 2 mm 的距离,称为动端。钢质簧片与中间铁芯的距离可通过调节旋钮来改变。这是电磁蜂鸣器在未加信号时各部件所处的状态。洗衣机上的电磁蜂鸣器多是以220 V 交流电源为信号,开关 S 是洗衣机总程序控制开关中的一个。当开关 S 闭合时,220 V 信号加到线圈上。开关 S 断开时,就关断线圈的信号源。

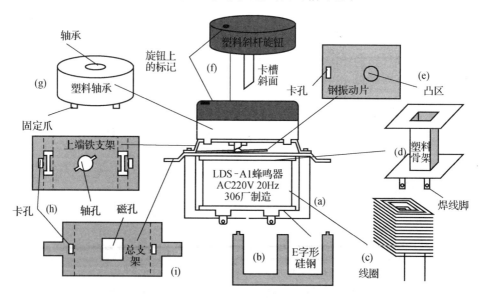

图 6.3.2　电磁式蜂鸣器的结构

当线圈中通入信号电流时,就产生磁场。电流大产生磁场强,电流小产生磁场弱。电流方向改变,磁场极性就随着改变。根据通电线圈的这一特性,就能分析电磁蜂鸣器

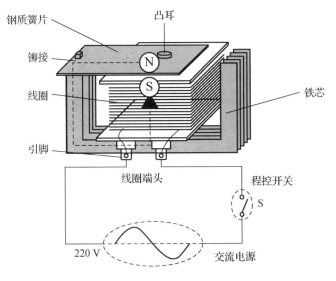

图 6.3.3　电磁蜂鸣器的发音原理

的发声原理。

当线圈中通入交流零值信号时,没有电流产生,也不产生磁场,钢质簧片处于无磁的自然状态。当交流信号由零值向正半周变化时,线圈导通正向电流,产生如图 6.3.3 所示方向的磁场,使中间铁芯为磁场 S 极,钢质簧片动端为磁场 N 极。在磁场力作用下,就把钢质簧片动端吸近铁芯。当交流电由正半周变到零值时,线圈又处于无磁状态,钢质簧片靠自身弹力恢复到原位。当交流电负半周到来时,线圈导通反向电流,产生的磁场方向也发生改变。中间铁芯改变为 N 极,钢质簧片动端改变为 S 极。又一次将钢质簧片吸近中间铁芯。可见,在交流电一个周期内,钢质簧片被吸近中间铁芯两次,称振动两次。交流电频率是 50 Hz,线圈通入交流电后,钢质簧片振动频率就为 100 Hz。在音频范围内,钢质簧片撞击空气产生的声波就能使耳朵感觉到声音,这就是电磁蜂鸣器的发音原理。

在钢质簧片振动发出 100 Hz 蜂鸣声时,若调节蜂鸣器旋钮改变调整杆斜面的方位,则可改变钢质簧片与中间铁芯的距离,从而能控制钢质簧片的振动幅度,调节蜂鸣声大小。当使钢质簧片与中间铁芯距离变大时,振幅增大,产生蜂鸣声增大。当使钢质簧片与中间铁芯的距离变小时,振幅减小,蜂鸣声也减小。当将钢质簧片调到压在中间铁芯上时,钢质簧片就无法振动,蜂鸣器无声。

6.3.2　电子式蜂鸣器

1. 电子蜂鸣器

电子蜂鸣器其实是压电喇叭与简单电路组成的振荡器,能发出一种频率固定的声音。电子蜂鸣器的电路结构各种各样,但都很简单。

2. 音乐蜂鸣器

音乐蜂鸣器结构也很简单,图 6.3.4 是由音乐集成电路 CW9300、三极管 9013、100 kΩ 电位器 R_P、陶瓷发声片(或 0.25 W 小扬声器一只)、开关 S 及电源组成的音乐蜂鸣器电路。

图中按下开关 S,给 2 号电极加了触发电压。音乐集成电路就能将固化的乐曲输出,驱动压电陶瓷片发出音乐声。改变外接振荡电位器 R_P 的阻值,则声音的节奏和音调发生变化。将压电蜂鸣片焊下,按图中虚线所示焊上三极管及小扬声器,则音乐集成电路可驱动扬声器发声。

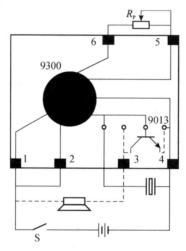

图 6.3.4　某音乐蜂鸣器电路

能够驱动发音元件(喇叭、压电陶瓷片)发出音乐声的集成电路,叫音乐集成电路,是将音乐信息固化在集成电路内的一种专用元件。音乐集成电路常见的封装形式有双列直插式塑封,单列直插式塑封和黑色环氧树脂印制板软封装。常见的音乐集成电路有以下几种:

① CW9300 系列。该系列为软封装电路,外接振荡电阻为 68 kΩ,其输出可直接驱动压电蜂鸣片,增加一只三极管,可驱动扬声器,该系列的乐曲种类很多。KD128 电路的结构与 CW9300 系列相同,但外接振荡电阻为 150～160 kΩ。

② CW9561 及 KD9561。这两种都是 4 声音乐集成电路,通过转换开关的控制能发出汽笛声、警报声、警车声、机枪声 4 种声音。

③ TLH-5 系列。该系列不须外接振荡电阻,振荡频率为 100 kHz 左右,可在 3～6 V 电压下工作,输出可达 2 mA,主要用于音乐贺卡、音乐报时及玩具电路中。

④ HY-100 系列。该系列内部带有放大电路,输出功率大,不必外接三极管就可直接驱动扬声器或发光二极管。

习题 6

一、填空题

1. 传声器按指向特性可分为_____、_____、全向性等。

2. 传声器是将_____能转换为_____能的一种声电转换器件。扬声器是一种将_____能转变为_____能的器件。

3. 扬声器根据能量转换方式,分为_____式、_____式和_____式。

4. 电动式扬声器主要由_____系统和_____系统组成。

二、简答题

1. 传声器的主要技术参数有哪些?

2. 动圈式传声器结构上由哪几部分组成?简述动圈式传声器的工作原理。

3. 简述传声器的维修。

4. 电动式扬声器结构上由哪几部分构成?其工作原理是什么?

5. 简述扬声器的检测。

第7章

压电器件

压电器件是由压电材料制成的器件,在电子技术中应用广泛,包括石英晶体谐振器、压电陶瓷滤波器、压电陶瓷陷波器、压电陶瓷鉴频器、压电陶瓷变压器、大功率超声波发生器、水声换能器、声表面波器件、电声器件等。本章仅重点介绍石英晶体、压电陶瓷滤波器和声表面滤波器。

石英晶体又称石英晶体谐振器,是一种用于稳定频率和选择频率的电子元件。由于制作工艺的提高和制作成本的降低,目前石英晶体已广泛应用于军用电子设备、通信设备、数字仪表及日用钟表等。

压电陶瓷片和声表面滤波器是以压电陶瓷为材料,利用其压电效应、声表面波传播的特性制成的专用于滤波的电子元件。

7.1 压电效应及压电材料

1. 压电效应

压电效应可分为正压电效应和逆压电效应。

正压电效应是指:当晶体受到某固定方向外力的作用时,内部就产生电极化现象,同时在某两个表面上产生符号相反的电荷;当外力撤去后,晶体又恢复到不带电的状态;当外力作用方向改变时,电荷的极性也随之改变;晶体受力所产生的电荷量与外力的大小成正比。

逆压电效应是指:对晶体施加交变电场引起晶体机械变形振动的现象,又称电致伸缩效应。当外加交变电压的频率与晶片的固有频率(决定于晶片的尺寸)相等时,机械振动的幅度将急剧增加,这种现象称为"压电谐振"。

利用逆压电效应对压电材料施加一定的交变电压信号,使它产生形变而推动空气发出声音;将压电材料的逆压电效应和正压电效应相结合,可完成电信号的传输和滤波等。

2. 压电材料

具有压电效应的材料称为压电材料,可分为3类:

① 压电晶体　能产生压电效应的晶体就叫压电晶体。压电晶体有石英、酒石酸钾

钠、铌酸钡等。最有代表性的就是石英晶体,其绝缘好、机械强度大、居里点高、但压电系数小,所以只用作校准用的标准传感器,或是要求精度很高的传感器。

② 压电陶瓷　主要有钛酸钡、锆钛酸铅等,应用范围很广,灵敏度好,但相对石英晶体则机械强度低,居里点低。

③ 高分子压电材料　典型的高分子压电材料有聚偏二氟乙烯、聚氟乙烯等,具有压电系数高、灵敏度高、不易破碎、具有防水性等特点。

7.2　几种常用的压电器件

7.2.1　石英晶体元件

1. 石英晶体振荡器的结构

石英晶体元件简称石英晶体、晶振或晶振元件,是利用石英晶体(二氧化硅的结晶体)的压电效应制成的一种谐振器件。结构示意图如图 7.2.1 所示,它的基本构成大致是:从一块石英晶体上按一定方位角切下薄片(简称为晶片,它可以是正方形、矩形或圆形等),在它的两个对应面上涂敷银层作为电极,在每个电极上各焊一根引线接到管脚上,再加上封装外壳就构成了石英晶体谐振器。其产品一般用金属外壳封装,也有用玻璃壳、陶瓷或塑料封装的。常用封装如图 7.2.2 所示。某晶振元件实物如图 7.2.3 所示。

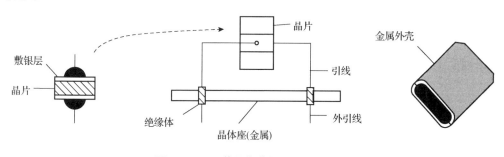

图 7.2.1　石英晶体谐振器的一种结构

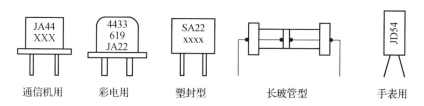

图 7.2.2　石英振荡器的封装

图 7.2.3　某些晶振元件

2.石英晶体的类型

石英谐振器的种类很多,按其精确度大致可分为普通型、精密型和高精密型 3 种,频率稳定度分别为 10^{-5}、10^{-6} 和 10^{-8}。普通型用于石英电子表、电视机等民用电子电器中,高精度型石英晶体都带有恒温槽,可以自动进行温度补偿,以得到高稳定度的频率。例如,作为时间标准的石英晶体,其日频率稳定度高达 10^{-12} 以上。

3.石英晶体的型号

石英晶体的型号由 3 部分组成,第一部分表示外壳形状和材料,如 B 表示玻璃壳,J 表示金属壳,S 表示塑封型;第二部分表示晶体切形,常和切形符号的第一个字母相同。如 A 表示 AT 切形;B 表示 BT 切形;第三部分表示主要性能及外形尺寸等,一般用数字表示,有的最后加字母,如 JA5 为金属壳切形晶振元件、BA3 为波壳 AT 切形晶振元件。

4.石英晶体符号和等效电路

如果在晶片上加上交变电压,则晶片将随交变信号的变化而产生机械振动。当交变电压频率与晶片的固有频率(取决于晶片几何尺寸)相同时,机械振动最强,电路中的电流也最大,电路产生了谐振。由于晶片的固有振动频率只与晶片的几何尺寸相关,所以用晶振元件取代 LC 谐振回路可获得十分精确和稳定的谐振频率,其稳定度可达 $10^{-10} \sim 10^{-11}$ 数量级。

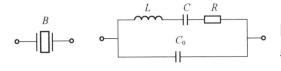

图 7.2.4　晶振元件等效电路

晶振元件的符号和等效电路如图 7.2.4 所示。实际上晶振元件在电路中相当于一个品质优良的 LC 谐振回路。图中的 L、C、R 分别为晶片振动的等效电感(或称动态电感)、等效电容(动态电容)和等效电阻(动态电阻)。C_0 为晶振元件内部电容的总和,一般为 2～5 pF。当晶体不振动时,可把它看成一个平板电容器 C,它的大小与晶片的几何尺寸、电极面积有关,一般约几个 pF 到几十 pF。当晶体振荡时,机械振动的惯性可用电感 L 来等效。一般 L 的值为几十 mH 到几百 mH。晶片的弹性可用电容 C 来等效,C 的值很小,一般只有 0.000 2～0.1 pF。晶片振动时因摩擦而造成的损耗用 R 来等效,它的数值约为 100 Ω。由于晶片的等效电感很大,而 C 很小,R 也小,因此回路的品质因数 Q 很大。加上晶片本身的谐振频率基本上只与晶片的切割方式、几何形状、尺寸有关,而且可以做得精确,因此利用石英谐振器组成的振荡电路可获得很高的频率稳定度。

5. 谐振频率

从石英晶体谐振器的等效电路可知,晶振元件在电路中可等效为一个品质因数 Q 很高(损耗很小)的谐振回路。它有两个谐振频率,当 L、C、R 支路发生串联谐振时,它的等效阻抗最小(等于 R)。串联谐振频率用 f_s 表示,石英晶体对于串联谐振频率 f_s 呈纯阻性;当频率高于 f_s 时 L、C、R 支路呈感性,可与电容 C_0 发生并联谐振,其并联频率用 f_p 表示。根据石英晶体的等效电路,可定性画出它的电抗—频率特性曲线。当频率低于串联谐振频率 f_s 或者频率高于并联谐振频率 f_p 时,石英晶体呈容性。仅在 $f_s < f_0 < f_p$ 极窄的范围内,石英晶体呈感性。图 7.2.5 是晶振元件的频率特性。

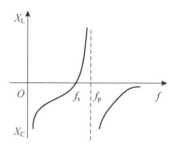

图 7.2.5 晶振元件的频率特性

6. 石英晶体振荡器的主要参数

① 标称频率 f_0 不同的晶振标称频率不同,标称频率大都标明在晶振外壳上。如常用普通晶振标称频率有 48 kHz、500 kHz、503.5 kHz、1 MHz～40.50 MHz 等,对于特殊要求的晶振频率可达到 1 000 MHz 以上,也有的没有标标称频率,如 CRB、ZTB、Ja 等系列。

② 负载电容 C_L 是指晶振的两条引线连接 IC 块内部及外部所有有效电容之和,可看作晶振片在电路中串接电容。负载电容不同决定振荡器的振荡频率不同。标称频率相同的晶振,负载电容不一定相同。因为石英晶体振荡器有两个谐振频率,一个是串联谐振晶振的低负载电容晶振,另一个为并联谐振晶振的高负载电容晶振。所以,标称频率相同的晶振互换时还必须要求负载电容一致,不能贸然互换,否则会造成电器工作不正常。

其他常用的参数有频率精度、频率稳定度、激励电平(功率)、温度频差和工作温度范围等。

7. 石英晶体的检测

外观上整洁,无裂纹,引脚牢固可靠,电阻值为无穷大。若用万用表测时的电阻很小,说明石英晶体已经损坏。若所测电阻是无穷大,不能断定晶体是否损坏。简单的检查方法:使用一只试电笔,其刀头插入市电的火线孔内,用手指拿住晶体的一脚,用另一脚接触测试电笔的顶端。如果氖泡发红,一般说明晶体是好的,如氖管不亮,说明晶体已经坏掉。

7.2.2 压电陶瓷片

压电陶瓷片是利用某些陶瓷的压电特性效应制成的具有选择性的器件。压电陶瓷片大多采用锆钛酸铅陶瓷材料做成薄片,在其两面镀银做电极,就成为一个压电振子。当电极上加以交变电压时,由于压电效应,陶瓷片将随交变信号的变化产生机械振动,这种机械振动又可转换成电信号输出。

1. 压电陶瓷片的特点和种类

压电陶瓷片的优点是 Q 值较高,体积小,稳定度高,价格低廉,在谐振选频回路中应用非常广泛。但其性能不及晶振,所以压电陶瓷片主要用在一些频率较低、要求不太高的电路中。在要求较高(主要是频率精度和稳定度)的电路中不能采用陶瓷元件,必须使用晶振元件。压电陶瓷器件在电视机电路中得到了广泛应用,它简化了调整程序,而且提高了整机性能及可靠性。

压电陶瓷片按功能和用途可分成陶瓷滤波器、陶瓷谐振器和陶瓷陷波器 3 类,陶瓷滤波器符号为 LT,陶瓷陷波器的符号为 XT。按引出端子数分,有 2 端元件、3 端元件、4 端元件和多端元件等。

国产压电陶瓷元件型号由 5 部分组成。其中,第 1 部分表示元件的功能,如 L 表示滤波器,X 表示陷波器,J 表示鉴频器,Z 表示谐振器。第 2 部分用字母 T 表示材料为压电陶瓷。第 3 部分用字母 W 或 B 表示无下标数字。第 4 部分用数字和字母 M 或 K 表示标称频率,如 700K 表示标称频率为 700 kHz,9.7M 表示标称频率为 9.7 MHz。第 5 部分用字母表示产品类别或系列。如 LTW6.5M 表示中心频率为 6.5 MHz 的陶瓷滤波器。

压电陶瓷片大都采用塑壳封装形式,少数用金属壳封装,几种常见压电陶瓷片的外形如图 7.2.6 所示。

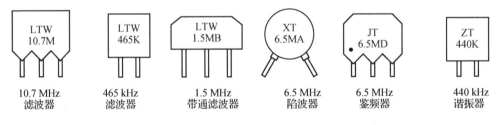

图 7.2.6　常见压电陶瓷片的封装外形

图 7.2.7 为某压电陶瓷元件实物图。

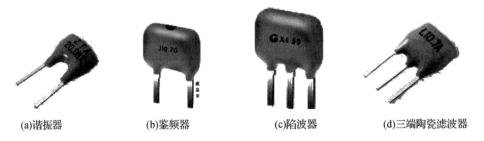

图 7.2.7　压电陶瓷元件的实物图

2. 二端压电陶瓷元件

二端压电陶瓷元件就是一个压电振子,焊上引线或夹上电极板,用塑料封装而成。与晶振元件一样,一定几何尺寸、一定材料的压电陶瓷片本身具有一个固有振动频率,当外加高频信号的频率等于陶瓷片的固有振动频率时产生谐振,输出的电信号最大。

二端压电陶瓷元件也相当于一个 LC 谐振回路,其基本结构、工作原理、特性、等效电路及其在电路上的符号与晶振元件相同。二端压电陶瓷元件的结构、电路符号、等效电路和频率特性曲线如图 7.2.8 所示。等效电路图中 L_S、C_S、r_S 串联支路等效于压电体的机械振动特性,C_P 支路则代表压电体的介电特性。由其频率特性可见,串联谐振时两端阻抗接近零,并联谐振时两端阻抗最大。

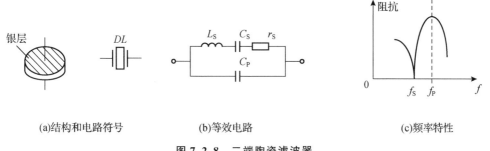

(a)结构和电路符号　　　　　(b)等效电路　　　　　(c)频率特性

图 7.2.8　二端陶瓷滤波器

二端陶瓷滤波器可用于中放发射极电路代替旁路电容,如图 7.2.9 所示,当 $f=f_s$ 时,二端陶瓷滤波器阻抗最小,发射极负反馈最小,增益最大。如收音机的调幅中频 $f_o=465$ kHz,用于收音机调幅中放的二端陶瓷滤波器的 $f_s=465$ kHz,$f_P=495$ kHz。

电视机中两端陶瓷滤波器用作 6.5 MHz 陷波器,置于预视放后及视频

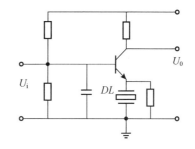

图 7.2.9　二端陶瓷滤波器用于中放发射极旁路

通道前,用于将检波后的伴音干扰信号陷波滤除后,得到视频信号送至后面电路。

3. 三端压电陶瓷元件

将二端压电陶瓷元件的其中一面电极分割成互相绝缘的两部分,就构成了三端压电陶瓷元件。图 7.2.10 为三端陶瓷滤波器的结构、电路符号、等效电路和频率特性曲线。

三端陶瓷滤波器相当于一个双调谐回路,其频率特性曲线呈双峰形,通频带宽,矩形系数好。三端陶瓷滤波器有 3 个电极,其中“1”端为输入端,“2”为输出端,“3”为公共端。当“1”“3”端所加电信号频率等于其串联谐振频率时,机械形变最强,故“2”“3”端的输出信号最强。

电视机中三端陶瓷滤波器常置于 6.5 MHz 伴音中放之前,以更有效地从检波后的

信号中谐振取出 6.5 MHz 第二伴音中频信号,送至后面伴音通道去。

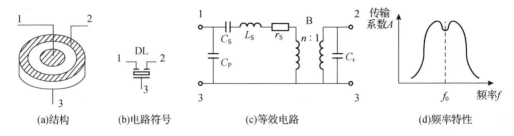

(a)结构　　(b)电路符号　　(c)等效电路　　(d)频率特性

图 7.2.10　三端陶瓷滤波器

陶瓷滤波器的检测与石英晶体相似,正常时,其三端之间电阻均为无穷大;对内部开路性故障,万用表不能判断,需用替代法试验。

7.2.3　声表面波滤波器

1.声表面波滤波器

声表面波是沿物体自由表面传播的声波,经过 1～2 个波长传播之后,表面层以下的波基本消失。

声表面波滤波器简称 SAWF(即 Sound Around Wave Filter 的缩写),特点是体积小、重量轻、制造工艺简单,而且中心频率可以做得很高,相对带宽较宽,矩形系数接近1。缺点是工作频率不能太低,一般工作频率在几兆赫到一吉赫之间。

图 7.2.11 为声表面波滤波器的电路符号。SAWF 的结构示意图如图 7.2.12 所示,主要由压电基片、换能器、吸声材料组成,压电基片采用铌酸锂、钽酸锂或石英等压电晶体材料做成。基片表面抛光以减小传输损耗,在抛光基片表面上蒸发上一层金属铝或金,然后利用光刻、腐蚀成两组电极,形如手指且互相交错,称为叉指换能器(IDT)。当在输入 IDT 两电极上加上交流电时,产生相应的交变电场,由于压电材料的逆压电效应,在压电基片表面产生机械变形,形成声表面波。当声表面波到达输出 IDT 时,由于正压电效应,传输到输出 IDT 的声表面波又重新变为电信号。在基片两端断面上涂以吸声材料,是为了抑制声表面波在两断面之间来回反射。

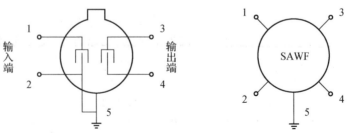

图 7.2.11　声表面波滤波器的电路符号

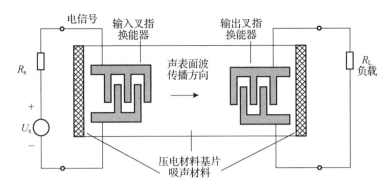

图 7.2.12 声表面波滤波器的结构示意图

理论分析表明,只要适当的设计叉指电极的几何尺寸,如指条宽度、指间距离、电极形状及交错长度等,便可得到所需的电视中频幅频特性。只要器件特性准确,整个中频通道基本不用调试,故使用十分方便。

2.声表面波滤波器的等效电路及应用

声表面波滤波器的等效电路如图 7.2.13 所示。图中,R 为换能器的输入、输出电阻,也称为辐射电阻,一般为 50~150 Ω,电容 C 为换能器的输入输出端的总电容(静态电容)。

图 7.2.14 为声表面波滤波器的应用电路,由于声表面波滤波器的插入损耗较大,为了减小损耗,通常在外电路串入电感或并入电感,使输入回路和输出回路谐振在通带的中心频率上,以消除 C 的作用,图中 L_1 和 L_2 就是起这种作用。通常输入端不匹配,可以减小 3 次回波(即反射波)信号的影响,而输出端与负载电路阻抗匹配,可以增加输出功率。

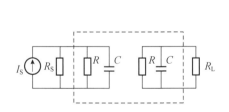

图 7.2.13 声表面波滤波器的等效电路

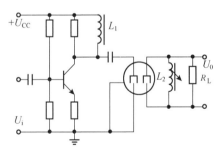

图 7.2.14 声表面波滤波器的应用电路

声表面波滤波器主要应用领域有彩色和黑白电视机的中频滤波器,集成中频滤波器,大容量载波系统带通滤波器,扩展频谱通信接收机带通滤波器,雷达中频滤波器等。

在电视机中,为满足中频通道幅频特性的要求,必须在中频通道接入选频网络。过去采用由电感电容元件组成的集中参数滤波器,调整手续复杂,且容易造成辐射干扰。现在采用声表面波滤波器取代 L、C、R 吸收回路和谐振回路,一次性形成所需的中频特性。声表面波滤波器电路的优点是电路简单、应用方便、成本低、质量高;其缺点是损耗大,易产生图像反射重影,一般在声表面波滤波器之前都要加预放大电路。

3.声表面波滤波器的检测

如图7.2.11所示,用万用表检测良好的声表面波滤波器①、②两个输入端和③、④两个输出端相互之间的电阻,均应为无穷大。除②脚之外,其他各脚与屏蔽极⑤脚之间的电阻也应为无穷大,而②脚与⑤脚都与金属外壳相连并一同接地。若检测情况与此不符,说明器件有问题。

习题 7

一、填空题

1. 压电效应可分为_____效应和_____效应。

2. 逆压电效应是指对晶体施加_____电场引起晶体机械变形振动的现象,又称_____效应。

3. 声表面波滤波器的结构主要由_____、_____、_____组成。

二、简答题

1. 什么是正压电效应、逆压电效应?

2. 怎样检测石英晶体的好坏?

3. 画出二端陶瓷滤波器和三端陶瓷滤波器的结构、电路符号、等效电路和频率特性曲线。

4. 怎样用万用表检测声表面滤波器的好坏?

第 **8** 章

显示器件

电子显示器件是指将电信号转换成光信号的光电转换器件,可用来显示数字、符号、文字或图像,可分为小型显示器件、CRT 显示器、平板显示器 3 大类。发光二极管、液晶显示器、荧光显示器、氖灯显示器属于小型显示器件。CRT 即阴极射线管,黑白显像管显示器、彩色显像管、示波管属于 CRT 显示器。平板显示器通常由数以万计的发光单元组成,常用作发光显示单元器件的有 4 种:等离子体显示器件、场致发光器件(EL)、液晶显示器件、半导体发光二极管。

8.1 半导体数码管

8.1.1 半导体数码管的结构及工作原理

半导体数码管是以发光二极管(LED)为基础,用多个发光管组成数字的各个笔段,并按共阴或共阳的方式连接,然后封装在同一管壳之内构成的。

LED 数码管,又称 LED 七段数码管显示器,有共阴极和共阳极两种接法,其电路结构如图 8.1.1 所示。

共阴极:以阴极为公共极,接低电平,译码器需要输出高电平来驱动各显示段发光。

共阳极:以阳极为公共极,接高电平,译码器需要输出低电平来驱动各显示段发光。

从图 8.1.1 中可以看出共阴极数码管的工作原理:各个发光二极管的负极连接在一起,当阴极与 a、b、c 等各个阳极施加一定电压时,各数字段就分别发光,用以显示相应的数字及小数点。共阳极 LED 数码管的工作原理请读者自己分析。

共阴 LED 数码管的驱动电路应是高电平输出,共阳 LED 数码管的驱动电路应是低电平输出。LED 数码管型号中编号的末位如果为奇数表示是共阴极数码管,如 BS205、BS325;如果为偶数表示是共阳极数码管,如 BS206、BS428 等。

由于数码管字符由 7 段(或 8 段)组成,而数字系统中运行的是一定代码方式的二进制信息码,为了显示 LED 的十进制字符,必须控制点燃字符某段发光二极管所需电信号,这就要用译码电路(或译码器)来完成二~十进制的转换。

多位数码管显示时可以用多位译码电路来完成,也可以采用动态扫描显示方式实

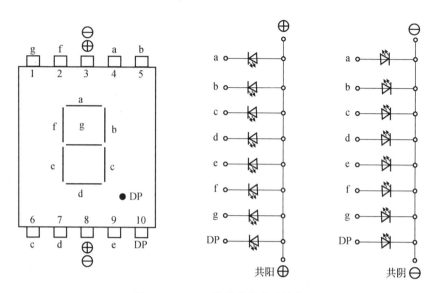

图 8.1.1　LED 数码管的电路结构

现。所谓动态扫描显示,就是使各位数码管按照需要的顺序轮流显示。由于人的眼睛具有"视觉暂留"特性,只要位扫描信号的频率高到一定程度,人就不会观察到 LED 的显示的闪烁现象。动态扫描显示不仅可以简化电路,而且可以大大降低整个显示电路的功耗,更适合于电池供电的便携仪表电器使用。

8.1.2　LED 数码管的检测

在没有专用测试仪表的情况下,可以用万用表方便地检测 LED 数码管,以确定是共阴极的还是共阳极的,以及各管脚相对应的笔画。测试时,用万用表的 $R \times 10K$ 挡或 $R \times 100$ 挡,再串接 1.5 V 干电池。测试方法如图 8.1.2 所示,将黑表笔接被测管 1 脚,然后用红表笔去接触各个管脚,例如接到 9 脚时,数码管 a 笔段发出很弱的光,同时表针大幅动摆动(一般为 30 kΩ 左右),而触及其他管脚不发光,表针也不动,则被测管为共阴极管,9 脚为公共阴极,1 脚为 a 笔划引出端。

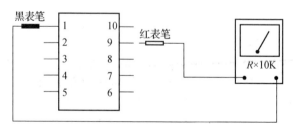

图 8.1.2　用万用表判别 LED 电极

当然,这种方法有时需要耐心反复交换表笔及管脚,才可以确定出是共阴极不是共阳极的;找到共用电极后,将相应表笔接共用电极,另一表笔依次去接触各个电极就可以找到 LED 各笔画段的电极了。

8.1.3　LED 点阵显示器

LED 点阵显示器是 20 世纪 80 年代以来为实现大屏幕显示功能而设计制造的一种通用型组件,也称 LED 矩阵显示板,属于平板显示器件。它是以单色和彩色 LED 发光管为基础元件,用分行、分列的 LED 管组成矩阵构成的。它不但可以显示数字、文字,也可显示图表、图像等,因而广泛用于车站、码头、机场等公共场所,做信息提示牌;也可以用于其他大屏幕显示。

LED 矩阵显示板,如应用单片机和微机做显示的存储与处理,可使显示内容更丰富。LED 矩阵显示器的特点是工作电压低、尺寸小、可集成、能适应电池供电和配用逻辑电路。

按 LED 矩阵显示器控制方式不同可分为:LED 点阵显示屏、LED 点阵数码混合显示屏、LED 条形显示屏。

按 LED 矩阵显示器使用的发光器件外形不同可分为:LED 发光矩阵、像素灯、LED 数码管。

按 LED 矩阵显示器颜色不同可分为:单色、双色、三基色。

图 8.1.3 给出了 P2057A 和 P2157A 两种 5×7 点阵 LED 显示器的外形及内部电路结构。

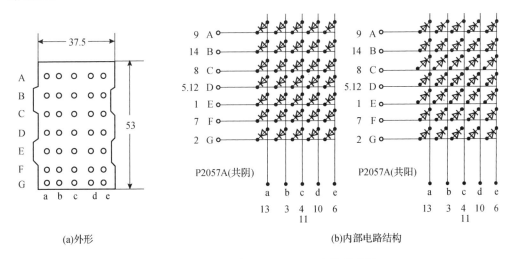

(a)外形　　　　　　　　　　　(b)内部电路结构

图 8.1.3　P2057A 和 P2157A LED 点阵显示器

这种 LED 显示器采用橙红色发光管,5 行、7 列共有 35 个像素,用多个这样的 LED 点阵管可以组成更大面积的显示屏。P2057A 与 P2157A 之间的差别在于输出引脚的极性不同。图中 A、B…G 为行驱动端,a～e 为列驱动端,数字代表管脚序号。

LED 点阵显示器也分共阴极和共阳极两种。共阴极结构是将发光二极管负极接行驱动线,共阳极结构则是将发光二极管正极接行驱动线。

驱动 LED 点阵显示器宜采用逐行或逐列扫描方式工作,由较大峰值电流和高占空比的窄脉冲来驱动。驱动源可以是恒压源或恒流源。根据需要,可选通一只、一行或一列发光管点亮。为保证使用可靠,要加适当限流电阻,使通过每只发光管的平均电流不超 20 mA。

8.2　液晶显示器

液晶显示器(LCD)是一种新型显示器件,具有工作电压低、体积小巧、功耗极低及成本低廉等诸多优点,广泛应用于仪表显示器、数字钟表显示器、电子计算器显示器、光阀、点阵显示器、彩色显示器以及其他特种显示器等。但它是一种被动显示器件,本身不会发光,而是借助自然光或外来光来显示,且外部光线愈强,显示效果越好。另外,工作温度范围窄(−10~+60℃)、响应速度慢是最大的缺点。

液晶显示器按液晶显示机理可分为:

① 扭曲向列型,即 TN 型,主要用于各种字符或图形的黑白显示,64 行以下的点阵式黑白显示。

② 超扭曲型,即 STN 型,主要用于 64 行以上的大型点阵式黑白或彩色显示。

③ 宾主型,即 GH 型,须配背光照明,可通过不同颜色的滤光片实现彩色显示。

此外,还有动态散射(DS)型、相变(PC)型和电控双折射(ECB)型等。

8.2.1　液晶显示器的结构和工作原理

1. 液晶显示屏的结构

图 8.2.1 为液晶显示器的结构示意图。在两块玻璃基板间填充有液晶材料,上、下玻璃基板上都制作有透明电极,在上玻璃基板上面和下玻璃基板下面分别有上、下偏振片,在下偏振片下面还有反射板。

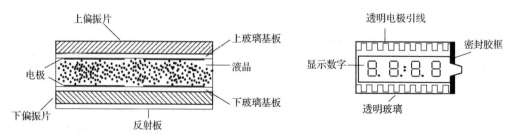

图 8.2.1　液晶显示器的结构示意图

2. 显示原理

液晶显示器的主要材料是液晶,是介于晶体和液体之间的一种物质,具有晶体的各向异性和液体的流动性,又具有某些光学特性,其透明度和颜色随电场、磁场、光线和温度等外界条件的变化而变化,利用这些特性可以进行显示。液晶能够改变通过光线的偏振方向,并且这种改变是可以用电来控制的。液晶显示器的工作原理就是基于液晶的这种特性,如图 8.2.2 所示。

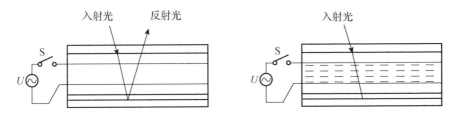

图 8.2.2　液晶显示器的显示原理

当未加电压时,入射光穿过液晶和偏振片后能够被反射板反射回来,我们看到的就是亮白色。当在上、下电极之间加上驱动电压时,电极部位的液晶在电场作用下改变了偏光性,使得入射光不能够被反射板反射回来,我们看到的就是黑色。把电极做成字符状,我们看到的就是黑色的字符了。

3. 驱动原理

由于液晶材料在长期直流电压作用下会发生电解和电极老化,导致使用寿命大为缩短,因此一般采用 $30\sim100$ Hz 的交流方波作为驱动电压。

8.2.2　数字液晶显示器

图 8.2.3 是一个数字液晶显示器的结构及字形图。LCD 和 LED 数码管一样,当在共用电极和各笔划之内施加一定电压时,相应的液晶笔画之内的颜色变深,通过玻璃可看到字符。由于液晶显示器是借助外来光线显示数字的,外部光线越强,它所显示的字符越清楚。

正常的液晶显示器从外表上看,颜色应是均匀的,无局部变色,无气泡,无液晶泄漏。数字液晶显示器可以用万用表进行简单测量。方法是:将万用表放在 $R\times1K$ 挡,任一表笔接触 LCD 的共用电极,另一表笔依次接触各字符电极引出线,则所接触到的笔划应可以显示出来。通过这种方法可以看出,液晶显示器有无连笔、断笔断划,并可以比较各笔画的对比度强弱等。工作电压为 3 V 的 LCD 用万用表 $R\times1K$ 挡,工作电压为 5 V 的 LCD 要用 $R\times10K$ 挡。为防止因万用表内电池电压过高(9 V 或 15 V)而损坏被测的 LCD,应在表笔一端串接一个 30 kΩ~60 kΩ 电阻。

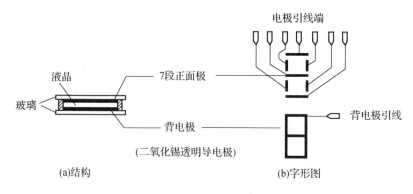

图 8.2.3　数字液晶显示器

8.2.3　矩阵式液晶显示板

LCD 早期用于电子钟表、计算器字符的显示。随着文字、图像处理设备小型化,要求显示器件薄、轻、低功耗,首先研制成工艺简单的简单矩阵式 LCD,图像分解力只达 400 线左右。接着研制出每个液晶像素上设置开关元件的有源矩阵液晶显示器件,矩阵液晶显示器件属于平板显示器件,图像的分解力、对比度、亮度大大提高,可满足电视图像显示的要求。

根据液晶显示器件的光显示结构分为:

① 透射型:光源位于液晶板之后,当信号电压改变液晶的光学传递特性来调制光源透过液晶发出的光强度时,由透出光的光强显示信号电压的信息。

② 反射型:光源位于液晶板之前,在液晶层的底面基板上设有反光板,当信号电压调制液晶的光学传递特性时,由反射光的光强显示信号电压的信息。

③ 投影型:将液晶屏当作幻灯片,透过此液晶屏的光被图像信号调制,再经光学透镜放大后,投射到屏幕上。可正投影,也可背投影,如图 8.2.4 所示。

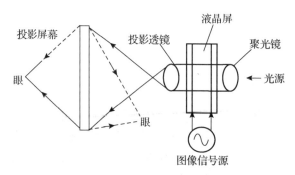

图 8.2.4　投影型液晶显示器件

8.3　等离子体显示器件

等离子态是指气体原子被电离后所产生的带负电的电子、带正电的正离子和中性原子组成的新物态。它的导电性好，受外加电磁场控制可改变其强度和方向，能做成多种显示装置。

等离子体显示器件属于平板显示器件，按等离子体显示器件所加驱动电压的不同，可分成直流型等离子显示板（DC－PDP）与交流型等离子显示板（AC－PDP）两类。

等离子显示屏的结构前后是两块玻璃板，容器中间充满惰性气体（主要是氖，混合少量的氙和氩），只要在电极（阳极和阴极）上加一个几百伏的电压，就能使惰性气体原子受到激发面电离，在电极附近产生辉光而辐射出紫外线，再激发红、绿、蓝荧光粉发光，如图 8.3.1 所示。

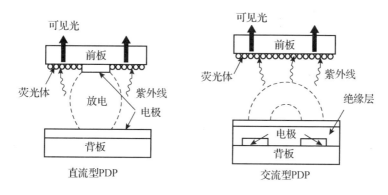

图 8.3.1　直流型与交流型等离子显示板工作原理

直流型 PDP 与变流型 PDP 的主要区别是 DC－PDP 电极直接暴露在放电空间，直流电压加在电极上来激发两块平板玻璃间的氖气体；AC－PDP 显示器电极被绝缘层覆盖，所加的电压是交流电。因此，AC－PDP 有以下优点：由紫外线激发的荧光粉表层发光最亮，它可经透明电极直接射到人眼，显示亮度高；荧光粉不在放电空间；不存在受放电离子轰击引起荧光粉变质问题，可使荧光屏长寿命使用（达 3×10^4 小时）；易实现稳定的放电。

等离子体显示板的对比度很高，为了实现多层灰度等级显示，等离子体用 4 个小放电单元组成一个发光单元，根据视频信号的强弱由选通电路使 4 个小单元的亮度按 1：2：4：8 或其他组合形成灰度等级。

实现等离子体板彩色图像显示的方法是：用 4 个小单元组成一个彩色像素，其中 3 个分别涂有蓝色、红色和绿色 3 种荧光粉，它们靠气体放电产生的紫外线激发而发光，通过 3 个小单元产生的不同比例的红、绿、蓝三基色，组合成不同色彩的彩色图像。

等离子体显示板的亮度高，响应时间短，但工作电压高（200 V AC），给驱动电路带来较大困难。等离子体显示板已成功地用于计算机显示器和高清晰度大屏幕壁挂电视。

8.4 CRT 显示器件

CRT(阴极射线管)显示器属电真空器件,优点是亮度、发光效率、对比度都较高,彩色性能卓越,显示品质好,显示速度快等。从 CRT 显示器显示的颜色上来看,它经历了 3 个发展阶段,即由黑白、灰度再到彩色显示;从 CRT 显像管的形状上讲,它经历了 4 个发展阶段,即由球面形、直角平面形、柱面形到纯屏形 CRT 显示器。

8.4.1 CRT 显示器的分类

1. 按图形显示的颜色分类

按图形显示的颜色分类,CRT 显示器可分为单色显示器和彩色显示器。

2. 按 CRT 显示器的扫描方式分类

① 单频显示器,指只有一种显示频率的单色/彩色显示器。这种显示器出厂后,其扫描频率不可更改。

② 多频显示器,指具有两种或两种以上显示频率的单色/彩色显示器。这种显示器的显示频率可以随意更改,是目前市场上的主流产品。

3. 按 CRT 显示器的输入信号分类

① 数字显示器,指显示器的输入端的接口信号是数字信号的单色/彩色显示器。数字接口是 LCD 显示器接口的发展方向。

② 模拟显示器,指显示器的输入端的接口信号是 R、G、B 这 3 路模拟信号,从理论上讲,它可以显示出无穷多色彩。

③ 复合视频信号显示器,指显示器的输入端的接口信号包括色度、亮度和同步信号的混合视频信号(用一根视频信号线传输)。

8.4.2 黑白显像管

黑白显像管是一个特殊的、大的真空电子管,由管颈、锥体和显示屏幕 3 部分组成。图 8.4.1 是黑白显像管的结构。

1. 管颈部分

管颈部分装有电子枪,通过灯丝加热后,阴极发射出来的电子束被一组电极加速、聚焦,再经高压阳极加速,使其高速通过锥体,射向荧光屏使之发光。

2. 锥体部分

位于管颈和荧光屏之间的锥体部分,在管颈与锥体连接的管子外边装有偏转线圈,当电子束以高速射向荧光屏的过程中经过管颈和锥体部分时,电子受到偏转线圈产生的磁场作用使电子束偏转后再射向荧光屏,以显示出整幅画面。锥体内外壁均涂有导电的石墨层,内壁石墨层与第二、四阳极相接,接正极高压,外壁石墨层则接地。这样,内外壁石墨层之间形成的一个电容(500~1 000 pF)供直流高压滤波用,同时外壁石墨层还可以用来遮蔽来自显像管后面的杂散光线及杂散电场的干扰,并可以吸收来自荧光屏的二次电子。

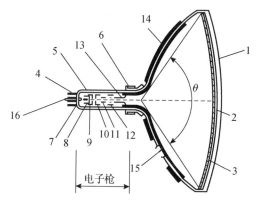

1—屏;2—荧光膜;3—金属铝膜;4—管脚;5—管壳;6—偏转线圈;7—灯丝;8—阴极;9—栅极;
10—第一阳极(又称加速极);11—第二阳极(又称高压极);12—第三阳极(又称聚焦极);
13—第四阳极(又称阳极);14—外导电层;15—阳极电压帽;16—抽真空收口

图 8.4.1　黑白显像管结构

3. 荧光屏

荧光屏是用来显示图像的。显像管屏幕的内壁涂有一层荧光粉,形成荧光膜,它在高速电子轰击下能发光。黑白显像管荧光屏有的呈蓝白色,有的呈黄白色或灰白色。为了改善黑白显像管的性能,新型显像管的荧光膜背面还覆有一层极薄的铝膜,不影响电子束穿过,但能使荧光膜背面发出来的光线反射向显像管外,从而提高荧光屏的亮度,并防止荧光膜受离子冲击的损伤。

显像管荧光屏的宽和高有固定的比值(一般为 4∶3)。显像管尺寸的大小用屏幕对角线长度表示,黑白显像管常见的有 31 cm(12 英寸)、35 cm(14 英寸)、40 cm(16 英寸)、44 cm(17 英寸)、51 cm(20 英寸)等(1 英寸约 2.54 cm)。显像管的锥体部分的锥角称为偏转角,黑白显像管偏转角有 70°、90°、110°等。偏转角越大,显像管的总长度越短,偏转功率也就越大。

8.4.3　彩色显像管

彩色显像管基本原理是把红、绿、蓝 3 种基色图像同时显示在显像管的屏幕上,并利用人眼对彼此挨得很近的三基色发光点不能分辨(即空间混色效应)的特点来显现彩色图像。

　　彩色显像管的外形和黑白显像管差不多,也是电子枪、锥体、荧光屏 3 部分组成,但其内部要复杂得多,各部分结构和黑白显像管有所不同。电子枪部分要产生 3 束电子束,分别受 3 个基色信号的控制。彩色显像管要求彩色电子束都要准确地轰击与它相应的颜色的荧光点上,以保证色纯度。为了保证每束电子束能对准自己相应的荧光点上,必须使红、绿、蓝 3 个电子束在荫罩板上会合在一起,并同时通过荫罩板上的某个孔打到荧光屏上所对应的荧光点,如图 8.4.2 所示。

　　目前主要采用的是自会聚彩色显像管。彩色显像管常见的有 35 cm(14 英寸)、45 cm(18 英寸)、51 cm(20 英寸)、54 cm(21 英寸)、64 cm(25 英寸)、74 cm(29 英寸)、86 cm(34 英寸)等。54 cm 以上的显像管为大屏幕显像管,大屏幕显像管都采用平面直角技术,具有视角范围大、外来杂散光少的优点,偏转角度达 112°以上,缩短了电视机的深度。

　　彩色显像管的发展趋势是超大屏幕,短深度,高分辨率,高清晰度,防反光,防静电,防尘土。应用了超平面超黑色荧光屏、多级预聚焦和浸渍阴极、殷钢荫罩、新型荧光粉、纯平校正等许多新技术,使之具有更高的画质,提高了彩色图像的真实感,并已出现了宽高比为 16∶9 的宽屏幕彩色显像管。

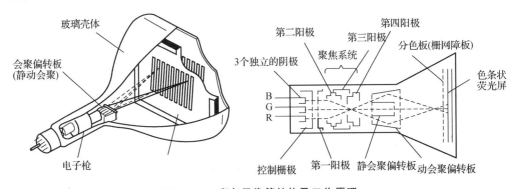

图 8.4.2　彩色显像管结构及工作原理

8.5　荧光显示器

　　荧光显示器(VFD)是玻璃封装的电真空器件,具有工作电压低、功耗小、视角大、可靠性高等优点,能与 MOS 集成电路良好匹配,广泛用于数字仪表显示。

　　图 8.5.1 给出了直热式阴极侧面(端面)显示的荧光数码管。荧光数码管由灯丝、栅极、阳极等组成,它们组装在真空管中,灯丝电源将直热式阴极加热到 700℃左右,使涂覆在灯丝表面的氧化物发射电子,电子受栅极电压的控制,被阳极电位加速,射向阳极。此时电子获得足够的能量,当它轰击阳极上的荧光粉涂层时,可使荧光粉发光。在阳极上做成 8 字形笔段或其他字形符号,只有通电的阳极字形段部分发光,通过适当的控制电路可以控制其显示的各种字形符号。

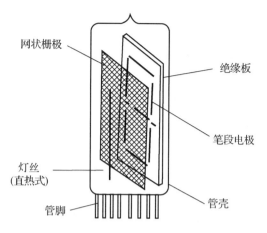

图 8.5.1 荧光显示器结构

采用厚膜印刷工艺,在一只真空管中制造多位电极,就构成了多位荧光数码管。为了减少多位荧光数码的引线数目,通常将各位数位中同位置的笔段连接起来,采用动态扫描显示。

8.6 氖灯显示器

氖灯又称霓虹灯,主要由阴极、阳极、惰性气体和灯管组成。图 8.6.1 为常用氖灯的外形。

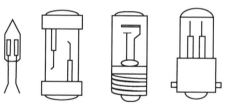

图 8.6.1 常用氖灯外形

氖灯显示器是显示技术中最简单的一种,氖灯内除了两块互不接触的金属极片(阴、阳极)外,还充满了惰性气体(一般为氖气),依赖两极间的强电场(70 V 左右)使惰性气体电离,产生辉光放电,在其阴极周围发光。控制每个阴极电压,使需要的数字发光。

氖灯管有透明管、荧光管、着色管和着色荧光管 4 种。氖灯显示器耗电少,目前一般用作指示灯,各种家用电器和配电板上用作电源指示、保险丝监视器、高频电压指示和测电笔指示等。如把较多的灯管排成行或列,用适当电路使其中某些灯管起辉,就可以出现发光的字符或图像,并且能够变换,用作数字指示或图画广告,极为醒目。

习题 8

一、填空题

1. 电子显示器件是将电信号转换成光信号的光电转换器件,可用来显示数字、符号、文字和图像,其可分为_____、_____、_____ 3大类。

2. 液晶是介于_____和_____之间的一种物质。液晶能够改变通过光线的_____方向,并且这种改变是可以用电来控制的。

3. 等离子态是指气体原子被电离后所产生的带负电的_____、带正电的_____和中性原子组成的新物态。它的导电性受外加电磁场控制。

4. 黑白显像管由_____、_____和_____ 3部分组成。

二、简答题

1. 何谓共阴LED数码管与共阳LED数码管,画出它们的电路结构。

2. 液晶显示器的优点和缺点是什么?

3. 直流型与交流型等离子显示板有什么主要区别?

4. 简述CRT显示器的分类。

第 9 章

表面组装元器件

片式元器件是 20 世纪 70 年代后期在国际上开始流行的一种新型电子元件,这种新型元件主要是供表面组装技术(Surface Mounting Technology,简称 SMT)使用的,指的是无引线或引线很短的适于表面组装的片式微小型电子元件,国际上现在通称为表面组装元器件(Surface Mounting Components、Surface Mounting Device,简称 SMC、SMD)。所谓表面组装技术 SMT 是将片式电子元器件用贴装机贴装在印制电路板表面,通过波峰焊、再流焊等方法焊装在基板上的一种新型的焊装技术。这种焊装技术在印制电路板上可以不打孔,被贴装元件没有通孔插装所需要的长引线,短引线片式元件的引线一般是扁平状的;而且无论是短引线或无引线片式元件,所有的焊接点都处在同一平面上,因而将这类片式元器件称为表面组装元器件更为贴切。随着电子产品不断向小型化、轻型化方向发展,带动了片式元器件的飞速发展。电子元器件向片式化方向发展已经成为趋势。

9.1 表面组装元器件的特点和分类

9.1.1 表面组装元器件的特点

表面组装元器件又称为片式元器件或贴片元器件,与传统的通孔元器件相比,具有如下优点:

➤ 尺寸小、重量轻、灵敏度高、性能好、安装密度高。体积和重量仅为通孔元器件的 60%。

➤ 可靠性高。抗振性好、引线短、形状简单、贴焊牢固、可抗振动和冲击。

➤ 高频特性好。减少了引线分布特性影响,降低了寄生电容和电感,增强了抗电磁干扰和射频干扰能力。

➤ 易于实现自动化。组装时无须在印制板上钻孔,无剪线、打弯等工序,降低了成本,易于大规模生产。

片式元器件除以上特点外,还具有低功耗、高精度、多功能、组件化、模块化等特点。

9.1.2 表面组装元器件的分类

1. 按元件的功能分类

分为片式无源元件、片式有源元件和片式机电元件 3 大类。片式无源元件包括电阻器类、电容器类、电感器类和复合元件(如电阻网络、滤波器、谐振器等);片式有源元件包括二极管、晶体管、晶体振荡器等分立器件和集成电路、大规模集成电路;片式机电元件则包括片式开关、继电器、连接器和片式微电机等。

2. 按元件的结构形式分类

分为矩形、圆柱形和异形 3 类。

3. 按有无引线和引线结构分类

分为无引线和短引线两类。无引线片式元件以无源元件居多,具有特殊短引线的片式元件则以有源器件和集成电路为主,片式机电元件一般都具有短引线。适于表面贴装的引线结构有两种:翼形和钩形(见图 9.1.1)。它们各有特点:翼形引线容易检查和更换,但引线容易损坏,所占面积也较大;钩形引线容易清洗,能够插入插座或进行焊接,占地较小,而且用贴装机贴装方便,但不易检查焊接情况。图 9.1.2 给出翼形引线和钩形引线的小型封装集成电路(SOIC)的外形图。

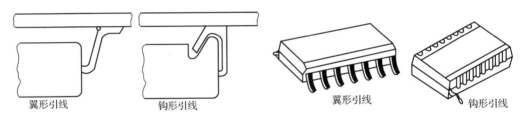

图 9.1.1 表面贴装的短引线结构   图 9.1.2 翼形和钩形引线的 SOIC 外形图

9.2 常见表面组装元器件

9.2.1 片式电阻器

1. 片式电阻器的结构

(1)圆柱形电阻器

外形为一个圆柱体,其电阻体有两种:碳膜、金属膜,其中碳膜型是主要的。膜上刻有螺纹槽,电阻体的两端各压入一个供焊接用的金属电极,外面用绝缘釉层裹覆(见图 9.2.1)。这种结构与原来传统的薄膜型电阻器基本上是一样的,只不过把引线去掉而已。

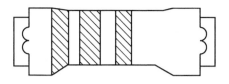

图 9.2.1 圆柱形片式电阻器

(2)矩形片式电阻器

外形为扁平状,其电阻体有两种:薄膜和厚膜。前者是气相沉积的金属膜(镍铬或氮化钽薄膜);后者则印制的金属玻璃釉膜,金属玻璃釉也有两种:贵金属系(氧化钌系)和贱金属系(钽系),目前用得较多的是氧化钌系。

这种电阻器的电极有两个特点:

① 电极在顶部、底部的两端均有延伸,如图 9.2.2 所示。这是对传统片状电阻器的一大改进,传统片状电阻器的电极在两端没有延伸,两端不能经受波峰焊的温度。

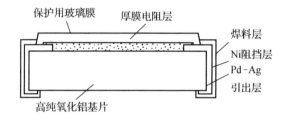

图 9.2.2 矩形片式电阻器

② 电极采用了多层结构(图 9.2.2),中间的 Ni 阻挡层用来阻止 Ag 离子向外层 Sn‐Pb 焊料中迁移,可有效地防止焊料对电极的侵蚀作用。

矩形片式电阻器在调整好阻值以后外面也覆盖着一层玻璃釉膜。

与矩形片式电阻器相比,圆柱形电阻器的高频特性差,但噪声较小。

此外,还有绕线型片式电阻和块金属片式电阻。

2. 片式电阻器的命名

片式电阻器的命名目前尚无统一规则,常见的主要命名方法示例如下:

国内 RI11 型片式电阻器系列:

RI11	0.125 W	10 Ω	5%
代号	功率	阻值	允许偏差

美国电子工业协会(EIA)系列:

RC3216	K	103	F
代号	功率	阻值	允许误差

EIA 标识中,代号中的字母表示矩形片式电阻器,4 位数字给出电阻器的长度和宽度。如 3216 表示 3.2 mm×1.6 mm。矩形片式电阻器厚度较薄,一般为 0.5~0.6 mm。

阻值一般直接标志在电阻器的一面,黑底白字,如图 9.2.3 所示。阻值的表示方法采用文字符号法,用3位数表示,前两位数字表示阻值的有效数字,第三位表示有效数字后零的个数。如 100 表示 10 Ω,102 表示 1 kΩ。当阻值小于 10 Ω时,以"×R×"表示,将 R 看作小数点,如 8R1 表示 8.1 Ω。阻值为 0 Ω的电阻器为跨接片,其额定电流容量为 2 A,最大浪涌电流为 10 A。图 9.2.4 为某矩形片式电阻器的实物图。

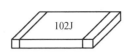

图 9.2.3　矩形片式电阻器阻值标识　　　　图 9.2.4　某矩形片式电阻器的实物图

允许误差字母的含义完全与普通电阻器相同:D 为 ±0.5%,F 为 ±1%, G 为 ±2%, J 为±5%, K 为±10%。

有的表面片状电阻器表面不加阻值标记,标记在包装袋或卷盘上。

9.2.2　片式电容器

片式电容器同分立元件电容器一样,也有很多种,如片式云母电容器、片式陶瓷电容器、片式有机薄膜电容器和片式电解电容器等多种。

1.片式电容器的结构

(1)片式陶瓷电容器

片式陶瓷电容器有矩形和圆柱形两种,其中矩形片式陶瓷电容器应用最多,采用多层叠加结构,故又称之为片式独石电容。同普通陶瓷电容器相比,它有许多优点:比容大,内部电感小,损耗小,高频特性好,内电极与介质材料共烧结,耐潮性能好,可靠性高。

图 9.2.5 是矩形片式陶瓷电容器的结构示意图。图 9.2.6 是某矩形片式陶瓷电容器的实物图。

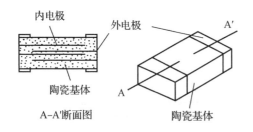

图 9.2.5　矩形片式陶瓷电容器的结构示意图　　　图 9.2.6　某片式陶瓷电容器的实物图

(2)片式电解电容器

片式电解电容器分铝电解电容器和钽电解电容器。铝电解电容器体积大,价格便宜,适于消费类电子产品中使用,使用液体电解质,其外观和参数与普通铝电解相近,仅引脚及封装形式不同。钽电解电容器体积小,价格贵,响应速度快,适合在需要高速运算的电路中使用。

图 9.2.7 是钽电解电容器的结构示意图。图 9.2.8 是某钽电解电容器的实物图。

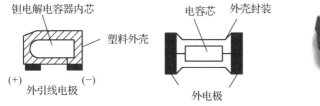

图 9.2.7　片式钽电解电容器的结构示意图　　图 9.2.8　某钽电解电容器的实物图

2.片式电容器的命名

片式电容器命名方法有多种,常见的主要命名方法示例如下:

国内矩形片式电容器:

CC3216	CH	151	K	101	WT
代号	温度特性	容量	误差	耐压	包装

美国 Predsidio 公司系列:

CC1206	NPO	151	J	ZT
代号	温度特性	容量	误差	耐压

与矩形片式电阻器相同,代号中的字母表示贴片陶瓷电容器,4 位数字表示其长宽,厚度略厚一点,一般为 1～2 mm。

容量的表示法也与片式电阻器相似,也采用文字符号法,前两位表示有效数字,第三位表示有效数字后零的个数,单位为 pF。如 151 表示 150 pF,1p5 表示 1.5 pF。

允许误差部分字母的含义是:C 为 $\pm 0.25\%$, D 为 $\pm 0.5\%$, F 为 $\pm 1\%$, J 为 $\pm 5\%$, K 为 $\pm 10\%$, M 为 $\pm 20\%$, I 为 $-20\%\sim 80\%$。

电容耐压有低压和中高压两种:低压为 200 V 以下,一般分 50 V 和 100 V 两挡;中高压一般有 200、300、500、1 000 V。另外,贴片矩形电容器无极性标志,贴装时无方向性。

片式电解电容器额定电压为 4～50 V,容量标称系列值与有引线元件类似,最高容量为 330 μF。极性标志直接印在元件上,有横标一端为正极(见图 9.2.8)。容量表示法与矩形片式电容器相同,如 107 表示 10×10^7 pF,即 100 μF。

9.2.3　片式矩形电感器

片式矩形电感器包括绕线电感器和片式叠层电感器。

图 9.2.9 是绕线型片式电感器的结构示意图。绕线电感器采用高导磁性铁氧体磁芯,以提高电感量,可垂直缠绕和水平缠绕,水平缠绕的电性能更好。电感量范围为

$0.1 \sim 1\,000\ \mu H$,额定电流最高为 300 mA。

图 9.2.10 是叠层型片式电感器的结构示意图。片式叠层电感器尺寸小、Q 值低、电感量也小,范围为 $0.01 \sim 200\ \mu H$,额定电流最高为 100 mA,具有磁路闭合、磁通量泄漏少、不干扰周围元器件、不易受干扰和可靠性高等优点。

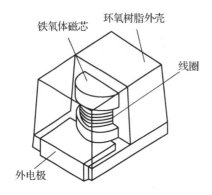

图 9.2.9　绕线型片式电感器的结构示意图

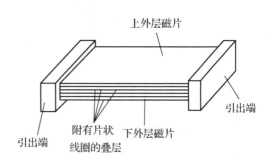

图 9.2.10　叠层型片式电感器的结构示意图

9.2.4　片式晶体管和集成电路

1. 片式晶体管

各种二极管、三极管、MOS 管和 1 W(带散热片时)的功率晶体管均可做成片式封装。图 9.2.11 是片式晶体管的结构示意图。

(1) 片式二极管

常见的片式二极管分圆柱形、矩形两种。圆柱形片式二极管没有引线,将二极管芯片装在具有内部电极的细玻璃管中,两端装上金属帽做正、负极。图 9.2.12 为某片式二极管实物图。

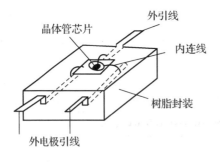

图 9.2.11　片式晶体管的结构示意图

图 9.2.12　某片式二极管实物图

一般矩形片式二极管有 3 条 0.65 mm 短引线。根据管内所含二极管数量及连接方式,有单管、对管之分;对管中又分共阳(共正极)、共阴(共负极)、串接等方式,俯视图如图 9.2.13 所示,其中 NC 表示空脚。

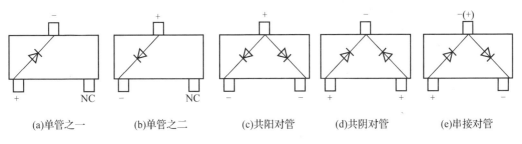

| (a)单管之一 | (b)单管之二 | (c)共阳对管 | (d)共阴对管 | (e)串接对管 |

图9.2.13 矩形片式二极管

（2）片式三极管

片式三极管有人称为芝麻三极管（体积微小），有 NPN 管与 PNP 管，有普通管、超高频管、高反压管、达林顿管等。常见矩形片式三极管的外形和实物如图9.2.14所示。

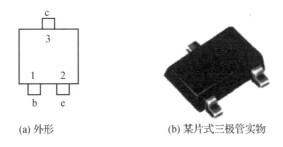

(a) 外形　　　　　　　　　(b) 某片式三极管实物

图9.2.14 常见矩形片式三极管

2.片式集成电路

片式集成电路有多种封装形式，有小型电路封装（SOP）、塑料有引线芯片载体（PLCC）、塑料方形扁平封装（QFP）、陶瓷无引线芯片载体（LCCC）等多种，其外形如图9.2.15所示。图9.2.16为某片式集成电路实物图。

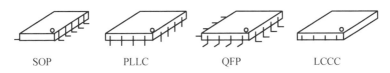

SOP　　　　　PLLC　　　　　QFP　　　　　LCCC

图9.2.15 片式集成电路的外形

图9.2.16 某片式集成电路实物图

9.3 表面安装技术

9.3.1 表面安装技术的特点和组成

表面安装技术(SMT)是将表面组装元器件贴、焊到印制电路板表面规定位置上的电路装联技术。具体说,就是首先在印制板电路盘上涂敷焊锡膏,再将表面贴装元器件准确地放到涂有焊锡膏的焊盘上,通过加热印制电路板直至焊锡膏熔化,冷却后便实现了元器件与印制板之间的互连。

表面安装技术具有组装密度高、可靠性高、高频特性好、成本低、自动化程度高等优点。当然,SMT 大生产中也存一些问题:

① 元器件上的标称数值看不清楚,维修工作困难。

② 维修调换器件困难,并需专用工具。

③ 元器件与印制板之间热膨胀系数(CTE)一致性差。

④ 初始投资大,生产设备结构复杂,涉及技术面宽,费用昂贵。

表面安装技术的组成通常包括:表面安装元器件,表面安装电路板及图形设计、表面安装专用辅料(焊锡膏及贴片胶)、表面安装设备,表面安装焊接技术(包括双波峰焊、气相焊)表面安装测试技术,清洗技术以及表面组成大生产管理等多方面内容。这些内容可以归纳为 3 个方面:一是设备,称为 SMT 的硬件;二是装联工艺,称为 SMT 的软件;三是电子元器件。

对应的 SMT 设备有点胶机或印刷机、贴片机、波峰焊机或红外再流焊机、返修工作台、清洗机和测试设备。

9.3.2 表面安装技术的典型工艺

表面安装技术(SMT)的典型工艺如下:印制板上架→涂黏接剂或印刷焊膏→贴装片式元器件→波峰焊或再流焊→清洗→测试。图 9.3.1 是表面安装技术的典型工艺流程示意图。

波峰焊使用波峰焊机对元器件进行连续焊接,适于大批量生产的焊接方法,对 SMC 和传统的有引线插装元件能同时进行焊接。有些片式元件不能承受波峰焊的温度,必须采用再流焊,在焊装过程中,传统的有引线元件主要是引线受热,对元件本身影响不大,而片式元件受热的是其本体,所以对焊接的要求较高,再流焊的温度较低(230℃)。热应力较小,对温度又容易精确地加以控制,所以再流焊一般更适于表面组装,特别是片式半导体器件的组装。所谓再流焊是将焊料制成无氧化的微小粉末,与焊剂一齐制成焊锡膏,采用丝网漏印将适量的焊锡膏印到电路板上需要的部位,安上元件后使其通过再流焊接台对焊点加热,从而使电路板与片式元件上的焊锡重新熔化到一起实现电气连接,又称重熔焊。显然,这种方法可连续地进行焊接,易于实现自动化,适于批量生产,能够高效地完成焊装作业;而且焊料的用量可以控制,虚焊少,适于高密度组装。此外,再流焊可不用粘结剂,利用焊锡膏的粘性即可临时固定 SMC 的位置,也比较方便。按热源的不同,再流焊分为两类:红外再流焊和气相再流焊。

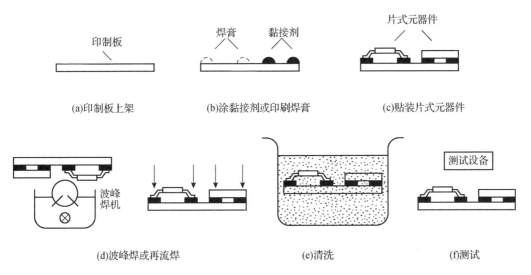

(a)印制板上架　　　　　(b)涂黏接剂或印刷焊膏　　　　　(c)贴装片式元器件

(d)波峰焊或再流焊　　　　　(e)清洗　　　　　(f)测试

图 9.3.1　表面安装技术的典型工艺流程示意图

表面安装一般有 4 种方式,如图 9.3.2 所示,其中,(a)、(b)分别为单、双面片式元器件贴装,(c)、(d)分别为单、双面片式元器件与插装元器件混合安装。

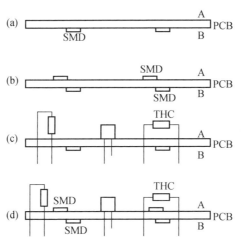

图 9.3.2　表面贴装的方式

9.3.3　手工更换表面组装元器件的方法

在对表面组装电路板进行检修时,首先要确定损坏元器件的位置。在手工操作的条件下通常可以用以下方法取下损坏的元器件:

① 做一个专用烙铁头,同时对贴焊元件的两个或3个焊点加热,然后用小镊子轻轻取下损坏的元器件;经测量确认其损坏时,再以相同元器件焊上修复。

② 借助于一种特殊专用的金属丝网状吸锡带。在对被焊元件加热时,送入吸锡带,将焊点的焊锡全部"吃"于吸锡带上,则被焊元件就可以一同取下。

③ 有条件时,用热风枪拆焊表面贴装的元器件非常方便。

手工焊接用的电烙铁功率采用 25 W,且功率和温度最好是可调控的,烙铁头要尖,最好是用抗氧化的烙铁头,焊接时间控制在 3 s 以内,焊锡丝直径为 0.6~0.8 mm。为了防止焊接时元器件移位,可先用环氧树脂胶将元器件粘贴在印制板上的对应位置,胶点大小与位置。待固化后,刷上助焊剂,再进行焊接。

另外由于贴装元器件的相邻焊点很近,焊接完成后,要及时清洗干净,细心检查,确认不与周围元器件、焊点粘连后,才可以加电试验。

习题 9

一、填空题

1. 表面组装元器件按元件的功能分为 _____ 元件、_____ 元件和 _____ 元件 3 大类。

2. 适于表面贴装的引线结构有两种:_____ 形和 _____ 形。

3. 矩形片状元件通常以长和宽表示规格,例 2012、1608 等,前两位数表示 _____,后表示 _____,单位为 _____。

4. 表面安装技术(SMT)的典型工艺:_____ → _____ →贴装片式元器件 →波峰焊或再流焊→ _____ → _____。

二、简答题

1. 简述表面组装元器件的特点。

2. 什么是表面安装技术?简述表面安装技术的优缺点。

3. SMT 的典型工艺流程有哪几个步骤?表面安装有哪 4 种方式?

第 **10** 章

集成电路

　　集成电路是一种微型电子器件,采用一定的工艺,把一个电路中所需的晶体管、二极管、电阻、电容和电感等元件及布线互连一起,制作在一小块或几小块半导体晶片或介质基片上,然后封装在一个管壳内就成为具有所需电路功能的集成电路。通常用英文缩写"IC"表示。集成电路实现了材料、元件和电路三位一体,与分立元件电路相比,具有体积小、重量轻、功耗小、性能好、可靠性高和成本低等特点,得到了广泛应用和迅速发展。

10.1　集成电路分类、型号命名

10.1.1　集成电路分类

1. 按功能结构分类

　　集成电路按其功能、结构的不同,可以分为模拟集成电路和数字集成电路两大类。

　　习惯上,人们把连续变化的物理量称作模拟量,而把不随时间连续变化的量称作数字量(又叫开关量)。据此,把输入和输出是模拟量的集成电路称为模拟集成电路,是数字量的则称为数字集成电路。

2. 按制造工艺及电路根本工作原理分类

　　按照制造工艺及电路根本工作原理分,集成电路可分为两大类,即双极型集成电路和单极型集成电路(又称 MOS 集成电路,金属-氧化物-半导体集成电路)。

　　双极型集成电路是指由双极型晶体管主要是 NPN 型管(少量采用 PNP 型管)及电阻组成的集成电路。参与导电的是电子和空穴两种载流子。

　　MOS 集成电路是由金属-氧化物-半导体晶体管组成的电路。由于 MOS 晶体管工作时,参与导电的载流子只有一种(电子或空穴),所以 MOS 集成电路又称单极型集成电路。由于 MOS 晶体管有 P 沟道和 N 沟道两种类型,它们可以组合成 3 种 MOS集成电路。凡由 NMOS 晶体管构成的集成电路,叫 N 沟道 MOS 集成电路,简称NMOS 集成电路。凡由 PMOS 晶体管构成的集成电路称 PMOS 集成电路。若由NMOS 晶体管和 PMOS 晶体管互补构成的集成电路称为互补型 MOS 集成电路,简写成 CMOS 集成电路。由于 MOS 集成电路具有工艺简单、功耗小、集成度高等优点,近年来 MOS 集成电路的发展及应用更为广泛。

3. 按集成度高低分类

集成电路按集成度高低的不同,可分为小规模集成电路(一般少于 100 个元件或少于 10 个门电路)、中规模集成电路(一般含有 100~1 000 个元件或 10~100 个门电路)、大规模集成电路(一般含有 1 000~10 000 个元件或 100 个门电路以上)、超大规模集成电路(一般含有 10 万个元件或 10 000 个门路以上)。

4. 按封装形式分

集成电路的封装形式有很多种,常见的有普通双列直通封装(DIP)、普通单列直插封装(SIP)、锯齿双列直插封装(ZIP)、小外形封装(SOP)、带散热器的 SOP 封装(HSOP)、小型 SOP 封装(SSOP)、薄的缩小型 SOP 封装(TSSOP)、表贴晶体管封装(SOT)、J 形引线小外形封装(SOJ)、有引线塑料芯片载体封装(LCC)、四面扁平封装(QFP)、无引线片式载体封装(PLCC)、带引脚的陶瓷芯片载体(CLCC)、球型矩阵封装(BGA)、J 形引脚芯片载体封装(JLCC)等封装形式,其他封装形式有软封装、厚膜电路封装、圆形金属封装等。各种封装形式如图 10.1.1 所示。

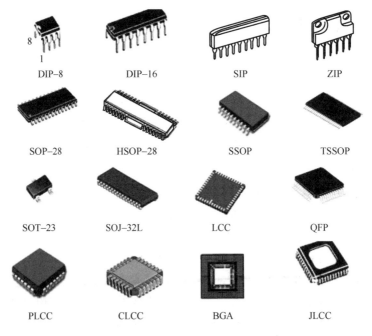

图 10.1.1　集成电路的封装形式

10.1.2　集成电路的型号命名

1. 国标(GB 3430—89)集成电路的型号命名

国标(GB 3430—89)集成电路型号命名由 5 部分组成,各部分的含义如表 10.1.1 所列。

表 10.1.1　国标(GB 3430—89)集成电路型号命名及含义

第一部分 × 表示符合国标		第二部分 × 用字母表示类型		第三部分 ××××× 表示系列、代号	第四部分 × 用字母表示温度范围		第五部分 × 用字母表示封装形式	
字母	含义	字母	含义		字母	含义	字母	含义
C	中国制造	B	非线性电路	用数字或字母混合表示集成电路系列和代号	C	0～70℃	B	塑料扁平
		C	CMOS 电路				C	陶瓷芯片载体封装
		D	音响电视电路				D	多层陶瓷双列直插
		E	ECL 电路		G	−25～70℃	E	塑料芯片载体封装
		F	线性放大电路					
		H	HTL 电路				F	多层陶瓷扁平
		J	接口电路		L	−25～85℃	G	网络阵列封装
		M	存储器					
		W	稳压器				H	黑瓷扁平
		T	TTL 电路		E	−40～85℃	J	黑瓷双列直插封装
		μ	微型机电路				K	金属菱形封装
		A/D	A/D 转换器		R	−55～85℃		
		D/A	D/A 转换器				P	塑料双列直插封装
		SC	通信专用电路				S	塑料单列直插封装
		SS	敏感电路		M	−55～125℃		
		SW	钟表电路				T	金属圆形封装

2. 国外集成电路的型号命名

国外厂家生产的集成电路没有统一的命名标准,各生产厂家都有自己的一套命名方法。一般地,产品标识的前缀表示了该集成电路的功能,国内市场上常见的集成电路型号命名方法如表 10.1.2 所列。

表 10.1.2　常见的国外主要集成电路厂家常用的产品前缀及意义

生产厂家	产品前缀意义
美国摩托罗拉(Motorola)公司	MC:通用数字与线性,MCM:存储器,LM:仿 NSC 公司的产品,MMS:仿 NSC 公司的存储器系统
美国国家半导体公司(NSC)	LF:线性场效应电路,LH:线性混合电路,LM:线性单片电路,LP:低功耗电路,LX:传感器电路,CD:CMOS 电路
美国仙童公司(FSC)	μA:线性电路,F:数字电路,SH:混合电路
日本东芝(Toshiba)公司	TA:双极性线性电路,TC:CMOS 电路,TD:双极性数字电路,TL:MOS 线性电路,TM:MOS 数字电路
日本三洋(Sanyo)公司	LA:双极性模拟电路,LB:双极性数字电路,LC:CMOS 电路,LD:薄膜电路,LM:PMOS 电路,STK:厚膜电路
日本松下(Panasonic)公司	AN:双极性线性电路,DN:双极性数字电路,MN:MOS 电路
日本索尼(Sony)公司	CXA (CX):双极性线性电路,CXB:双极性数字电路,CXD:MOS 电路,CXK:存储器电路,CXP:微处理器,CXL:CCD 信号处理

10.2　数字集成电路

10.2.1　TTL 与 CMOS 数字集成电路

数字集成电路按结构不同,分为双极型和 MOS 型(单极型)两种。双极型的主要产品类型有 DTL(二极管-晶体管逻辑电路)、TTL(晶体管-晶体管逻辑电路)和 HTL(高抗干扰逻辑电路)型等;MOS 型的主要产品类型有 PMOS、NMOS、CMOS 型。电子装置中通常使用的是 TTL 和 CMOS 型两种数字集成电路。

1. TTL 数字集成电路

TTL 数字集成电路是双极型数字电路,参与导电的是电子和空穴两种载流子。

TTL 集成电路有 54/74 系列国际通用的标准集成电路。74 系列数字集成电路从最初的 74××(标准型)到现在已发展成 74LS××(低功耗肖特基型)、74S××(肖特基型)、74ALS××(先进低功耗肖特基型)、74AS××(先进肖特基型)、74F××(高速型)等系列。不同系列相同品种代号的集成电路逻辑功能及引脚完全相同,但在性能上有所不同。现在最流行、应用最多的是 74LS 系列,该系列电路的工作速度比标准系列电路有所提高,而功耗只有标准系列电路的 1/5。54 系列除了工作温度范围宽、电源容差大(可达 4.5～5.5 V)之外,其他性能与 74 系列基本相同,54 系列常用于军用品。

2. CMOS 数字集成电路

CMOS 电路是将 NMOS 管和 PMOS 管连接成互补形式而组成的集成电路。

国际上通用的 CMOS 数字逻辑电路,主要有美国无线电(RCA)公司的 CD400O 系列产品和美国摩托罗拉(Motorola)公司开发的 MC14000 系列产品。CD4000 系列按工作电压范围、输出驱动能力的不同又可分成 A、B 两大类。CD4000A 系列的电源电压在 3～15 V,输出驱动能力稍差;CD4000B 系列的电源电压为 3～18 V,在 5 V 电源时可驱动一个 74LS 系列 TTL 电路或两个 74ALS 系列电路,因此 B 系列器件可以与 TTL 电路混合使用。

美国摩托罗拉公司开发的 74 系列的高速 CMOS 电路有 3 类:74HC××(为 CMOS 工作电平)、74HCT××(为 TTL 工作电平)、74HCV××(适用于无缓冲级的 CMOS 电路)。该系列的速度比一般的 CMOS 电路快,与 TTL 系列相同品种代号的引脚兼容。

3. TTL 和 CMOS 型两种数字集成电路的特性比较

CMOS 电路与 TTL 电路相比,有不少实用特性:

① 微功耗　CMOS 电路的功耗极小,仅为 TTL 电路的数百分之一。

② 工作电源电压范围大　TTL 电路一般要求电源电压为 $5(1\pm5\%)$ V;而 CMOS 电路则能在 3～18 V 的范围内工作,对电源要求很低。

③ 输入阻抗高　CMOS 电路的输入阻抗极高(可达 10^{10} Ω),所以对前级信号源仅索取极微小的电流,对前级工作几无影响。

④ 工作温度范围宽　TTL 电路的工作温度范围在 0～+70℃ 间,而 CMOS 电路则可在 $-40～+85$℃ 间(塑料封装)。

此外,COMS 电路还有可靠性、抗干扰性好的特点。COMS 电路的价格一般比 TTL 电路略高。

10.2.2　数字集成电路使用注意事项

① 不要在通电情况下插拔集成电路或者带有集成电路的印制电路板,以免瞬间过压使电路损坏。谨防电源正、负极接反。装配和调试 CMOS 电路过程中,所用的电烙铁和仪器仪表都应良好接地。焊接时应先焊接地端。

② CMOS 电路要求输入信号的幅度必须小于电路的电源电压,要满足 $V_{ss}\leqslant V_i\leqslant V_{cc}$($V_{ss}$、$V_{cc}$ 分别是器件的地端、正端电位)这个条件。

TTL 电路和 CMOS 电路的输入、输出的逻辑电平范围如图 10.2.1 所示。

③ 对多余输入端的处理。

对于 CMOS 电路,多余的输入端不能悬空。否则,静电感应产生的高压容易引起器件损坏,这些多余的输入端应该接 V_{cc} 或 V_{ss},或与其他正使用的输入端并联。

对于 TTL 电路,多余的输入端允许悬空。悬空时,该端的逻辑输入状态一般都作为"1"对待。但考虑到外界信号的干扰,最好不要悬空,虽然悬空相当于高电平,并不影响"与门、与非门"的逻辑关系,但悬空容易受干扰,有时会造成电路误动作。因此,多余输入端应根据实际需要作适当处理。例如,"与门""与非门"的多余输入端可接到电源 V_{CC} 上;也可将不同的输入端共用一个电阻连接到 V_{CC} 上;或将多余的输入端并联使用。对于"或门""或非门"的多余输入端应直接接地。

④ 多余的输出端处理。

多余的输出端应该悬空处理,防止输出端直接对电源短路、输出端相互之间短路、过载等情况引起过功耗损坏。否则,会产生过大的短路电流而使器件损坏。

⑤ 数字集成电路之间互换使用。

很多型号的数字 IC 之间可以直接互换使用,如国产的 CC4000 系列。可与 CD4000 系列、MC14000 系列直接互换使用。国外型号较多,但对于同功能的 CMOS 集成电路,一般其最后标的 4 位数字(或 5 位数字)是一致的,例如双 D 触发器的型号有 CD4013、MC14013、MM74C4013 等。

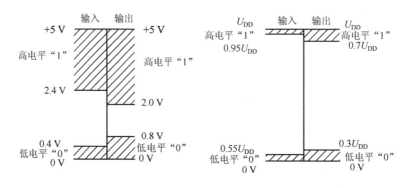

图 10.2.1　TTL 电路和 CMOS 电路输入、输出逻辑电平范围

但有些引脚功能、封装形式相同的 IC,电参数有一定差别,互换时应注意,如国产 CC4000 系列与 C×××系列,前者的工作电源电压范围为 3～18 V,后者为 7～15 V,在＋5 V 的电源条件下不能用 C×××代换 CC4000 系列的 IC。

10.3　模拟集成电路

模拟集成电路中通过的是模拟量电信号,它的发展要比数字集成电路晚些。由于半导体工艺技术的不断发展,目前模拟集成电路数量、品种均占集成电路中很大比例。现代家用电器中大量采用模拟集成电路。

10.3.1　模拟集成电路的特点和种类

模拟集成电路相对数字集成电路和分立元件电路来说具有以下特点:

① 电路处理的是连续变化的模拟量电信号(即其幅值可以是任何值)。除了在输出级外,电路中的信号电平值较小,其内器件多工作在小信号状态,不像数字电路那样工作在大信号的开关状态。

② 信号的频率范围往往可以从直流一直延伸到高频段。模拟集成电路一般可以从直流开始工作,至于上限工作频率则不同品种的集成电路有不同值。

③ 模拟集成电路中的元器件种类较多,除了数字集成电路中大量采用的 NPN 晶体管(或 MOS 管)及电阻外,还采用了 PNP 晶体管、场效应晶体管、高精度电阻及膜电容器等。所以模拟集成电路生产中采用多种工艺手段,其制造技术一般比数字电路复杂些。

④ 除了应用于低电压电器中的电路外,大多数模拟集成电路的电源电压较高,输出级模拟集成电路的电源电压可达几十伏以上。

⑤ 为了发挥集成电路工艺特点和便于应用,模拟集成电路往往具有内繁外简的电路形式——即电路构成比分立元件电路复杂,但其应用则方便得多(即外电路元件少),电路功能更完善。

模拟集成电路按功能可以分为线性集成电路、非线性集成电路和功率集成电路3 大类:

➤ 线性集成电路有运算放大器、直流放大器、音频电压放大器、中频放大器、高频(或宽频)放大器、稳压器、专用集成电路。

➤ 非线性集成电路有电压比较器、数-模变换器(D/A 变换器)、模-数变换器(A/D 变换器)、读出放大器、调制-解调器、变频器、信号发生器。

➤ 功率集成电路有音频功率放大器、射频发射电路、功率开关、变换器、伺服放大器。

上述模拟集成电路的上限工作频率最高均在 300 MHz 以下,300 MHz 以上的习惯上称微波集成电路,已不属于模拟集成电路的范围。

下面介绍几种家用电器中常用的模拟集成电路。

10.3.2　集成运算放大器

1. 集成运放的电路符号和常见的运放集成电路

(1)集成运放的电路符号

集成运算放大器(简称集成运放或运放)是一种高放大倍数、高输入阻抗的直接耦合多级放大器。它的内部通常包括 4 个组成部分:输入级、中间级、输出级和偏置电路。

集成运放的电路符号如图 10.3.1 所示,有用方框形的,也有用三角形的。两个输入端中,"－"号表示反相输入端,"＋"号表示同相输入端。输出端的"＋"表示输出电压为正极性。

图 10.3.1 集成运放的电路符号

集成运算放大器的输出和输入具有如下关系：

$$U_0 = A_{od}(U_+ - U_-)$$

式中，A_{od} 是其开环差模电压增益。运放在使用时通常要将输出信号的一部分送回反相输入端，称之为"闭环"，而不加反馈时叫作"开环"。

将运算放大器一些参数理想化的运算放大器叫作理想运算放大器。理想运放的主要技术指标如下：

① 开环差模电压增益 $A_{od} = \infty$；

② 差模输入电阻 $R_{id} = \infty$；

③ 输出电阻 $R_0 = 0$；

④ 共模抑制比 $K_{CMR} = \infty$；

⑤ 输入失调电压 $U_{IO} = 0$

⑥ 开环带宽 $f_{BW} = \infty$。

在分析集成运放的各种应用电路时，为简化分析，如无特殊说明，均将集成运放作为理想运放来考虑。

(2)常见的集成运算放大器

常用的集成运算放大器有以下几种：

1)单运放

单运放电路如 μA741(F007)、NE5534，如图 10.3.2 所示。μA741(F007)中 1 脚为调零端，2 脚为反相端，3 脚为同相端，4 脚为负电源端，5 脚为调零端，6 脚为输出端，7 脚为正电源，8 脚为空脚。

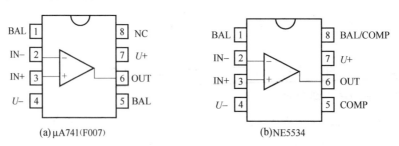

图 10.3.2 典型的单运放

2)双运放

双运放电路(如 TL082、NE5532、LM833、LT1057)如图 10.3.3 所示。

3)四运放

四运放电路(如 LM324、TL084)如图 10.3.4 所示。

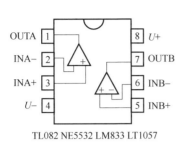

TL082 NE5532 LM833 LT1057

图 10.3.3　典型的双运放

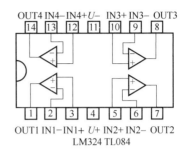

图 10.3.4　典型的四运放

2. 集成运放的线性运用

(1)理想运算放大器工作在线性区的特点

图 10.3.5 是集成运放的传输特性。由图可见,当工作在线性区(如运放 F007, $U_+-U_-\leqslant\pm70~\mu\mathrm{V}$)时,集成运放的输出电压与其两个输入端的电压差呈线性关系,即:

$$U_\mathrm{o}=A_\mathrm{od}(U_+-U_-)$$

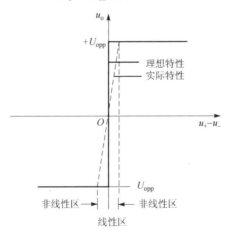

图 10.3.5　集成运放的传输特性

理想运放工作在线性区时有以下两个重要特点:

① 理想运放的差模输入电压等于0——虚短

即 $U_+-U_-=0$

② 理想运放的输入电流等于0——虚断

即 $i_+=i_-=0$

(2)理想运算放大器的线性应用电路

1)运算电路

① 比例运算电路,如图 10.3.6 所示。

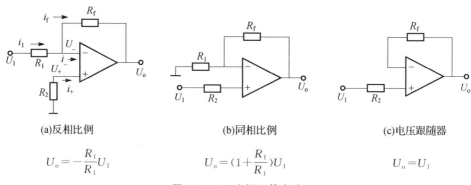

(a)反相比例　　　　　　　　　(b)同相比例　　　　　　　　　(c)电压跟随器

$$U_\text{o}=-\frac{R_\text{f}}{R_1}U_1 \qquad\qquad U_\text{o}=(1+\frac{R_\text{f}}{R_1})U_1 \qquad\qquad U_\text{o}=U_1$$

图 10.3.6　比例运算电路

② 加法和减法运算电路,如图 10.3.7 所示。

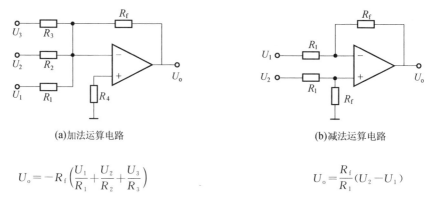

(a)加法运算电路　　　　　　　　　　　　　(b)减法运算电路

$$U_\text{o}=-R_\text{f}\left(\frac{U_1}{R_1}+\frac{U_2}{R_2}+\frac{U_3}{R_3}\right) \qquad\qquad U_\text{o}=\frac{R_\text{f}}{R_1}(U_2-U_1)$$

图 10.3.7　加减法运算电路

③ 积分和微分电路,如图 10.3.8 所示。

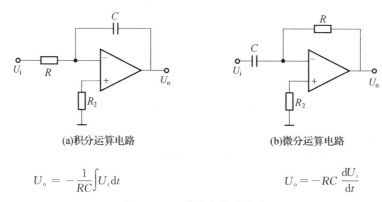

(a)积分运算电路　　　　　　　　　　　　　(b)微分运算电路

$$U_\text{o}=-\frac{1}{RC}\int U_\text{i}\,\mathrm{d}t \qquad\qquad U_\text{o}=-RC\,\frac{\mathrm{d}U_\text{i}}{\mathrm{d}t}$$

图 10.3.8　积分和微分电路

2)有源滤波电路

一阶有源滤波电路如图 10.3.9 所示。

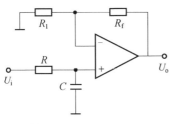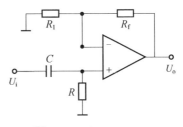

(a)一阶有源低通滤波器　　　　　(b)一阶有源高通滤波器

图 10.3.9　一阶有源滤波电路

3. 集成运放的非线性运用

(1)理想运算放大器工作在非线性区的特点

如果运放的工作信号超出了线性放大的范围,则进入非线性区,理想运放工作在非线性区时,也有两个重要的特点:

① 理想运放的输出电压 U_o 的值只有两种可能:

当 $U_+ > U_-$ 时, $U_o = +U_{0PP}$;

当 $U_+ < U_-$ 时, $U_o = -U_{0PP}$ 。

式中, U_{0PP} 为最大输出电压。此时,"虚短"现象不复存在。

② 理想运放的输入电流等于 0,即: $i_+ = i_- = 0$ 。

(2)理想运算放大器的非线性应用电路

电压比较器电路如图 10.3.10 所示。

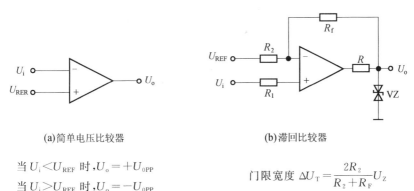

(a)简单电压比较器　　　　　　　　　(b)滞回比较器

当 $U_i < U_{REF}$ 时, $U_o = +U_{0PP}$

当 $U_i > U_{REF}$ 时, $U_o = -U_{0PP}$

门限宽度 $\Delta U_T = \dfrac{2R_2}{R_2 + R_F} U_Z$

图 10.3.10　电压比较器

10.3.3　集成线性稳压器

集成线性稳压器是将直流稳压电路的调整管、稳压管、比较放大器和多种保护电路集成到一块芯片上的单片集成稳压电源,具有体积小、外围元减少、稳压精度高、工作可靠等多方面的特点。集成稳压电路种类很多,最常用的是三端集成稳压器。三端集成稳压器只有 3 个外部接线端子,即输入端、输出端和公共端。三端稳压器可分为固定式和可调式两类。

1. 三端固定式集成稳压器

(1)三端固定式集成稳压器的型号命名和外形封装

三端固定式集成稳压器有正稳压器78×××系列和负稳压器79×××系列。

该器件内设限流和热保护等功能,后缀"×××"代表不同的最大输出电流和额定输出电压,第一个×代表最大输出电流(L 表示 100 mA,M 表示 500 mA,空缺表示 1 A,S 表示 2 A);后两个××用数字表示额定输出电压值(有 5 V、6 V、9 V、12 V、15 V、18 V、24 V),如 7805 的额定输出电压是+5 V,最大输出电流是 1 A;79M15 输出则是−15 V,500 mA。

78 系列与 79 系列外形封装及引脚如图 10.3.11 所示。

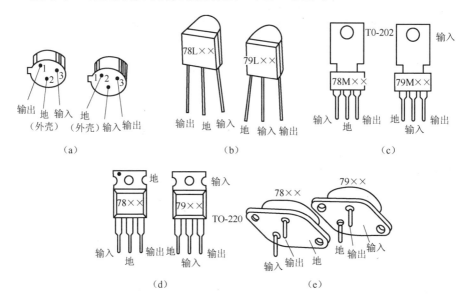

图 10.3.11　三端固定式线性稳压集成电路外形封装及引脚

(2)三端固定式集成稳压器的典型应用电路

图 10.3.12 是三端集成稳压器的典型应用电路。

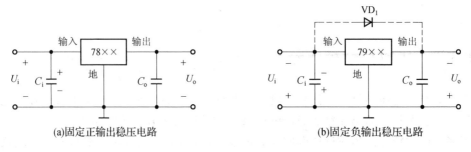

图 10.3.12　三端集成稳压器典型应用电路

实际应用电路中,芯片输入端、输出端与地之间除分别接大容量滤波电容外,通常还需在芯片引出根部接小电容(0.1 μF～10 μF)C_i、C_0 到地。C_i 用于抑制芯片自激振荡,C_0 用压窄芯片的高频带宽,减小高频噪声。同时,C_i 和 C_0 应紧靠集成稳压器安装。

78 系列与 79 系列的输入、输出引脚序号不同,在使用时不要搞错。它们的输入电压至少比输出的额定电压大 3 V,才能有良好的稳定电压输出,但两者差别也不要太大,否则,集成稳压器的管耗大,发热也大。当 $U_0 > 6$ V 时,往往在输入端与输出端并接一个二极管,如图 10.3.12(b)中的 VD_1,VD_1 为大电流保护二极管,防止在输入端偶然短路到地时,输出端大电容上储存的电压反极性加到输出、输入端之间损坏芯片。二极管在正常工作时应处于截止状态。

集成稳压器应加足够的散热器,接地端不得悬空。

正、负输出稳压电源能同时输出两组数值相同、极性相反的恒定电压源。图 10.3.13 为正、负输出电压固定的稳压电源,由输出电压极性不同的两片集成稳压器 SW7815 和 SW7915 构成,电路十分简单。两芯片输入端分别加上 ±20 V 的输入电压,输出端便能输出 ±15 V 的电压,输出电流为 1 A。图中 D_1、D_2 为集成稳压器的保护二极管。当负载接在两输出端之间时,如工作过程中某一芯片输入电压断开而没有输出,则另一芯片的输出电压将通过负载施加到没有输出的芯片输出端,造成芯片的损坏。接入 D_1、D_2 起钳位作用,保护了芯片。

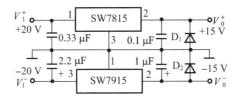

图 10.3.13　正、负输出固定稳压电源

2. 三端可调式集成稳压器

(1)三端可调式集成稳压器的型号命名和外形封装

三端可调式稳压器是在三端固定式稳压器基础上发展起来的一种性能更为优异的集成稳压器件,除了具备三端固定式稳压器的优点外,还可用少量的外接元件实现大范围的输出电压连续调节(调节范围为 1.2～37 V),应用更为灵活。其典型产品有输出正电压的 LM117、LM217、LM317 系列和输出负电压的 LM137、LM237、LM337 系列。同一系列的内部电路和工作原理基本相同,只是工作温度不同。如 LM117、LM217、LM317 的工作温度分别为 −55～150℃、−25～150℃、0～125℃。根据输出电流的大小,每个系列又分为 L 型系列($I_0 \leqslant 0.1$ A)、M 型系列($I_0 \leqslant 0.5$ A)。如果不标 M 或 L,则表示该器件的 $I_0 \leqslant 1.5$ A。三端可调稳压器的外形及引脚排列如图 10.3.14 所示。

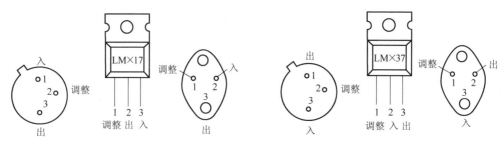

图 10.3.14　可调三端集成稳压器外形及引线端排列

(2)三端可调式集成稳压器的典型应用电路

图 10.3.15 为三端可调稳压器基本应用电路。正常工作时,三端可调集成稳压器输出端与调整端之间的电压为基准电压 U_r,其典型值为 $U_r=1.25$ V,流过调整端的电流典型值为 $I_{Adj}=50\ \mu A$,因此可得输出电压为:

$$U_o=U_r\left(1+\frac{R_2}{R_1}\right)+I_{Adj}\cdot R_2\approx U_r\left(1+\frac{R_2}{R_1}\right)$$

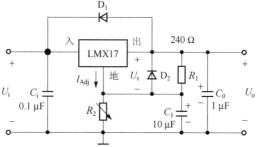

图 10.3.15　三端可调稳压器基本应用电路

式中,I_{Adj} 及 R_2 通常较小,可忽略不计。可见,改变 R_2 的阻值可调节输出电压 U_o 的大小。

图中,C_i、C_o 及 D_1 的作用如前面所述,C_1(10 μF)用于提高稳压器对纹波的抑制作用,D_2 提供 C_1 的放电通路(如输出端因故短路),以便保护芯片。

图 10.3.16 是由 CW117 和 CW337 组成的正、负输出电压可调稳压电源,输出电压调节范围为 $\pm1.2\sim\pm20$ V,输出电流为 1 A。

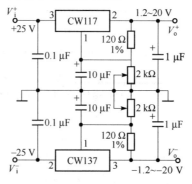

图 10.3.16　正、负输出可调稳压电源电路

10.4　光电耦合器

10.4.1　光电耦合器的特点、结构和符号

　　光电耦合器是将发光管和光电管做在一起的组合器件,能进行"电-光-电"转换,既有分立元件特点,也有组合集成特点,常称为光耦合器或光耦。

　　光电耦合器具有体积小、重量轻、寿命长、抗干扰强、导通压降小等特点,还有导电无触点、不产生电火花、输入和输出端能实现电性能完全隔离等优点,多应用于光电开关、逻辑电路、过流保护、高压控制、线性放大、数模转换、电平匹配等方面。

　　图 10.4.1 是光电耦合器的组成结构示意图和实物图,内部由发光管和光电管构成,常将这种组成结构分为发光和受光两个部分。发光部分是发光管,受光部分是光电管。光电耦合器工作时,信号是从发光管输入,从光电管输出。所以发光部分称为输入端,受光部分称为输出端。

　　发光部分多为发光二极管或红外发射二极管,作用是将一定频率的电信号转换为一定波长的光信号。

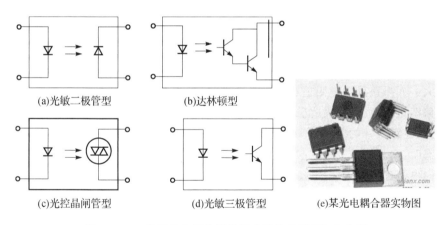

(a)光敏二极管型　　　(b)达林顿型
(c)光控晶闸管型　　　(d)光敏三极管型　　　(e)某光电耦合器实物图

图 10.4.1　常见光电耦合器的组成结构示意图和实物图

　　受光部分多为两极型或三极型光电三极管,作用是接收一定波长的光信号,然后转换为一定频率的电信号。

　　应该指出,根据光电耦合器的功能作用不同,受光部分除采用光电三极管外,也可采用光电二极管、达林顿光电三极管或光控晶闸管光电耦合器。受光部分采用光电二极管,就称为二极管型光电耦合器。依此类推,也就有三极管型、达林顿型、晶闸管型等许多种类,如图 10.4.1 所示,光电耦合器图形符号一般用其结构示意图来表示。

　　集成光电耦合器的封装形式一般有管型、双列直插式等种,如图 10.4.2 所示。

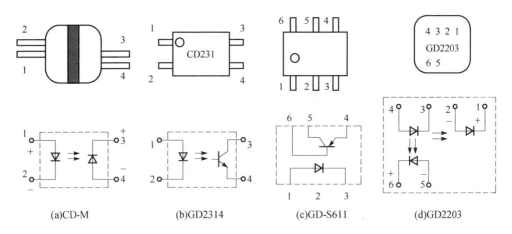

(a)CD-M   (b)GD2314   (c)GD-S611   (d)GD2203

图 10.4.2　光电耦合器的封装形式

10.4.2　光电耦合器的好坏判别

光电耦合管由发光管和光电管组合而成,判别其好坏必须检测这两个元件,才能做出综合判断。另外,由于发光管和光电管之间存在着电性能绝缘,因此,还必须对输入端和输出端的绝缘电阻进行测量,这样才能完整准确地判断光电耦合器的好坏。

(1)发光管好坏的判别

将万用表调到 $R\times1K$ 挡(不能用 $R\times10K$ 挡),用红表笔接发光管负极,黑表笔接正极,正常时正向电阻应为几千欧到几十千欧。再将红黑表笔调换测反向电阻,一般应为无穷大。如果正反向电阻值都符合正常范围,说明发光管是好的。如果正反向电阻值远远偏离正常范围,则发光管是坏的。

(2)光电管好坏的判别

静态时,发光管不发光,光电管不接收光。将万用表调到 $R\times1K$ 挡,测量 c-e 极间正反向电阻都应为无穷大,否则说明光电管已损坏。

动态时,发光管发光,光电管接收光,如图 10.4.3 所示。光电管接收光照后,用 $R\times1$ 挡或 $R\times10$ 挡测光电管的正向电阻(黑笔接集电极,红笔接发射极),正常阻值应为 $10\sim100\ \Omega$。反向电阻应为无穷大。如果测量值符合上述结果,则表明光电管是好的,否则是坏的。

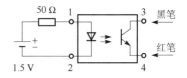

图 10.4.3　光电耦合器的检测电路

光电管经上述两项测量后,仍不能说就是好的,还必须测量输入、输出绝缘电阻。

将万用表调到 $R\times10K$ 挡,用红笔接触光电耦合器输入端(1脚或2脚),黑笔接输出端(3脚或4脚),正常时输入、输出端绝缘电阻应为无穷大。若测量呈现阻值,说明存在漏电或击穿故障。

只有发光管、光电管、绝缘电阻都正常,才能判断被测光电耦合器是好的。

10.5　集成电路的使用

1. 集成电路引脚识别

(1)圆形封装集成电路

将管底对准自己,从管键开始顺时针读引脚序号,如图 10.5.1 所示。

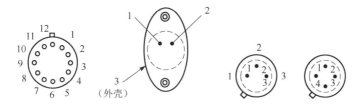

图 10.5.1　圆形封装引脚排列

(2) 单列直插式封装集成电路

以正面(印有型号商标的一面)朝自己,引脚朝下,以缺口、凹槽或色点作为引脚参考标记,引脚编号顺序一般从左到右排列,如图 10.5.2 所示。

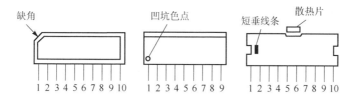

图 10.5.2　单列直插式封装引脚排列

(3)双列或四列封装集成电路

集成电路引脚朝下,以缺口或色点等标记为参考标记,引脚编号则按逆时针方向排列,如图 10.5.3 所示。

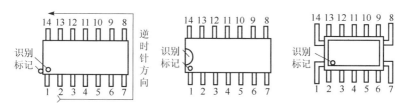

图 10.5.3　双列或四列封装引脚排列

(4)其他编号方法

除了以上常规的引脚方向排列外,也有一些特殊的引脚排列。这些大多属于单列直插式封装结构,尽管型号相同(或同型号不同后缀字母、型号尾数相差 1),但却存在引脚排序完全相反的两个品种,其中一种的引脚方向排列刚好与上面说的相反,即印有型号或商标的一面朝自己时,引脚朝下,引脚排列方向是自右向左的。大多数也是以缺口、凹槽或色点作为引脚参考标记,少数没有识别标记的,可从型号上来区别。如果型号后有一个后缀字母 R,则为反向引脚,没有 R 为正向引脚,如 M5115P 和 M5115PR、HA1399A 和 HA1399AR、HAl366W 和 HA1366WR,如图 10.5.4 所示。这类封装集成电路常见于音频功放电路,为的是设计双声道音频功放电路或 BTL 功放电路时便于印制板电路的排列对称方便而特地设计的。

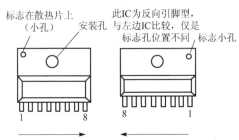

图 10.5.4　引脚排序完全相反的引脚封装排列

2. 集成电路的故障判断

要对集成电路故障做出正确判断,首先要掌握该集成电路的用途、内部结构原理、主要电特性,各引脚对地直流电压、波形、对地正反向直流电阻值等,必要时还要分析内部电原理图。然后按故障现象判断其部位,再按部位查找故障元件。有时需要用多种判断方法去证明该器件是否确属损坏。不要轻易判定集成电路的损坏,有怀疑时先要排除外围元件损坏的可能性。

一般对集成电路的检查判断方法有两种:

一是不在线检查,即集成电路未焊入印制电路板的判断。这种方法在没有专用仪器设备的情况下,要确定该集成电路的质量好坏是很困难的。一般情况下可用直流电阻法测量各引脚对应于接地脚间的正反向电阻值,并与好的集成电路进行对照比较,也可以采用替换法把怀疑有故障的集成电路插到正常仪器设备同型号集成电路的电路上来确定其好坏。有条件时可利用集成电路测试仪对主要参数进行定量检验。

二是在线检查,即将集成电路接在印制电路板上判断,是检测集成电路较实用的方法,有电压测量法、在线直流电阻普测法、电流流向跟踪电压测量法、在线直流电阻测量对比法、非在线数据与在线数据对比法、替换法。

3. 集成电路的拆卸装方法

拆卸、安装以及拔插集都不应带电操作。集成电路及多脚元件拆卸方法通常有下列几种:

➢ 吸锡器吸锡拆卸法;

➢ 医用空心针头拆卸法;

➢ 电烙铁毛刷配合拆卸法;

➢ 增加焊锡融化拆卸法;

> 多股铜线吸锡拆卸法;
> 扁平封装集成电路钢丝钩拆卸法或热风枪拆卸法。

习题 10

一、填空题

1. 按照制造工艺及电路根本工作原理,集成电路可分为两大类:_____型集成电路和_____型集成电路(又称 MOS 集成电路)。

2. 理想运放工作在线性区时有两个重要特点是_____、_____。

3. 模拟集成电路按功能分为_____集成电路、_____集成电路和_____集成电路 3 大类。

4. 三端固定式集成稳压器 78×××系列和 79×××系列。第一个后缀×代表最大输出电流(L 表示_____ mA,M 表示 mA,空缺表示_____ A,S 表示_____ A),后两个××用数字表示额定输出电压值。

5、光电耦合器是将_____管和_____管做在一起的组合器件,能进行"电-光-电"转换。

二、简答题

1. 简述集成电路的分类。

2. 何谓 TTL 数字集成电路? 何谓 CMOS 数字集成电路?

3. 简述三端固定式集成稳压器的型号命名。

4. 如何用指针式万用表判别光电耦合器的好坏?

5. 简述集成电路的故障分析判断方法。

6. 集成电路拆卸方法常用的有哪几种?

第 **11** 章

霍尔元件

霍尔元件是一种磁敏传感器,具有使用寿命长、无触点磨损、无火花干扰、无转换抖动、工作频率高、温度特性好等特点。

11.1 霍尔元件

11.1.1 霍尔元件的结构、符号和型号

1. 霍尔元件的结构

霍尔元件结构很简单,采用半导体制造工艺,将半导体材料制成薄片,然后在四周垂面安装 4 个电极,再进行封装就制成了一个霍尔元件,如图 11.1.1 所示。图中半导体薄片是霍尔元件的主体,4 个电极分别叫霍尔元件的电极①、电极②、电极③和电极④。其中,电极①、②是一对电极,电极③、④是一对电极。

2. 霍尔元件的图形符号

霍尔元件的图形符号如图 11.1.2 所示。将"霍"字第一个汉语拼音字母"H"标注在霍尔元件图形上。

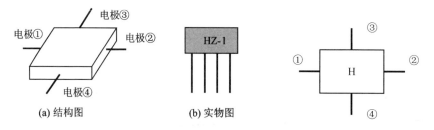

(a) 结构图　　　　　　　(b) 实物图

图 11.1.1　霍尔元件的组成结构　　　　图 11.1.2　霍尔元件的图形符号

应用霍尔元件时,外加电压通常加在电极①、电极②端,于是在电极③、电极④端产生电势。改变电极①、电极②端外加电压的高低,可改变电极③、电极④端产生电势的大小。电极①、电极②两端称为控制电流极,电极③、电极④两端称为霍尔电势极。

3. 霍尔元件的型号说明

随着电子工业的飞速发展,我国已生产了多种性能不同、用途不同的霍尔元件。表 11.1.1 列出了两个系列霍尔元件的型号。

表 11.1.1　部分霍尔元件参数表

参　数			型　号		
			HZ – 1	HZ – 2	HT – 1
参数名称	符　号	单　位	参数值		
材　料			锗	锗	锑锑
电阻率	ρ	Ω.cm	1±20%	1±20%	0.003～0.01
几何尺寸		mm^3	78×3.8×0.2	4×2×0.18	6×3×0.2
控制电流极内阻	R_i	Ω	110(1±20%)	110(1±20%)	0.8(1±20%)
霍尔电势极内阻	R_V	Ω	100(1±20%)	100(1±20%)	0.5(1±20%)
灵敏度	K_H	mV/mA·mT	150(1±20%)	150(1±20%)	18(1±20%)
不等位电阻	R_0	Ω	<0.1	<0.05	<0.005
最大工作电流	I_M	mA	20	20	250
霍尔电势温度系数	α	1/℃	0.05%	0.06%	−1.5%
内阻温度系数	β	1/℃	0.5%	0.4%	−0.5%
工作温度		℃	0～60	0～60	0～40

霍尔元件的型号基本由三部分组成,第一部分用汉语拼音字母表示霍尔元件,第二部分用汉语拼音字母表示制作材料,第三部分用数字表示参数区别。下面就一个型号的霍尔元件进行具体说明。

"HZ – 2"型中,第一部分"H"表示"霍尔元件";第二部分"Z"表示材料是"锗";第三部分"2"是"HZ"系列霍尔元件的细分种类,表示同一系列、不同种类霍尔元件的参数有区别。例如,HZ – 2 型和 HZ – 1 型霍尔元件的部分参数就有区别。

11.1.2　霍尔元件的工作原理和工作条件

1. 霍尔元件的工作原理

霍尔元件的显著特点是具有霍尔效应。霍尔效应是指把半导体薄片放在磁场中,将磁场和半导体薄片平面垂直,在半导体薄片对应两侧导通电流时,就能在另外两侧产生电势。

霍尔效应不仅半导体材料有,金属材料也有,但半导体材料比金属材料中的霍尔效应显著一些,所以就用半导体材料来制作具有这一特性的器件,称为霍尔元件。

下面以 P 型半导体霍尔效应为例来说明霍尔元件的工作原理。

图 11.1.3 是 P 型半导体霍尔效应原理图。当 P 型半导体薄片放入磁场中,并在

电极①、电极②加①端正和②端负的电源电压时,电极①、电极②便产生图11.1.3所示方向的电流 I_g。P型半导体中多数载流子是带正电荷的空穴,它的运动方向 S 与电流 I_g 的方向相同,由电极①向电极②。根据左手定则可知,空穴受磁场力作用的方向是指向电极③的,空穴便向电极③运动,结果使电极③空穴密度增大,电极④空穴密度减小。这样,在电极③和电极④两端就形成了电位差,产生了电势 E_H,就是霍尔电势。这就是P型半导体霍尔效应的原理。

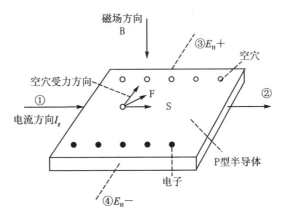

图 11.1.3 P型半导体霍尔效应原理图

霍尔电势 E_H 产生后也对空穴产生作用力,力的方向是由电极③指向电极④,这一作用力阻止空穴进一步向电极③运动。这样,空穴便受电势和磁场两个相反方向力的作用,当电极③空穴累积到一定程度后,受到的两种作用力正好相等,从而达到稳定平衡状态;电极③端空穴密度不再增加,于是就在电极③和电极④两端形成大小不变的霍尔电势 E_H。

实验证明,霍尔电势 E_H 的大小与电流 I_g(即磁场强度 B)成正比,即:

$$E_H = 0.1KI_gB$$

式中,K 称为霍尔常数或霍尔系数,可从半导体手册中查出。

根据上式可知,如果改变控制电流 I_g、磁场强度 B,或两者同时改变,就可改变霍尔电势 E_H。利用这些特性,可将霍尔元件应用在自动监测、自动控制等方面。

2. 霍尔元件的工作条件

经上述分析,可初步了解霍尔元件的作用原理。通俗地讲,霍尔元件在工作中必须符合两个条件:

① 必须在两个控制极加一定电压,以产生一定的控制电流。

② 霍尔元件的半导体薄片必须感应到磁场。

只有两个条件同时具备,霍尔元件才能产生和输出霍尔电势,两个条件缺一不可,否则霍尔元件就无霍尔电势输出。

11.1.3　霍尔元件的主要参数

（1）控制极内阻

是指霍尔元件电极①、电极②之间的直流电阻，常用 R_1 表示。

（2）霍尔电势极内阻

是指霍尔元件电极③和电极④之间的直流电阻，常用 R_V 表示。

（3）灵敏度

是指两个控制极导通 1 mA 电流并感应 100 mT 磁场时，所产生的霍尔电势的值。不难理解，如果产生的霍尔电势越大，则霍尔元件的灵敏度就越高；产生的霍尔电势越小，则霍尔元件的灵敏度就越低。

（4）最大工作电流

是指霍尔元件在工作中，控制电极①、电极②两端之间能够导通的最大电流值，常用 I_M 表示。

其他参数还有霍尔电势温度系数，内阻温度系数和工作温度等，参见表 11.1.1。

11.1.4　霍尔元件的应用

霍尔元件的用途非常广泛，可制造测量磁场的磁场计、测量直流大电流的电流表以及功率计、乘法器；也可用于自动化检测装置，将位移、压力、速度、加速度、流量等非电量转换成电量；还可以代替三极管完成放大、振荡、调制、检波等工作。霍尔元件可以集成为霍尔开关。这些新型的仪表和装置具有结构简单、体积小、噪声小、寿命长、精度高等优点。

下面介绍霍尔元件直流大电流测量中的应用。在电子领域中，电流测量是一项经常的工作，可分为交流电流测量与直流电流测量。对于较小的电流，均可用电流表直接测量；对较大的电流，往往需要进行间接测量。对于较大交流电流，可用电流互感器或钳形电流表测量；对于较大直流电流的测量，可利用霍尔元件来进行。测量原理如图 11.1.4 所示。

为了体现利用霍尔元件测量导线中直流电流，图 11.1.4 中有意将霍尔元件放大并与导线平行。测量原理：将测量表调到某一档位时，表内电池就给霍尔元件控制极①和②端加上了电压（图中未画出电池），在①和②端产生了图示方向的电流。当导线中通过大电流时，周围就产生磁场强度 B，磁场强度 B 与导线的电流 I 成正比。霍尔元件感应到这个磁场强度 B，于是产生相应的霍尔电势 E_H，并通过测量表指示出来。显然，测量表的读数值与导线中流过电流大小是成比例的，即测量表

图 11.1.4　霍尔元件测量直流大电流的原理图

的读数值就反映了被测导线中电流值。

这一过程概括如下：导线中电流 I→产生导线周围磁场强度 B→霍尔元件感应磁场强度 B→产生霍尔电势 E_H→形成测量电流回路→指针偏转读出相应原导线中电流值 I。

利用霍尔元件同样可以间接测量交流电流，但此时产生的霍尔电势是交变电势，所以霍尔电势极必须接交流电压表的表头。利用霍尔元件测量电流有很多优点：

➤ 测量方便，不必断开导线就可直接进行测量。

➤ 没有其他磁场干扰（互感器会产生其他磁场干扰）。

➤ 电流刻度是线性的，准确度较高。

11.2 霍尔开关

霍尔元件除在电流计和磁场计等方面单独运用外，另一方面就是与其他元件组装在一起构成集成式霍尔开关。

11.2.1 霍尔开关的结构和外形

1. 霍尔开关的结构

图 11.2.1 是 HST 系列集成霍尔开关内部电路结构。虚线框内部电路构成了霍尔开关，它由霍尔元件、差分放大器、施密特触发器、三极管功率放大器等几部分集成为一个整体。在霍尔开关上分别引出红、黄、黑 3 根导线作为 3 个电极，第①电极为电源端(红色)，将外部电源 U_{cc} 加到霍尔开关内，为霍尔开关内部电路提供工作电压；第②电极为信号输出端(黄色)，霍尔开关检测磁场并转换成电信号后，便由第②电极向外输出，输出信号常用 U_{OUT} 表示；第③电极为接地端，常用 GND 表示，它一方面是供电电源的负极，另一方面是输出信号的冷端，即由地线构成电源的电流回路和输出的信号回路。

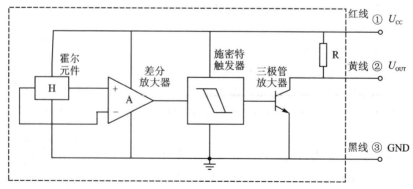

图 11.2.1 HST 系列集成霍尔开关内部电路结构

2. 霍尔开关的外形

图 11.2.2 是 3 种常见霍尔开关的外形图,不管外形如何,内部都包含了图 11.2.1 中经过集成化的全部电路。从外形尺寸看,霍尔开关很小,内部元件更小,这就是集成化的特点。

任何一种霍尔开关都必须有一个磁场感应面和 3 个电极,以便内部霍尔元件能感应到磁场,从输出端输出信号。这样才能传送到其他被控制的元件或电路上,因此霍尔开关也叫霍尔传感器。

图 11.2.2(a)中的霍尔开关为螺母式,能横向固定在某一部位测量磁场;图 11.2.2(b)、(c)为穿孔式,可纵向固定在某一部位测量磁场。

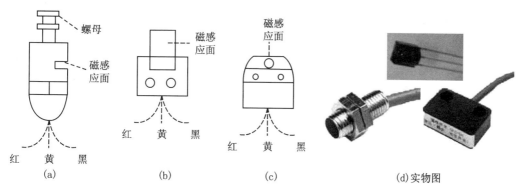

图 11.2.2　常见霍尔开关的外形图和实物图

11.2.2　霍尔开关的工作原理

图 11.2.3 是霍尔开关的工作原理图。图 11.2.3(a)中 CS3020 型霍尔开关第①电极加 5 V 电源电压,并在磁感应面放置磁铁。当磁铁距磁感应面较近时,霍尔开关感应到磁场,满足工作必须的两个条件就能工作。当磁铁距磁感应面为 5～10 mm,使霍尔元件感应的磁感应强度达到 80 mT 时,霍尔元件就产生霍尔电势 E_H。

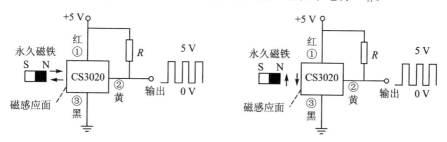

图 11.2.3　是霍尔开关的工作原理图

霍尔电势 E_H 产生后送入差分放大器放大,如图 11.2.1 所示。放大信号又送到施密特触发器,一旦触发器被触发,则输出高电平加到三极管基极使三极管饱和导通,使集电极与发射极之间的电压接近为 0 V。于是霍尔开关第②电极向外输出低电压,称为霍尔开关关断。

当磁铁距磁感应面较远,或说霍尔元件感应的磁感应强度小于 80 mT 时,霍尔元件产生霍尔电势 E_H 很小,差分放大器无输入信号,施密特触发器不被触发,三极管放大器截止,这时第②电极就由 R 输出 5 V 高电压,称为霍尔开关打开。这就是霍尔开关的"开""关"原理。输出开关信号波形为脉冲方波,如图 11.2.3 所示。

当永久磁铁与霍尔开关作相对往复运动时,运动速度越快,开关工作频率越高。通常,霍尔开关工作频率可达 100 kHz,即一秒钟能可靠地"开""关"10 万次。输出波形的前沿陡直、纯净无毛刺,可直接驱动负载工作,使用非常方便。

霍尔开关在应用中一般是固定霍尔开关而移动磁铁,除图 11.2.3 (a)中可横向移动磁铁来控制霍尔开关的"开""关"外,还可像图 11.2.3(b)那样纵向移动磁铁控制霍尔开关的"开""关",应用非常灵活。

习题 11

一、填空题

1. 霍尔电势 E_H 的大小与电流 I_g、磁场强度 B、霍尔系数 K 的关系式为_____。

2. 霍尔元件型号"HZ-2"中,第一部分"H"表示_____,第二部分"Z"表示材料是_____。

二、简答题

1. 霍尔元件在工作中必须符合哪两个条件?
2. 画出 HST 系列集成霍尔开关内部电路结构图。

第12章

电 池

电池是一种能量转化与储存的装置,主要通过化学反应将化学能转化为电能。电池可以分为一次电池和二次电池。一次电池只能放电一次,如干电池、碱性电池、水银电池、锌空电池、氢氧电池。可重复使用电池也叫二次电池或可充电电池,可以反复充放电循环使用,如镍氢电池、镍铁电池、镍镉电池、铅酸蓄电池、锂电池、太阳能电池,必须添加燃料使用电池,如氢燃料电池。

12.1　干电池

干电池属于化学电源中的原电池,是一种一次性电池。由于它的电解质是一种不能流动的糊状物,所以叫干电池,这是相对于具有可流动的液态电解质的电池说的。

12.1.1　干电池的结构和工作原理

图12.1.1为干电池的内部结构图,其外壳是一个用锌做成的筒,里面装着化学药品,锌筒中央立着一根碳棒,碳棒顶端固定着一个铜帽——干电池内由于发生化学变化,碳棒上聚集了许多正电荷,锌筒表面上聚集了许多负电荷。碳棒和锌筒叫作干电池的电极,聚集正电荷的碳棒叫正极,聚集负电荷的锌筒叫负极。干电池外壳上符号＋、－分别表示电池的正极和负极。

正是普通干电池的机构使金属(锌壳)附近发生氧化反应,而在碳棒周围发生了还原反应。碳极周围填满了二氧化镁,锌电极组成了干电池的外壳,碳电极则放在中心。电子是由电子化了

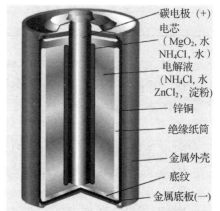

碳电极 (+)
电芯
(MgO_2, 水
NH_4Cl, 水)
电解液
(NH_4Cl, 水
$ZnCl_2$, 淀粉)
锌铜
绝缘纸筒
金属外壳
底纹
金属底板(一)

图 12.1.1　干电池内部结构

的锌金属(氧化作用)所给出,流经外部的电路到达碳电极。靠近碳电极的二氧化镁得到电子(还原作用)生成氢氧离子,并形成了新的化合物叫氧化镁。氧化反应把电池负极的电子推出去,而还原反应则在正极吸收它们。

12.1.2　干电池的型号和主要参数

随着科学技术的发展,干电池已经发展成为一个大的家族,到目前为止已经有100多种。

1. 干电池的型号

常见的有普通锌-锰干电池、碱性锌-锰干电池、镁-锰干电池、锌-空气电池、锌-氧化汞电池、锌-氧化银电池、锂-锰电池等。

对于使用最多的锌-锰干电池来说,根据结构的不同又可分为糊式锌-锰干电池、纸板式锌-锰干电池、薄膜式锌-锰干电池、氯化锌锌-锰干电池、碱性锌-锰干电池、四极并联锌-锰干电池、迭层式锌-锰干电池等。中国干电池的型号命名如表12.1.1所列。

电池上比较常见的标识还有 AA 表示 5 号电池,一般尺寸为:直径 14 mm,高度 49 mm;AAA 表示 7 号电池,一般尺寸为:直径 11 mm,高度 44 mm。

表 12.1.1　常见的干电池型号命名表

第一部分 用字母表示	含　义	第二部分 用数字表示	含　义	第三部分 用字母表示	含　义
R	圆柱形电池	3	7 号电池	S	第一代普通糊式电池
		6	5 号电池	C	第二代高容量纸胶式电池
		10	4 号电池	P	第三代氯化锌电池
		14	2 号电池	L	第四代碱性锌锰电池
		20	1 号电池	PL	第四代碱性氯化锌锌锰电池
		40	1 号甲电池		

例如:R6P 表示第三代氯化锌圆柱形 5 号电池。

IEC(国际电工协会)标准及各国锌-锰干电池型号和名称:

IEC	中国	日本	美国
R40	一号甲电池	N0.6	R40(EMT)
R20	一号电池	UM－1	D R25(JaT)
R14	二号电池	UM－2	C R14(ET)
R10	四号电池		(BR)R10(CT)
R06	五号电池	UM－3	AA R6(AaT)
R03	七号电池	UM－4	AAA R03

2. 干电池的主要参数

标称电压:通俗讲就是正常工作时的端电压,严格说是新电池电压值到最低电压值时间的平均电压。新电池或刚充完的电池电压会略高于额定电压,开始使用后马上就会落到这一值上,此后能在这一值上保持较长的时间。当低于该电压后,电池电压就会较快地下降,直至不能使用。干电池的标称电压通常为 1.5 V,当电池电压下降到 1.2 V 以下时一般就不能用了。

容量:电池的电能量,一般用 mAh。500 mAh 则表示此电池以 50 mA 的电流放电,能工作 10 小时。这样的计量较为粗糙,因为不同性质的电池在以不同电流放电时,工作时间是不成线性比例的。故较严格的电池容量是用对多少欧姆。由于自放电率较高,一般直接给出自放电率,每月百分之几([%]/月)。

12.2 充电电池

充电电池属于上面提到的二次电池,由于在充电电池的内部能发生可逆的化学反应,所以它可以反复充放电。

12.2.1 常用的充电电池

1. 镍镉电池

镍镉电池(Ni – Cd)用氢氧化镍作正极活性物质,金属镉作负极活性物质。用氢氧化钾水溶液作电解质溶液。镍和镉这两种金属在电池中能发生可逆反应,因此可以充电。镍镉电池的单体电压 1.2 V,终止放电电压为 1 V。

镍镉电池可重复 500 次以上的充放电,经济耐用。其内阻很小,可快速充电,又可为负载提供大电流,而且放电时电压变化很小,是一种非常理想的直流供电电池。镍镉电池缺点是电池容量小,寿命短,存在"记忆效应",还含有镉金属成分,对环境有污染,镍镉电池是最低档的充电电池。

"记忆效应"就是电池使用中电能经常未被用尽,又被充电,电池重复地不完全充电与放电,电池内物质产生结晶,使电池暂时性容量减小的一种效应。一般只会产生在镍镉电池,镍氢电池较少,锂电池则无此现象。因此,充电电池每次应将电池的电能用尽(在电器上用尽即可),如果感觉电池容量下降,可将电池开机放置约 24 小时完全放电后再充饱电,如此循环充放电数次,可将电池的记忆效应消除,恢复电池容量。

2. 镍氢电池

镍氢电池(Ni – MH)用氢氧化镍作正极,氢电极作负极,氢氧化钾水溶液作电解液。由于它不含镉金属,不会污染环境。镍氢电池的电池单体电压也是 1.2 V,容量比镍镉电池高 30%～60%。镍氢电池比镍镉电池更轻,使用寿命也更长。镍氢电池的比镍镉电池大,价格比镍镉电池要贵,性能比锂离子电池要差,属于中档电池。它的内阻较低,电池记忆性小,缺点是不耐过充,因此这种电池的充电器需有充电保护功能,不能使用一般的镍镉电池充电器。图 12.2.1 为某镍氢电池及其充电器实物图。

3. 锂离子电池

锂离子电池(标识 Li‑Ion)是锂电池(标识 Li)发展而来的,锂电池基本上被淘汰了,锂离子电池是目前最好的充电电池。锂离子电池正极为氧化钴锂活性物质,负极为碳活性物质。图 12.2.2 为某锂离子电池的实物图。锂离子电池主要优点:

图 12.2.1　某镍氢电池及其充电器实物图　　　图 12.2.2　某锂离子电池实物图

① 电压高。单体电池的工作电压高达 3.6～3.9 V,是 Ni‑Cd、Ni‑H 电池的 3 倍。

② 容量大、体积小、比能量大。目前能达到的实际比能量为 100～125 Wh/kg 和 240～300 Wh/L(2 倍于 Ni‑Cd,1.5 倍于 Ni‑MH)。

③ 循环寿命长。寿命可达 1 200 次以上。

④ 安全性能好,无公害,无记忆效应.作为 Li‑Ion 前身的锂电池,因金属锂易形成枝晶发生短路,缩减了其应用领域:Li‑Ion 中不含镉、铅、汞等对环境有污染的元素.

⑤ 自放电小。Li‑Ion 自放电率为每月 10% 左右,大大低于 Ni‑Cd 的 25%～30%、Ni‑MH 的 30%～35%。

⑥ 可快速充放电,充电效率高,可达 100%。

⑦ 工作温度范围宽,为 −25～70℃。

锂离子电池缺点:成本较高,不能大电流放电,需要过充和过放保护线路控制等。

12.2.2　充电电池的使用事项

① 新的充电电池由于存放时间长,部分电池处于"休眠"状态,应预先循环充放电几次(可按消除记忆方法处理),以"唤醒"电池恢复容量,正常工作。

② 废电池不要随意丢弃,尽可能与其他垃圾分开投放,以便于分类回收。废旧电池内含有大量的重金属以及废酸、废碱等电解质溶液。如果随意丢弃,电池会破坏水源,侵蚀庄稼和土地;废旧电池中含有重金属镉、铅、汞、镍、锌、锰等,其中镉、铅、汞是对人体危害较大的物质。而镍、锌等金属虽然在一定浓度范围内是有益物质,但在环境中超过极限,也将对人体造成危害。

③ 充电电池电量是否充足,一般根据充电时间估测。检测电池电量须用专用仪器,一般简单估测有:

ⓐ 电压估测。电池放电时,其电压会随着电池电量的流失逐渐地下降。通过电池正常使用(比如 100 mA 放电)的放电曲线,对时间进行 4 等分,以充电限制电压为 4.2 V 的锂电池为例,可以列出这样一个对应关系:

4.20 V—100％,3.85 V—75％,3.75 V—50％,3.60 V—25％,3.40 V—5％

(因为手机不可能完全用光电池的电量,一般低于 3.40 V 时就可能自动关机了。)

ⓑ 电流估测(大容量动力电池除外)。用万用表大于 5 A 的电流挡,用试触的办法,即黑表笔接触充电电池的负极,用红表笔碰一下充电电池的正极就迅速离开,同时查看电流表的最大电流值指示。一般 1 300 m·h 的镍氢电池充足电后,用试触法测量电流值应达到 4 A 以上。不同毫安时的充电电池充足电后应达到多大电流值,可事先用一节同类型的好电池测出一个标准,这样以后再检查其他充电电池是否充足就有了依据。

④ 使用时要用同类型、同牌号电池,不要混用。尽量使用同种、同批的充电电池。

⑤ 充电电池要用原厂或符合规格的充电器,按充电器说明书要求充电,充电时间一般不超过 24 小时。

⑥ 镍氢和镍镉电池的真伪鉴别。这两种电池的标称电压为 1.2 V,购买时电池电压应在 1.3 V 以下,若其电压是 1.5 V,是用干电池假冒的充电电池。

12.3　蓄电池

蓄电池是一种化学电源,靠其内部的化学反应来储存电能或向用电设备供电。限于篇幅,本节仅对蓄电池分类、结构以及小型密封铅蓄电池做介绍。

12.3.1　蓄电池分类和结构

1. 分　类

目前燃油汽车上使用的蓄电池主要有两大类:铅酸蓄电池(以下简称铅蓄电池)和镍碱蓄电池。各种蓄电池特点如表 12.3.1 所列。

表 12.3.1　各种蓄电池特点

类　型	优　点	缺　点	适用车辆
铅酸蓄电池	结构简单、价格便宜,内阻小、电压稳定,可以短时间供给启动机强大的启动电流	比容量小,使用寿命相对较短	一般车辆
镍碱蓄电池	容量大、使用寿命长、维护简单,能承受大电流放电而不易损坏	活性物质导电性差,价格较高	使用时间长、可靠性高的车辆
电动车蓄电池	比容量大,无污染,充、放电性能好,使用寿命长	结构复杂,成本高	电动汽车

铅蓄电池由于结构简单、价格便宜、内阻小、可以短时间供给起动机强大的起动电流而被广泛采用。铅蓄电池又可以分为普通铅蓄电池、干荷电铅蓄电池、湿荷电铅蓄电池和免维护铅蓄电池,特点如表12.3.2所列。

表 12.3.2　几类蓄电池特点

类　型	特　点
普通铅蓄电池	新蓄电池的极板不带电,使用前需按规定加注电解液并进行初充电,初充电的时间较长,使用中需要定期维护。普通蓄电池的极板是由铅和铅的氧化物构成,电解液是硫酸的水溶液。主要优点是电压稳定、价格便宜;缺点是比能低(即每公斤蓄电池存储的电能)、使用寿命短和日常维护频繁
干荷电铅蓄电池	新蓄电池的极板处于干燥的已充电状态,电池内部无电解液。在规定的保存期内,如需要使用,只须按规定加入电解液,静置20~30 min即可使用,使用中需要定期维护。主要特点是负极板有较高的储电能力,在完全干燥状态下,能在两年内保存所得到的电量
湿荷电铅蓄电池	新蓄电池的极板处于已充电状态,蓄电池内部带有少量电解液。在规定的保存期内,如需要使用,只须按规定加入电解液,静置20~30 min即可使用,使用中需要定期维护
免维护蓄电池	使用中不须维护,可用3~4年不须补加蒸馏水,极桩腐蚀极少,自放电少。它还具有耐振、耐高温、体积小、自放电小的特点。使用寿命一般为普通蓄电池的两倍

2. 结　构

蓄电池的基本构造如图12.3.1所示。

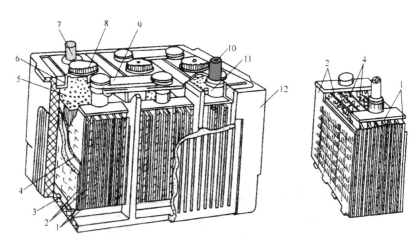

1—正极板　2—负极板　3—肋条　4—隔板　5—护板　6—封料　7—负极桩　8—加液口盖
9—连条　10—正极桩　11—极桩衬套　12—蓄电池容器

图 12.3.1　蓄电池的构造

① 极板。极板分为正极板和负极板,均由栅架和活性物质组成。

② 隔板。隔板插放在正、负极板之间,以防止正、负极板互相接触造成短路。隔板应耐酸并具有多孔性,以利于电解液的渗透。

③ 电解液。电解液起到离子间导电的作用,并参与蓄电池的化学反应。电解液由纯硫酸(H_2SO_4)与蒸馏水按一定比例配制而成,其密度一般为 $1.24 \sim 1.30 \text{ g/cm}^3$。

④ 壳体。壳体用于盛放电解液和极板组,应该耐酸、耐热、耐振。壳内由间壁分成 3 个或 6 个互不相通的单格,各单格之间用铅质连条串联起来。壳体上部电池盖上设有对应于每个单格电池的加液孔,用于添加电解液和蒸馏水,以及测量电解液密度、温度和液面高度。加液孔盖上的通风孔可使蓄电池化学反应中产生的气体顺利排出。

12.3.2　小型密封铅蓄电池

对于各种后备电源、便携小型设备、应急照明系统来说,小型密封式铅蓄电池是最理想的电源,因为它具有全密封、免维护、高能量、长寿命等优点。

1. 构　造

铅蓄电池内部是由一个个的单格电池串联而成,每一单格电压都是 2 V,所以,如是 6 V 电池则内部有 3 个单格、12 V 就有 6 个单格。每一个单格都有着相同的结构。它们是由交替垂直放置的正负极板和放在极板中央吸附有电解液的隔膜组成。由于电解液是吸附在隔膜上,且充电时内部产生的气体可被极板吸收后还原于电解液中,故电池可以完全密封。

额定电压和额定容量是铅蓄电池的两个基本参量。额定容量通常是以 20 小时率容量表示。例如,6V4.0AH 即表示以 $4AH \div 20H = 0.2 \text{ A}$ 的电流放电,每单格平均终止电压为 1.75 V,可持续放电 20 小时。一般来说电池的体积越大,其容量也越大。重量越大,容量也越大。因为电池的容量与用于制造电池的金属铅的量成正比。所以,电池越大越重就表明内部的铅越多,故容量也越大。

2. 使　用

在使用过程中,一定要注意及时充电,不要等到电池单格电压降到终止电压 1.75 V 才充电。最好是用一段时间,就充一充。一般每单格充电电压为 2.3 V,在充电过程中,充电电流会逐渐下降,当充电电流维持较长时间不变时,则电池已充满。此时一般每单格开路电压为 2.13 ~ 2.18 V。即 6 V 电池应达到 6.4 ~ 6.6 V,12 V 电池应达到 11.7 ~ 13.1 V。

充电所用的电源应具有恒定的电压、大电流的输出能力。在充电初期,充电电流可达额定放电电流的 6 倍以上。一般的串联稳压式电源是难以胜任的。采用小型开关电源,则可有满意的效果。应急时甚至可以用普通的全波整流电源,但要注意电源的容量要够大。

3. 维　修

如果使用得当,密封铅蓄电池的循环使用寿命可达 300 次以上,浮充使用寿命为

3～5年。但不当的使用,如过放电、过充电、短路或长期不用等,都会导致电池早衰。其表现为电池容量下降,内阻增大,充电时很快"满",放电一下就没了。更有甚者连电也充不进去,仅有几毫安的充电电流。遇到这种情况就要对电池进行维修,即激活。

对电池进行激活,一般有外部法和内部法。外部法是采用各种充电法将电池激活,内部法则是对电池内部实施物理性维修。

电池充不进电,首先采用的是高压法,即将充电用的稳压电源的输出电压慢慢提高,在这过程中,用电流表监视充电电流。如果发现充电电流慢慢上升,则激活已初步成功。然后让电池在0.1倍率容量电流下充电十来分钟,就可将电压调低至正常值继续充,直到充满。

如果高压法无效,则要反充法了,即将电池正极与稳压电源负极接,负极与电源正极接。注意,反充过程是非常短暂的,仅仅是让电极碰几下而已。在这过程中应该可以见到有非常大的电流。反充后,一般用高压法就可将电池激活。若电池内阻实在太大或干涸得厉害,连反充也无效时,就要采用换液法。在每一单格的顶上,都有一个圆形的塑料盖,在外壳上可见到。用小螺丝刀将它撬开,可看到一个橡胶帽,这是用于防止电池过充时产生气体而爆炸,再将它揭起就会看见内部结构。然后就是换电解液,即俗称电池水。在蓄电池商店有出售。先用胶头滴管吸出电池内部的电解液,如是清晰透明的,则补足电解液则可;如是乌黑混浊则要将全部吸出后再补足电解液。所谓补足的准则是要令电解液浸润隔膜,但又不能高于极板。换液后,采用高压法一般可奏效。换液后,充电时要监测一下电池内部的情况,通常会见到有气泡冒出。这时要将电解液吸出,看是否乌黑混浊,如是,则要不断将废液吸出,并换进新液,直到电解液变为无色透明为止。这时,电池极板上的氧化层基本清除,剩下的就是将电池充足电。一般早衰的密封铅蓄电池,采用了上述方法后,特别是换液后都能"起死回生",容量与新买时差不多。如果连换液也无效的话,该电池就基本报废了。原因是极板上积聚的氧化层太厚,无法清除。总的来说,只要正确使用,不要过放过充,及时充电,就可使电池发挥出其使用方便、性能优越的特点。

12.4　新型电池

1. 光电池

光电池能将光信号转变为电信号,还能将光能转换为电能储存起来。常用的有硅光电池、硒光电池和硫化铊、硫化银光电池等。

图12.4.1是光电池结构、符号和实物图。光电池由PN结构成,也好像一个半导体二极管,但这个PN结的工作面积比一般二极管要大得多,目的是使光电池能接收更多光照。光电池通常只有一面接收光的照射,称为光电池的受光面。不接收光线照射的一面称为背光面。光电池工作时能将光能转化成电能形成电压,电压的正极多为受光面。

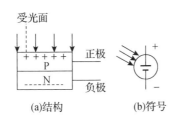

(a)结构 　　　　(b)符号 　　　(c)某光电池实物图

图 12.4.1 　光电池结构、符号和实物图

光电池常用参数主要有开路电压、短路电流、尺寸等。如 2CR31 型光电池的尺寸为 5 mm×10 mm,在 30℃ 入射光强 100 mW/cm² 的条件下,开路电压为 0.5 V,短路电流为 15 mA。

2. 氢燃料电池

氢燃料电池发电的基本原理是电解水的逆反应,把氢和氧分别供给阴极和阳极,氢通过阴极向外扩散和电解质发生反应后,放出电子通过外部的负载到达阳极。氢燃料电池的电极用特制多孔性材料制成,这是氢燃料电池的一项关键技术,它不仅要为气体和电解质提供较大的接触面,还要对电池的化学反应起催化作用。

氢燃料电池可用作汽车动力。氢燃料电池与普通电池的区别主要在于:干电池、蓄电池是一种储能装置,是把电能储存起来,需要时再释放出来;而氢燃料电池严格地说是一种发电装置,是把化学能直接转化为电能的电化学发电装置。氢燃料电池的能量转换率高,而且污染少、噪声小,装置可大可小,非常灵活。

习题 12

一、填空题

1. 铅蓄电池参数 6 V 4.0 AH 表示以 4 AH÷20 H＝0.2 A 的电流放电,每单格平均终止电压为_____ V,可持续放电_____小时。

2. 铅蓄电池内部是由一个个的单格电池_____联而成,每一单格电压都是_____ V。

3. 光电池通常只有一面接收光的照射,称为光电池的_____面。不接收光线照射的一面称为_____面。

二、简答题

1. 什么叫记忆效应?
2. 简述充电电池的使用事项。
3. 简述铅蓄电池的分类和特点。

第 **13** 章

电子材料

物质的种类繁多,可以有许多不同的分类方法,如按其聚集状态可分为气体、液体和固体,按其导电性则可分为绝缘体、导体和半导体。电阻系数 $10^{-8} \sim 10^{-4}$ $\Omega \cdot m$ 的为导电材料,$10^{-4} \sim 10^{7}$ $\Omega \cdot m$ 的为半导体材料,$10^{7} \sim 10^{20}$ $\Omega \cdot m$ 以上的则是绝缘材料。

13.1 绝缘材料

绝缘材料具有很大的电阻系数,在直流电压作用下只有极微小的电流通过,通常又称为电介质,主要用来隔离带电的或不同电位的导体。绝缘材料除用来限制电流的通过外,往往还起着很多其他的作用。例如用作电容器的介质,作为浸渍、灌注和涂覆材料,作为装置和结构材料,如用作开关绝缘体、线圈骨架、印制电路板基体以及一些机械结构件和零件(如框架、齿轮等);此外,还可作为导体的防护层。

13.1.1 绝缘材料的基本性能

1. 绝缘材料的基本性能

(1)电介质的电导

1)电介质的漏导电流

绝缘材料并不是绝对不导电的材料。这是因为在材料内部总多少存在一些带电质点,一般在不太强的电场下,电介质中参加导电的带电质点主要是离子,而金属的电导则完全是由自由电子的移动引起的。当对绝缘材料施加一定的直流电压后,绝缘材料中会有极其微弱的电流通过并随时间而减小,最后逐渐趋近于一个常数。这个常数就是电介质的漏导电流,如图 13.1.1 所示。

2)体积电阻和表面电阻

在固体电介质中,漏导电流 I_l 有两个流通途径,如图 13.1.2 所示。一部分电流穿过固体介质的内部,称为体积漏导电流 I_V,另一部分沿介质表面流过,称为表面漏导电流 I_S,显然 $I_l = I_V + I_S$。

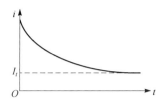

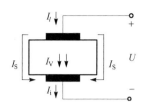

图 13.1.1　流过电介质的电流与时间的关系　　图 13.1.2　漏导电流的两个途径

因此,固体介质的绝缘电阻 R 由两部分组成:体积电阻 R_V 和表面电阻 R_S,并且 $\dfrac{1}{R} = \dfrac{1}{R_V} + \dfrac{1}{R_S}$。表面电阻只有对固体绝缘材料才须考虑,气体或液体绝缘材料均无表面电阻与体积电阻之分。

(2)电介质的极化和介电常数

1)电介质的极化现象

电介质中的绝大多数电荷是被束缚的,在电场作用下,这些束缚电荷将按其所受作用力的方向发生位移。当电场撤除时,这些束缚电荷又恢复到原来的位置。在某些极性分子中,其正负电荷中心不在同一点上,称为偶极分子,在没有电场作用时,由于热运动这些偶极分子处于杂乱的无秩序状态,如图 13.1.3(a)所示;在电场作用下,整个偶极分子将趋向沿电场的取向,即转到与电场相反的方向排列如图 13.1.3(b)所示。当外电场撤除时,偶极分子的这种有序状态将消失。

在外电场作用下,束缚电荷的弹性位移和偶极分子沿电场的取向,称为电介质的极化。由于极化作用的结果,电介质的表面形成了符号相反的感应电荷,如图 13.1.3(c)所示。

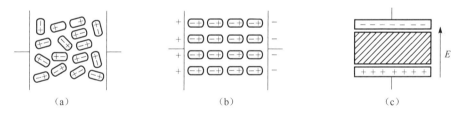

（a）　　　　　　　　　（b）　　　　　　　　　（c）

图 13.1.3　电介质的极化

2)电介质的介电常数

任何介于电路中的电介质都可看作具有一定电容量的电容器。由于介质极化而使电容器极片上的电荷量增大(图 13.1.4),因而电容器的电容量 C 比真空时的电容量 C_0 增大。以某种物质为介的电容器的电容与以真空作介质的同样尺寸的电容器的电容之比值,称为该物质的相对介电系数,又称介电常数 ε,即 $\varepsilon = C/C_0$。

显然,真空的介电常数等于1,任何介质的介电常数均大于1。介电常数是表征电介质极化程度的一个参量。在电容器尺寸一定时,介电常数 ε 越大,电容器的电容量 C 也越大,因此,介电常数是绝缘材料的一个主要特性参数。应根据不同的使用要求,合

理选用具有不同 ε 的绝缘材料。

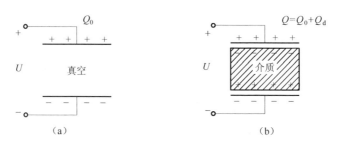

图 13.1.4　介质极化使电容器极片上的电荷量增大

(3)电介质的损耗

在交变电场作用下,电介质的部分电能将转变成热能,称为电介质损耗,简称介质损耗。

(4)电介质的老化

绝缘材料在使用过程中,由于各种因素的长期作用会发生一系列不可逆的化学、物理变化,材料的电气和机械性能随时间的增加而变坏,这种不可逆的变化过程称为电介质老化。

(5)电介质的击穿

处于电场中的任何电介质,当其电场强度超过某一阈值时,通过电介质的电流剧烈增长,致使介质被局部破坏或分解,丧失绝缘性能,这种现象称为电介质击穿。

除了以上电性能外,选用绝缘材料时还须注意其物理性能(如吸湿性、耐热性、耐寒性、导热性和膨胀系数等)、化学性能(如稳定性、耐腐蚀性、酸值等)和机械性能(如抗拉强度、弹性、硬度等)等。

2.影响绝缘材料性能的主要因素

① 温度。温度升高,电介质的电阻率下降,电阻减小;电介质的极化特性和损耗特性也随着温度的变化而变化。温度升高还会加速热击穿和热老化。

② 湿度。绝缘材料的绝缘电阻一般随湿度增大而下降,吸湿后介电常数和电导率普遍增大;介质损耗增大,抗电强度降低。电气性能在变潮湿后显著变化。因此,电气设备应避免在高温、高湿环境中使用,以免加速其绝缘性能恶化。

③ 频率。外加电场的频率变大会影响电介质的极化特性、损耗特性,影响电介质的击穿与老化。

④ 电场强度。外加电场增大会使绝缘材料电阻率下降,介质损耗增大,还会加速击穿与老化。

绝缘材料应具有良好的介电性能,即具有较高的绝缘电阻和耐压强度。此外,绝缘材料还应具有良好的耐热性、导热性、耐潮防霉性和较高的机械强度以及加工方便等特点。在选用绝缘材料时要根据应用场合的环境特点和材料特点,合理选择,以免选材不当,导致加速老化甚至热击穿,同时还要综合考虑经济性和技术性能。在高频、高压、高温、高湿环境中选用绝缘材料时,尤其应该注意。

13.1.2　绝缘材料的种类

绝缘材料按其构成元素分为两大类:有机绝缘材料和无机绝缘材料。有机材料的特点是轻、柔软、易加工,但耐热性不高、化学稳定性差、易老化。

1. 有机绝缘材料

(1) 树脂

树脂是某些复杂的高分子有机化合物的通称。树脂的溶液或熔化了的树脂都具有胶粘性,在电子工业中树脂是制造绝缘涂料、塑料、胶粘剂、灌封材料等的重要原料。

树脂按结构的不同又可分成两类:热塑性树脂和热固性树脂。热塑性是指受热后会软化,冷却后又能恢复原状而性能不变的一类树脂;热固性树脂指一旦加热成形,内部结构发生质变,以后就不再能熔化、溶解的一类树脂。

按照树脂的来源可分为天然树脂和合成树脂两大类。天然树脂包括植物性的松香、动物性的虫胶、矿物性的琥珀等;合成树脂是用化学方法将低分子量的单体通过聚合反应或缩聚反应生成的高分子量的聚合物。合成树脂又包括热塑性树脂和热固性树脂两种。常用的热塑性树脂有聚乙烯、聚苯乙烯、聚四氟乙烯、聚氯乙烯等。常用的热固性树脂有环氧树脂、酚醛树脂和硅氧树脂。

(2) 塑料

塑料是以合成树脂为主要原料,加入填料和各种添加剂等配制而成的粉状、粒状或纤维状,在一定的温度、压力条件下可以塑制的高分子材料。塑料的特点:重量轻、化学稳定性高、有良好的弹性能减振、耐磨、具有优良的介电性能等。

塑料的基本成分是胶黏剂和填料。胶黏剂将全部成分胶黏起来,决定了塑料制品的基本特性。常用的胶黏剂是合成树脂。加入填料的目的是提高塑料的机械强度,降低成本。为了使塑料获得某些不同性能,有时还加入不同种类的添加剂,如增塑剂、着色剂、稳定剂、润滑剂、固定剂等。

塑料按其主要成分树脂的类型可分为热固性和热塑性两大类。热固性塑料热压成型后成为不溶、不熔的固化物,常用的有以酚醛树脂为主要成分的酚醛塑料,还有耐高温的 4250 塑料、聚酰亚胺塑料、聚酯塑料等。热塑性塑料在热挤压成型后虽固化,但其物理、化学性质不发生明显变化,仍可溶、可熔,可反复成型。常用的热塑性塑料有聚乙烯(PE)、聚氯乙烯(PVC)、聚四氟乙烯(又称塑料王)、ABS 工程塑料、聚酰胺(尼龙)1010、聚酯等。

塑料在电子工业中主要用作绝缘零件(如电线电缆的绝缘层、护套等)、结构零件(如某些电子钟、收录机的机芯塑料件等)、外观零件(如仪器仪表的塑料机壳)等。

(3) 橡胶

橡胶分为天然橡胶和合成橡胶。天然橡胶由橡胶树的乳液加工(硫化)而成,具有很高的弹性和延伸率,但耐热、耐寒性差,电气性能差。合成橡胶是具有类似天然橡胶性质的高聚合物,其耐热、耐寒性、电气性能远优于天然橡胶。

橡胶在电子工业中用作绝缘材料和封闭、密封材料,也可作缓冲防振的弹性体,常用于制造高压帽、密封套、键盘开关、护套、减振器等。

(4)绝缘胶黏剂

绝缘胶黏剂是一类具有黏结性能的物质,可以部分代替焊接、铆接和螺钉等机械连接。常用的胶黏剂有以下两种:

① 环氧树脂胶。环氧树脂胶由环氧树脂加入固化剂、增塑剂和填料组成,固化时间长,需要24小时左右,其黏结强度随时间延长和温度提高而增强。环氧树脂胶对于各种材料均有较强的黏合力,多用于密封零件的灌封。

② 502胶。502胶是无色或微黄色的透明液体。在室温下很短时间内会产生聚合作用而硬化,储存期短,有较强的黏合作用。502胶对各种金属、玻璃、塑料(聚乙烯和聚四氟乙烯除外)及橡胶等材料均有较强黏合力,适合于大面积黏合。

(5)绝缘漆

绝缘漆是以高分子聚合物为基础,能在一定条件下固化成绝缘硬膜或绝缘整体的重要绝缘材料。绝缘漆主要以合成树脂或天然树脂为漆基(即成膜物质),添加溶剂、稀释剂、填料等组成。漆基在常温下黏度很大或是固体,溶剂或稀释剂用来溶解漆基,调节漆基黏度和固体含量,使其在漆的成膜、固化过程中或者逐渐挥发,或者成为绝缘体的组成部分。绝缘漆按用途可分为浸渍漆、漆包线漆、覆盖漆、硅钢片漆和防电晕漆等数种。

(6)油类及蜡状介质

电子工业中所用的绝缘油和蜡状介质是液态、半液态或固态的有机化合物,主要用作电子元件的浸渍、灌注和涂覆材料,主要作用是排除气泡、填充间隙从而提高绝缘能力,此外还可起绝缘和帮助散热、冷却等作用。

电子工业用液体绝缘材料有3类:矿物油、合成油和植物油。矿物油由石油加工提炼而得,包括变压器油、电容器油等;合成油是用化学合成方法制得的,常用的有十二烷基苯、硅油等;植物油中的蓖麻油可用于电容器浸渍。

常用的油类有硅有机油等。硅有机油又称硅油,是一种线型低分子量有机硅聚合物,为透明的液体,其耐热性好,介电性能好,憎水性好。此外,硅油还具有凝固点低、化学性质稳定、导热性好、无毒等特点。所以,硅油是一种较理想的液体介质。它可用作电容器、小型变压器的耐温电介质,还可涂于零件表面形成一层憎水膜以防止潮气的影响。玻璃、陶瓷等材料经硅油处理后表面电阻约可提高100倍。

常用的蜡状物质有石蜡、地蜡和油蜡等。

(7)绝缘纸和纸板

绝缘纸和纸板属于纤维绝缘材料,常用植物纤维、无碱玻璃纤维(即不含钾、钠氧化物的玻璃纤维)或合成纤维制成。绝缘纸按用途分有电缆纸、电话纸、电容器纸和聚酯绝缘纸等。绝缘纸板是由木质纤维或掺有适量棉纤维的混合纸浆制成的,可在空气中或温度不高于 90℃ 的变压器油中做绝缘材料的保护材料。绝缘纸板有薄型纸板(即青壳纸和黄壳纸)、厚型纸板、硬钢纸板和钢纸管等。

(8)层压板

层压板是以纸或布做底材,浸以不同的胶黏剂,经热压或卷制而成的层状结构的板材,可制成具有优良电气、机械性能和耐热、耐油、耐霉、耐电弧、防电晕等特性的制品。常用做接线板、骨架、衬垫、转动齿轮等结构材料和绝缘材料。

2.无机绝缘材料

无机绝缘材料的耐热性比有机材料高,不燃,不易老化,适于制造要求稳定性高而机械性能坚实的零件,缺点是柔韧性和弹性差、易于脆裂、加工也比较困难。常用的无机绝缘材料有云母、陶瓷、玻璃、石棉等类别。

(1)云母及云母制品

云母属稀有矿物,具有优异的电性能,适用于高频绝缘;其耐热性很高,在 500℃ 以下能长期保持透明状态,没有弹性损失和碳化现象。此外,云母还有不收缩、不燃、化学稳定性好等优点,机械性能良好,并能制成薄片和加工成各种成型的绝缘制品。天然云母有两种:白云母和金云母。白云母易于制成薄片,可用于制作电气性能优良的云母电容器的介质;天然云母的价格很高,因而发展了合成云母,其耐热性和介电性能均优于天然云母。

杂质和皱纹是衡量云母剥片质量好坏的重要标志。当云母剥片中含有氧化铁等杂质时,会在云母剥片的内部形成许多斑点,杂质越多斑点面积就越大,电气绝缘性能就越差。皱纹对云母剥片的平坦性和电气性能影响也很大。

此外,还可利用云母碎料制成粉云母纸,其厚度均匀、电气性能稳定、成本低,适于制作各种云母制品如云母板、云母玻璃等。

(2)陶瓷

陶瓷是以黏土、石英等为原料,经过研磨、成型、干燥、焙烧等工序制成的,具有耐热、耐湿性好、机械强度高、电绝缘性能优良、温度膨胀系数小的优点,但质地较脆。常用于制作插座、线圈骨架、瓷介质电容等。按用途和性能可分为装置陶瓷、电容器陶瓷和多孔陶瓷。

13.2　导电材料

导电材料主要是金属材料,称为导电金属。用作导电材料的金属除应具有高导电性外,还应具有足够的机械强度、不易氧化、不易腐蚀、容易加工和焊接等特点。

常用的导电材料有导电金属材料、电线电缆、焊接材料、电接触材料和超导材料等。

13.2.1　导电金属

导电金属材料又可分为高电导材料和高电阻材料。

1.导电金属的电阻

(1)金属的电阻

固体金属中有规则地排列着离子晶格,室温时离子以晶格结点为中心做微弱的不规则的热振动。当没有外加电场时,自由电子在晶格中处于混乱的运动状态,并不形成电流;当存在外电场时,自由电子即沿着与外电场相反的方向做有规则的运动而形成电流。自由电子在金属中的这种运动是以波动的方式进行的。电子波在传播中不断与晶格结点上做热振动的正离子相碰撞而使电子波遭到散射,或者说,在其中运动的电子受到了阻碍,因而金属具有一定的电阻。

(2)金属的电阻系数

金属的电阻特性通常用电阻系数来表征:

$$\rho = R \cdot S/l$$

式中,R 为金属的电阻;S 为金属的截面积;l 为金属的长度;ρ 为金属的电阻系数或称电阻率,它是单位截面积、单位长度的金属导体所具有的电阻值。

ρ 的常用单位为 $\Omega \cdot mm^2/m$ 或 $\Omega \cdot cm$,有时也用 $\mu\Omega \cdot cm$,它们间的换算关系如下:

$$1 \ \Omega \cdot cm = 10^4 \ \Omega \cdot mm^2/m = 10^6 \ \mu\Omega \cdot cm$$

电阻系数的倒数称为电导系数或电导率,以 r 表示,电导率表征金属的导电能力。

$$r = 1/\rho$$

(3)影响金属电阻的主要因素

➤ 温度:温度升高,会使金属电阻增大。

➤ 合金元素和杂质:合金元素和杂质都会使金属电阻增大。

➤ 机械加工:机械加工会使电阻增大。

➤ 频率:导体中通以交变电流的频率越高,导体的交流电阻也增大。

2.高电导材料

高电导材料是指某些具有低电阻率的导电金属。常见金属的导电能力顺序为银、铜、金、铝、锌、铂、铁、锡、汞。由于银、金价格高,仅在一些特殊场合使用。电子工业中常用的高电导材料为铜、铝及它们的合金。

(1)铜及铜合金

铜有良好的导电性和导热性,不易氧化和腐蚀,机械强度较高,有良好的延展性和可塑性,易机械加工,易焊接。铜的这些特性使其在电子工业中得到广泛应用,如导线、电池极片、屏蔽罩等。

当铜中含有杂质时,其导电性显著降低,所以电子工业中用的是杂质含量很少的电解铜。

电子工业中的绕组、导线、极片大都采用的是软铜。软铜是铜在与氧隔绝的条件下以 400～600℃ 的温度进行退火处理后得到的,这种铜延展性、导电性好。

铜有好的耐蚀性,在室温干燥条件下几乎不氧化;铜在不同条件下氧化产生的黑色 CuO 膜或红色 Cu_2O 膜具有保护作用。但在潮湿空气中,铜会产生铜绿,在腐蚀气体中会受腐蚀。

铜的缺点是耐磨性不好,硬度不够,某些特殊用途的导电材料采用铜的合金。常用的高电导铜合金有黄铜和青铜。

黄铜是加入锌元素的铜合金,具有良好的机械性能和压力加工性能,其导电性能较差,抗拉强度比纯铜大得多,常用于制作焊片、螺钉、接触片、接线柱等。

青铜是除黄铜、白铜(镍铜合金)外的铜合金总称,常用的有锡磷青铜、铍青铜等。

锡磷青铜常用作弹性材料,用于制造导电的接触簧片、弹簧插头、连接器等,主要缺点是导电能力差,脆性大,制作时容易断裂。

高强度铍青铜具有特别高的机械强度、硬度和良好的耐磨、耐蚀、耐疲劳性,并有较好的导电性和导热性,弹性稳定好,弹性极限高,用于制作导电的弹性零件、开关零件、滑动接触零件等。

(2)铝及铝合金

铝是一种银白色的轻金属,具有良好的导电、导热性,易进行机械加工。铝的化学性质活泼,在室温空气中极易氧化,在工业中往往在铝的表面人为生成一层均匀而致密的氧化膜作为保护层,这个过程称为钝化。

由于铝易氧化,焊接比较困难,表面刮净后要马上搪松香焊锡,速度要快;或使用焊锡膏为助焊剂,但焊完后要清理干净,防止腐蚀。

铝的资源丰富,价格低廉,在工业中用作导线、极片,制成的铝箔用途也很广泛。

铝的合金:以铝为基础,加入一种或几种其他元素(如硅、镁等)构成的合金称为铝合金。铝合金的机械强度比铝高,有足够轻的重量、塑性和耐蚀性。

3．高电阻材料

某些场合需要用到高电阻系数的导线如电阻丝等。常用的高电阻材料大都是铜、镍、铬、铁等的合金。

① 锰铜。锰铜是铜、镍、锰的合金,具有特殊的褐红色光泽,电阻率低,主要用于电桥、电位差计、标准电阻元件及分流器、分压器等。

② 康铜。康铜是铜、镍合金,机械强度高,抗氧化和耐腐蚀性好,工作温度较高。康铜丝在空气中加热氧化,能在其表面形成一层附着能力很强的氧化膜绝缘层。康铜主要用于电流、电压调节装置或控制绕组。

③ 镍铬合金。镍铬合金是一种电阻系数大的合金,具有良好的耐高温性能,常用以制造绕线电阻器、电阻式加热器及电炉丝等。

④ 铁铬铝合金。铁铬铝合金是以铁为主要成分,加入部分的铬和铝来提高电阻系

数和耐热性。它的价格低,脆性也大,不易拉成细丝,常制成带状或直径较大的电阻丝。

13.2.2 电线电缆

电子工业中所用电线(导线)、电缆大多数由铜、铝等高导电金属制成,大都制成圆形截面,少数也有按特殊要求制成矩形或其他形状截面的。

1. 导 线

导线按其材质可分为单金属线(如铜丝、铝丝)、双金属线(如银色铜线、镀锡铜线)和合金线(如铜合金线、铝合金线),按有无绝缘层可分为裸电线、外包绝缘的电磁线。

(1)裸电线

指没有绝缘层的导线。有单根裸线,也有多根绞合的软绞线,还有编织而成的编织线;有圆线,也有扁线或其他型线。裸导线大部分用作电线、电缆的导电线芯,一部分则直接使用,如用于电子整机中元器件的连接、用于制作各种零部件,也可作电力及通信架空线。

(2)电磁线

指具有绝缘层的导线。电磁线的导电线芯有圆线、扁线、带、箔等,有铜线,也有铝线。按绝缘层的特点和用途,电磁线又分为漆包线、绕包线及安装和装配用线。

> 漆包线。漆包线的导电线芯有铜线和铝线两类,其绝缘层是按不同需要在导线表面涂覆以不同的绝缘漆后烘干而成。

> 绕包线。绕包线指用天然丝、玻璃丝或合成树脂薄膜绕包在导电线芯上形成的绝缘线。

> 安装和装配用线。安装和装配用线一般由导电的线芯、绝缘层和保护层(护套)组成,绝缘层大多使用橡胶或聚氯乙烯。在结构上有硬型、软型、特软型之分。线芯有单芯、二芯、三芯等,并有各种不同的线径。图 13.2.1 为二芯橡皮软电线。

漆包线和绕包线主要用作电机、变压器、电感器及电气仪表的绕组,在家用电器上应用也非常广泛。安装和装配用线主要用于电气设备、仪器仪表内部的电路连接,也可以用于电器产品及照明装置的安装线及引出线等。

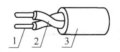

1—铜线芯 2—橡皮绝缘 3—橡皮护套

图 13.2.1 二芯橡皮软电线

2. 电 缆

由单根或多根绞合并相互绝缘的金属芯线外面再包以金属壳层或绝缘护套而组成。

(1)电力电缆

主要用来输送 50～400 Hz 的大功率电能。大部是以橡皮绝缘的 2 芯至 4 芯电缆，有的外层还用铅作为保护层. 甚至再加上钢的铠装。

(2)通信电缆

一般为多芯电缆. 并且是成对出现的, 对数可多至几百对甚至上千对, 其芯线之间多为纸或塑料绝缘, 外面还用橡皮、塑料或铅等作保护层。

(3)高频电缆

用于传输高频信号。高频电缆分为单芯和双芯电缆两种。

双芯高频电缆又称平行线, 是由两根平行导线外包塑料制成的扁馈线, 图 13.2.2 的 SBVD 型带形电视引线即适用于电视接收机天线的馈线。

单芯高频电缆又称同轴电缆, 一般由内外导体、绝缘层和绝缘护套组成。电磁能集中在导体间的空间传播, 不产生辐射损耗, 适于长距离和高频率的传输。同轴电缆内外导体的空间一般以聚乙烯或空气-聚乙烯绝缘, 内导体一般是单根铜线, 也有的采用多股绞线以保持其柔软性; 外导体通常用铜线编织而成, 为了提高传输效率, 内导体的外表面和外导体的内表面往往还镀以银层, 外面再包以绝缘护套, 如图 13.2.3 所示。

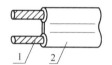
1—铜线芯　2—聚氯乙烯绝缘

图 13.2.2　带形电视引线

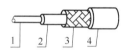
1—铜线芯　2—聚乙烯绝缘　3—铜线编织　4—聚氯乙烯护套

图 13.2.3　射频同轴电缆

3. 导线的线规、型号命名和颜色选用

(1)导线的线规

导线的品种、规格繁多, 但其粗细有一定的标准系列, 称为线规。线规是导线粗细的系列标准, 它有两种表示方法。

线号制: 按导线粗细排列成一定的号码, 线号越大, 截面积越小。英、美等国采用线号制。

线径制: 按导线直径大小, 直接用单位 mm 表示。中国线规采用线径制, 共分为 48 级, 即有 48 种线径规格。线径为 0.05～11.2 mm, 截面积为 0.02～100 mm^2。例如, 线径为 1.12 mm, 标称截面积为 1 mm^2。常用导线安全载流量如表 13.2.1 所列。

表 13.2.1　常用导线安全载流量

导线截面/mm^2	铜导线载流量 A	铝导线载流量 A	导线截面/mm^2	铜导线载流量 A	铝导线载流量 A
1	12	5	25	110	84
1.5	15	7.5	35	130	105
2.5	25	12.5	50	155	120
4	32	20	70	220	140

续表 13.2.1

导线截面/mm²	铜导线载流量 A	铝导线载流量 A	导线截面/mm²	铜导线载流量 A	铝导线载流量 A
6	45	28	95	300	190
10	60	42	120	420	240
16	80	60			

表中数据仅供参考,适用于一般导线穿线管敷设。不同型号电缆、不同敷设方式须查阅资料。导线的截面积所能正常通过的电流可根据其所需导通的电流的总数来选择。一般可按照如下顺口溜来确定:"十下五,百上二,二五三五四三界,七十九五两倍半,铜线升级算"。含义是 10 平方以下的铝线,平方毫米数乘 5 即为其载流量。铜线就升级 1 档,比如 2.5 平方的铜线,就按 4 平方计算。100 平方以上的按截面积乘以 2。25 平方以下的按截面积乘以 4。35 平方以下的按截面积乘以 3。70 和 95 平方以下的按截面积乘以 2.5。

(2)导线的型号命名

部分导线型号的命名如表 13.2.2 所列。

表 13.2.2　部分导线型号的命名

(首字母)分类代号和用途		绝　缘		护　套		派生特性	
符号	意　义	符号	意　义	符号	意　义	符号	意　义
A	安装线缆	V	聚氯乙烯	V	聚氯乙烯	P	屏蔽
B	布电线	F	氟塑料	H	橡胶套	R	软
F	飞机用低压线	Y	聚乙烯	B	编织套	S	双绞
R	日用电器用软线	X	橡皮	L	蜡克	B	平行
Y	一般工业移动电器用线	ST	天然丝	N	尼龙套	D	电线:带形电缆:镀铜屏蔽层
		B	聚丙烯				
T	天线	SE	双丝包	SK	尼龙丝	T	特种
S	射频同轴电缆	YF	发泡聚乙烯半空气	VZ	阻燃聚氯乙烯	Z	综合式

例 1:纤维聚氯乙烯安装线 ASTVRP

A:分类(安装线)　　　　ST:绝缘(天然丝)　　　　V:护套(聚氯乙烯)

R:派生(软)　　　　P:派生(屏蔽)

例 2:聚氯乙烯绝缘同轴射频电缆 SYV—75

A:分类(射频同轴电缆)　　　Y:绝缘(聚乙烯实芯)　　　V:护套(聚氯乙烯)

75:特性阻抗(75 Ω)

(3)导线颜色的选用

为了整机装配及维修方便,导线和绝缘套管的颜色一般按表 13.2.3 所列的规定选用。有时也可用代用色,一般红、蓝、白、黄、绿的代用色依次为粉红、天蓝、灰、橙、紫。

表 13.2.3　导线和绝缘套管的颜色选用

名　称	电　极	颜　色	名　称	电　极	颜　色
交流三相电路	A 相	黄色	三极管	集电极	红色
	B 相	绿色		基极	黄色
	C 相	红色		发射极	蓝色
	零线或中性线	淡蓝色	二极管	阳极	蓝色
	接地线	黄绿双色线		阴极	红色
直流电路	正极	棕色	单向晶闸管	阳极	蓝色
	负极	蓝色		阴极	红色
	接地中线	淡蓝色		控制极	黄色
双向晶闸管	控制极	黄色	有极性电容器	正极	蓝色
	主电极	白色		负极	红色
光电耦合器	输入端阳极	蓝色	场效应管	源极	白色
	输入端阴极	红色		栅极	绿色
	输出端发射极	黄色		漏极	红色
	输出端集电极	白色			

4. 电线电缆的选用

使用电线的目的主要是输送电能及电信号。在选用线材时,主要注意事项有:

① 导线的允许通过电流应大于正常工作电流。线材的允许电流是指常温下的电流值,为保证温度升高后仍能正常使用,要有适当的安全系数。

② 使用时电路的最大电压应低于导线额定电压。

③ 如果电路中频率较高,则选用导线时应考虑其高频特性。为减少分布电容、介质损耗及集肤效应影响,应选用高频电缆。为减少集肤效应还可选用粗裸铜线或铜管。

④ 为防止反射波,一般希望同轴电缆和馈线具有一定的特性阻抗。因此,选用射频电缆时应注意电缆和其他器件阻抗匹配。

⑤ 当信号较小时,为防止外来噪声电平的干扰,应选用有屏蔽层的导线。

⑥ 一般情况下不应使线材受日光直射及长期置于高温下使用,也不能与有机溶剂和有腐蚀性材料接触,以免老化变质。如发现有老化和变质现象,应立即更换线材,以防火灾和人身事故。

13.2.3　其他导电材料

1.焊接材料

(1)焊料

大多数电子元件的制造离不开焊接,电子设备中各个元器件之间的电连接也以焊接方式的应用最为普遍。焊接常利用局部加热的方法使易熔金属或合金填满被焊金属的接合处,冷凝后形成良好的导电整体,这种易熔金属或合金通常称为焊料。

对焊料的要求是:熔点低,凝固快,与被焊金属能互相熔化、互相渗透,有良好的浸润性,还要有良好的流动性和韧性,并有足够的机械强度。焊料分为软焊料和硬焊料,软焊料熔点较低,通常在450℃以下;熔点450℃以上的为硬焊料(如黄铜焊料)。

电子工业焊接常用的是软焊料—铅锡合金,在锡中加入铅可以增大焊料流动性,增加强度,降低成本。常用的锡铅焊料中锡占62.7%,铅占37.3%,这种配比的焊锡熔点和凝固点都是183℃,可以由液态直接冷却为固态,不经过半液态,焊点可迅速凝固,缩短焊接时间,减少虚焊,该点温度称为共晶点,该成分配比的焊锡称为共晶焊锡。

共晶焊锡还能承受较大的拉力和剪切力,有较高的焊接强度,其熔化温度低于非共晶焊锡,可减少被焊元器件受热损坏的机会。非共晶焊锡的凝固性、流动性差,不易焊接,焊接速度慢,效率低,焊接质量差。

(2)焊剂

1)助焊剂

对焊接质量起不良影响的主要障碍是在高温下所形成的氧化膜,它在焊接时会阻碍焊锡的浸润,同时影响接点合金的形成。在焊接过程中必须设法消除这种氧化膜,并阻止这种氧化膜在加热的地方重新生成。助焊剂的作用就是溶解金属表面的氧化膜,使其漂浮、覆盖在焊锡表面,一方面方便焊接,一方面也可防止焊料或金属的进一步氧化。同时,还具有增强焊料与金属表面的活性、增加浸润性的作用。对助焊剂的要求是:其熔点要低于焊锡的熔点,表面张力较低,受热后能迅速而均匀地流动,破坏金属表面氧化膜的能力较强,在焊接过程中不产生有刺激性的气味和有害的气体,中性,无腐蚀性,残留物无副作用。

手工焊接常用松香做助焊剂。松香在74℃时,内部的松香呈活性,随温度上升,使金属表面氧化物以金属皂形式激离。温度超过300℃,松香失去活性。

为提高焊接质量和焊接效率,需在助焊剂中添加活性剂。为了使用方便,常采用中心夹有松香助焊剂、含锡量为61%的焊锡丝,称为松香焊锡丝。

有些焊点的焊接时间过长,造成焊点成焊锡渣,可熔入松香用电烙铁加热还原。

2)阻焊剂

阻焊剂是一种耐高温的涂料,焊接时可将不需焊接的部分涂上阻焊剂保护起来,使焊接仅限于焊盘,防止在浸焊或波峰焊时发生焊锡搭连短路,同时还可使焊点饱满,减少虚焊,且有助于节约焊料。此外,由于印制电路板的板面部分为阻焊剂所覆盖,焊接时板面受到的热冲击减小,因而板面也不易起泡、分层,有利于浸焊、波峰焊等。

3)波峰焊防氧化剂

为保证波峰焊的焊接质量和节约焊锡,需在锡浴上层加入防氧化剂。防氧化剂具有防止锡的氧化和还原作用,而且耗锡量少,产生锡渣少,可减少铅的蒸发,有助于改善生产环境、保障工人健康。

2. 电接触材料

电子设备中常需用到各种可变电阻器、电位器、开关、连接器、继电器等电子元件。这些元件均具有滑动接点或分合接点,用于这些电接触连接的导电材料称为电接触材料或接点材料,其性质对电接触的可靠性和工作寿命有很大的影响。

接点材料大致分为两类:纯金属及其合金和金属陶瓷材料,后者只适用于大功率接点。电子设备中电接触元件所用接点,一般承受的电流小、电压低、电弧及火花小,因此对其接点材料的主要要求是:接触可靠、耐腐蚀、抗氧化、寿命长。常用接点材料有:

(1)贵重金属及其合金

1)金及其合金

金具有良好的导电导热性,在空气中不氧化,抗硫化性也较好,但价格较高,主要用作金属接点的电镀材料。金的硬度较低,常用的是加入各种硬化元素的金基合金。金基合金还有一个优点是具有良好的抗有机污染的能力,常用于要求较高的电接触元件中做弱电流小功率接点。其中金镍合金的硬度和耐磨性均高于纯金,常用在要求使用寿命长、小负荷、小接触压力的接点,如各种继电器、波段开关等。此外,常用的还有金银、金铜、金锡等金基合金。

2)银及其合金

银的导电性和导热性都很好,易于加工成型,其氧化膜也能导电,对接触电阻影响不大,并能抵抗有机污染。与其他贵重金属相比,银的价格比较便宜,在一般小功率继电器中应用很广。但其耐磨性较差,容易硫化,银的硫化物不易导电,也不易清除,为此,常采用银铜、银镁镍等合金,它们还具有优良的弹性,可兼做接触簧片。银铅锌、银铜等新型合金的导电性与银相近,而强度、硬度、抗硫化性均有所提高。

3)铂族金属及其合金

铂不会氧化,也不易形成高阻薄膜,接触电阻低而且稳定,耐磨性良好,但纯铂的硬度不高,价格昂贵,在电接触元件中用得不多。常用的是铂铱合金,它的耐磨损性能好,硬度很高,使用寿命比纯铂接点长得多。与铂基合金相近的接点材料还有钯银、钯铜、钯铱合金等。铂族金属及其合金价格昂贵,且抗有机污染的能力较差,有被金基合金所取代的趋向。

(2)层状复合材料

层状复合材料是由两种或两种以上金属材料所形成的面结合材料。层状复合材料的基体材料可采用钢、黄铜、锌白铜、铍青铜、铜镍锡、钢铁、铜镍、镍和不锈钢等,与其复

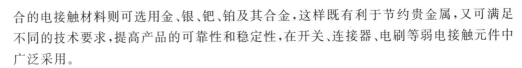

合的电接触材料则可选用金、银、钯、铂及其合金,这样既有利于节约贵金属,又可满足不同的技术要求,提高产品的可靠性和稳定性,在开关、连接器、电刷等弱电接触元件中广泛采用。

3. 超导材料

一般金属的直流电阻率均随温度的降低而减小,在接近绝对零度时,其电阻率就不再继续下降而趋于一个有限值。但某些导体的直流电阻率却在一定低温下陡降到零,称为零电阻现象或超导电现象,通常将具有这种超导电性质的物体称为超导体。超导体有电阻时称为处于正常态。上述以零电阻为特征的状态称为超导态,电阻突变为零的温度则称为超导转变温度或临界温度。

超导体除在超导态时具有完全导电性外,还有一个特点:完全抗磁性,只要温度低于超导转变温度,则置于外磁场中的超导体内部的磁感应强度恒等于零。完全导电性和完全抗磁性是超导体的两个基本属性。

目前应用的超导材料主要有:元素超导体 Nb 和 Pb,合金超导体(如 Nb - Ti 等)。

超导材料主要用于制造远距离大功率同轴通信电缆、高速大容量电子计算机中的逻辑元件和存储元件、小型化天线、微波发生器、精密电磁测量仪器、磁流体等方面。

13.3 磁性材料

13.3.1 概　述

1. 物质按磁性的分类

磁性是物质的基本属性之一。在载流导体的周围有磁场存在,描述磁场中各点的磁场强弱和方向的物理量称为磁感应强度,单位是特(T)。磁感应强度不仅与电流的大小、导体的几何形状以及位置有关,而且还和物质的导磁性能有关。磁感应强度与垂直于磁场方向的面积 S 的乘积,称为通过该面积的磁通 Φ,单位是韦伯(Wb)。此外,还有一个与磁场有关的物理量称为磁场强度,单位是 A/m。磁场中某点磁感应强度 B 与该点磁场强度 H 存在如下关系:

$$B = \mu H$$

式中,μ 称为导磁系数或导磁率. 是用来衡量物质导磁性能的物理量。μ_0 为真空磁导率,$\mu_0 = 4\pi \times 10^{-7}$ H/m。磁性材料的导磁率 μ 与真空导磁率 μ_0 之比称为相对导磁率,以 μ_r 表示。

$$\mu_r = \mu/\mu_0$$

根据磁性质的不同,可以将物质分为 3 类:第一类为顺磁性物质,如空气、铝等,它们的磁导率比真空磁导率略大;第二类为逆磁性物质,如氢、铜等,它们的磁导率略小于真空磁导率;第三类为铁磁性物质,如铁、钴、镍等,它们的磁导率是真空磁导率的几百倍甚至几千倍,其磁导率与磁场强弱有关,不是一个常数。第一类和第二类一般统称为非磁性物质。

2. 铁磁性理论

(1)磁畴和磁化

在没有外磁场时,铁磁性物质内的原子磁矩形成一个个小磁畴(即原子中电子旋转形成的小磁场),每个磁畴磁性取向各不相同,作用相互抵消,对外不表现出磁性,如图13.3.1(a)所示。

磁性材料在外磁场作用下,磁畴的磁矩将从各个不同方向转动到接近外加磁场方向,对外呈现出很强的磁性,这个过程称为技术磁化,简称磁化,如图 13.3.1(b)所示。当所有磁畴的磁矩都完全与外磁场方向一致时,达到磁饱和,如图 13.3.1(c)所示。

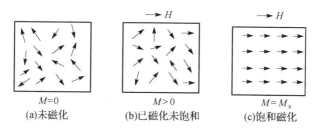

$M=0$	$M>0$	$M=M_s$
(a)未磁化	(b)已磁化未饱和	(c)饱和磁化

图 13.3.1　磁性材料的磁化

(2)磁化强度、磁感应强度、居里点

在外加磁场 H 作用下,铁磁性物质的磁化程度用磁化强度 M 表示。当 H 足够大时,再增加 H,M 也不会再增大,这时的磁化强度称为饱和磁化强度 M_s。

磁化之后,铁磁物质内部的磁感应强度 B 大大增加,$B=\mu_0 \times (M+H)$。

铁磁性物质的 M_s 与温度有关,当温度升高到一定值后,M_s 降为零,这个温度称为居里点,这是由于温度升高,热运动破坏了磁畴磁矩的定向排列作用。居里点越高,铁磁性物质允许使用的工作温度就越高,铁的居里点为 768 ℃。

(3)磁化曲线与磁化过程

如果将磁性物质置于交变磁场中,当磁场强度 H 由零逐渐增强,磁感应强度 B 就从零开始增大,这段曲线叫初始磁化曲线。磁化曲线表示铁磁性物质以未被磁化状态为出发点,在外加磁场 H 作用下,产生磁感应强度 B 随 H 变化的规律,如图 13.3.2所示。

在不同阶段上,磁化过程是不同的。

$0a$ 段:软磁材料可逆磁化阶段,若 H 退回零,则 B 也几乎退回零;

ab 段:软磁材料不可逆磁化阶段,B 随 H 增加而增加很快;

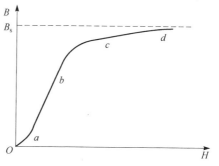

图 13.3.2　磁化曲线

bc 段:软磁材料强磁化阶段;

cd 段:软磁材料饱和阶段,达到饱和磁感应强度 B_S。

13.3.2　磁性材料的基本磁性能

1. 磁滞回线

设某一磁性材料的磁化曲线为图 13.3.3 中的 $0a$。当材料在强度为 H_1 的外磁场中磁化至 a_1 时,如使外磁场减小。磁感应强度 B 将不是沿着 $0a_1$ 曲线下降,而是沿另一曲线 a_1b_1 下降,如图 13.3.3 所示,即 B 的变化滞后于 H,这一现象称为磁滞。如 H_1 由 $H_1 \rightarrow 0 \rightarrow -H_1 \rightarrow 0 \rightarrow H_1$ 缓慢地变化一周,由于磁滞,B 随 H 的变化即成为一个闭合曲线 $a_1b_1c_1d_1e_1f_1a_1$,称为磁滞回线。

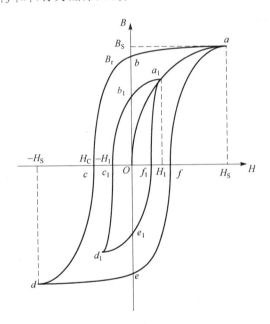

图 13.3.3　磁滞回线

在磁化曲线 $0a$ 上任一点所对应的 H 变化一周,都可得到相应的磁滞回线。显然,随着磁场强度 H 值的增大,磁滞回线的面积也随之增大;当磁化达到饱和时,再增大 H,磁滞回线的面积即基本上不再改变,这时的磁滞回线称为极限磁滞回线,如图 13.3.3 中的闭合曲线 $abcdefa$。

由极限磁滞回线可见,当 H 由 H_S 降到零时,磁感应强度并不由 B_S 回到零值,而是下降到 b 点,这一点的磁感应强度值 B_r 称为剩余磁感应强度,简称剩磁。要使降 B_r 为零,必须加一反向磁场,这个反向磁场强度的绝对值称为磁感应矫顽力,简称矫顽力 H_C。剩磁 B_r 与饱和磁感应强度 B_S 的比值 B_r/B_S 称为剩磁比(或开关矩形比),表征矩磁材料磁滞回线接近矩形的程度。

由磁滞引起的损耗称为磁滞损耗。磁滞损耗与磁滞回线的面积有关,磁滞回线的面积愈大,则磁滞损耗也愈大。

2. 磁性材料的分类

　　根据磁滞回线的形状不同,磁性材料常分为软磁材料、硬磁材料和矩磁材料 3 大类。

　　(1)软磁材料

　　软磁材料的磁滞回线窄(图 13.3.4(a))。特点:容易磁化,容易退磁,导磁率高,矫顽力低。软磁材料在电子工业中主要用来导磁,如变压器、线圈、继电器等电子元件的铁芯等。典型软磁材料有铸钢、硅钢、铁镍合金和软磁铁氧体等。

　　(2)硬磁材料

　　硬磁材料的磁滞回线比较宽(图 13.3.4(b))。特点:不易磁化,不易退磁,具有高矫顽力。这类材料适于制作永久磁铁,如扬声器的磁钢。在微波技术的磁控管中亦有应用。典型硬磁材料有碳钢、钴钢等。

　　(3)矩磁材料

　　矩磁材料的磁滞回线狭窄而且接近矩形(图 13.3.4(c))。特点:很易磁化,很难退磁,剩磁比高,矫顽力低。适用于记忆元件和开关元件,如计算机的硬盘。典型矩磁材料有锰镁铁氧体、锂锰铁氧体等。

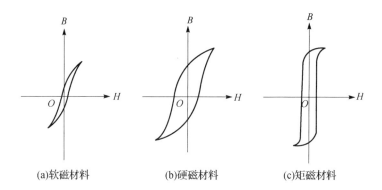

(a)软磁材料　　　　　(b)硬磁材料　　　　　(c)矩磁材料

图 13.3.4　不同形状的磁滞回线

3. 磁性材料在交变磁场中的性能

　　磁性材料在交变磁场中的磁性损耗包括磁滞损耗、涡流损耗、后效损耗。

　　磁滞损耗:磁性材料在交变磁场中受到反复磁化,每经历一个交变周期,磁畴磁矩就要按磁场方向反复一次,在反复磁化过程中必然引起磁滞,每反复一次,磁场就要在磁性材料中损耗一部分能量,由于这一原因在磁性材料中发生的功率损耗称为磁滞损耗。

　　涡流损耗:绝大多数磁性材料在电的方面是导体,由于电磁感应的存在,交变磁通在磁性材料中会因感生电势而引起涡流,由此而引起的损耗称为涡流损耗。

　　后效损耗:磁感应的产生在时间上是滞后于外磁场的,仿佛磁性材料在磁化过程中带着一种"磁粘滞性",这种效应称为后效效应,这样引起的损耗称为后效损耗。

频率升高导致金属磁性材料中涡流损耗急剧增大,涡流作用引起集肤效应,使磁通分布不均匀而降低材料的有效磁导率。

4. 磁各向异性与磁致伸缩

由于构成一个晶体的原子在晶体各个方向上的排列情况不同,造成晶体沿不同方向的磁性不同,这种现象称为磁各向异性,即不同方向的磁化能力不同。

磁性材料在外磁场中磁化时,在磁化方向上会发生伸长或缩短,这种现象称为磁致伸缩。其原因是磁畴的变化引起晶体形状的改变。利用磁致伸缩原理可制成磁致伸缩换能器,如超声波振荡器。

习题 13

一、填空题

1. 物质按其导电性,可分为_____、_____和_____。

2. 树脂按结构的不同,又可分成两类:_____树脂和_____树脂。

3. 常用的锡铅焊料中锡占_____,铅占_____,这种配比的焊锡熔点和凝固点都是_____℃,可以由液态直接冷却为固态,不经过半液态,该点温度称为_____点。

4. 超导体的直流电阻率在一定低温下陡降到零。超导体有电阻时称为_____态,零电阻时的状态称为_____态,电阻突变为零的温度则称为超导转变温度或_____温度。

5. 铁磁性物质的饱和磁化强度 M_S 降为零对应的温度称为_____点。

6. 磁性材料物质按磁滞回线不同分为 3 种,分别是_____材料、_____材料和_____材料。

二、简答题

1. 影响绝缘材料性能的主要因素是什么?如何起作用?

2. 塑料的主要成分是什么?塑料分为哪两大类?每类常用的各有哪些?塑料有哪几方面的用途?

3. 为什么说硅油是一种比较理想的液体介质?硅油有哪些用途?

4. 金属为什么都具有一定的电阻?影响金属电阻的主要因素有哪些?

5. 什么是线规?中国的线规有什么特点?

6. 焊料应满足哪些基本要求?何谓共晶焊锡?

7. 助焊剂和阻焊剂的作用是什么?波峰焊锡浴中为什么还要加入防氧化剂?

8. 电子工业用电接触材料应满足哪些基本要求,常用的是哪些材料?

9. 什么是磁感应强度、磁导率、磁化强度、居里点?

附录 A

敏感电阻器的型号命名方法

国产敏感电阻器的型号命名由 4 部分组成,如附表 A.1 所列。

附表 A.1　敏感电阻器的型号命名方法

第一部分		第二部分		第三部分														第四部分
主称		类别		热敏电阻器		压敏电阻器		光敏电阻器		湿敏电阻器		气敏电阻器		磁敏电阻器		力敏电阻器		
字母	含义	字母	含义	数字	用途特征	字母	用途特征	数字	用途特征	字母	用途特征	字母	用途特征	字母	用途特征	数字	用途特征	序号
M	敏感电阻器	Z	正温度系数热敏电阻	1	普通	W	稳压	1	紫外光	C	测湿	Y	烟敏	Z	电阻器	1	硅应变片	
		F	负温度系数热敏电阻	2	稳压	G	高压保护	2	紫外光	K	控湿	K	可燃性	W	电位器	2	硅应变梁	
		Y	压敏电阻器	3	微波测量	P	高频	3	紫外光							3	硅杯	
		G	光敏电阻器	4	旁热式	N	高能	4	可见光									
		S	湿敏电阻器	5	测温	K	高可靠	5	可见光									
		Q	气敏电阻器	6	控温	L	防雷	6	可见光									
		C	磁敏电阻器	7	消磁	H	灭弧	7	红外光									
		L	力敏电阻器	8	线性	Z	消噪	8	红外光									
				9	恒温	B	补偿	9	红外光									
				0	特殊	C	消磁	0	特殊									

附录 B

半导体分离元件的型号命名方法

半导体器件型号命名因国家和地区的不同而异，因制造厂商的不同而异。这里介绍部分国家半导体分离元件的型号命名。

1. 中国半导体分离元件的型号

(1) 型号组成部分及意义

中国半导体分离元件的型号一般由 5 个部分组成，符号和意义如附表 B.1 所列。

附表 B.1　中国半导体分离元件的型号

第一部分		第二部分		第三部分				第四部分	第五部分
用数字表示半导体器件的电极个数		用汉语拼音字母表示半导体器件的制作材料或极性		用汉语拼音字母表示半导体器件的用途、类型				用数字表示半导体器件的序号	用汉语拼音字母表示半导体器件的区别代号
字符	意义	字符	意义	字符	意义	字符	意义		
2	二极管	A	N 型锗材料	P	普通管	S	隧道管		
		B	P 型锗材料	V	微波管	N	阻尼管		
		C	N 型硅材料	W	稳压管	U	光电器件		
		D	P 型硅材料	Z	整流管	K	开关管		
		E	化合物材料	L	整流堆	C	参量管		
3	三极管	A	PNP 型锗材料	X	低频小功率管 ($f_a < 3$ MHz，$P_C < 1$ W)	A	高频大功率管 ($f_a \geqslant 3$ MHz，$P_C \geqslant 1$ W)		
		B	NPN 型锗材料			Y	体效应管		
		C	PNP 型硅材料	G	高频小功率管 ($f_a \geqslant 3$ MHz，$P_C < 1$ W)	B	雪崩管		
		D	NPN 型硅材料						
		E	化合物材料	D	低频大功率管 ($f_a < 3$ MHz，$P_C \geqslant 1$ W)				
						J	阶跃恢复管		
3	晶闸管	C	N 型硅材料	T	半导体闸流管（晶闸管）				
3	场效应管	C	N 型硅材料	J	结型管	O	氧化物		
		D	P 型硅材料	N	氮化物	C_s	场效应管		
				BT	半导体特殊器件	PIN	PIN 型管		
				FH	复合管	JG	激光器件		

(2)半导体元器件型号辨认举例

如附图 B.1~附图 B.3 所示。

附图 B.1 中国二极管型号中各部分字符的意义

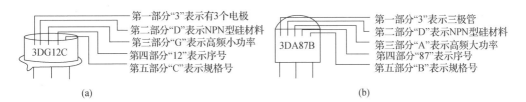

附图 B.2 中国三极管型号中各部分字符的意义

附图 B.3 中国半导体器件型号中各部分字符的意义

2.日本半导体分离元件的型号

日本半导体分离元件型号一般由 5~7 个部分组成,前 5 部分符号和意义如附表 B.2 所列。第六、七部分的符号和意义由各公司自行规定。

例如,2SC1895 为高频 NPN 型三极管(简称 C1895)。

日本型号能反映出管子的 PNP 型或 NPN 型、高频或低频管,但不能反映出管子的材料是硅或锗及管子的性能。许多管子把共用 2S 省略,如 A733 实际为 2SA733,它是 PNP 型高频管;D8201A 为 2SD8201A,它是 NPN 型低频管,A 表示改进型。

附表 B.2　日本半导体分离元件的型号

第一部分	第二部分	第三部分	第四部分	第五部分
表示器件有效电极数目或类型	用 S 表示日本电子工业协会注册产品	用字母表示器件的极性和类型	用整数表示在日本电子协会登记的顺序号	用字母表示对原型号的改进产品
0:光电管和光电二极管 1:二极管 2:三极管及晶闸管	S:表示已在日本电子工业协会注册登记的半导体分离器件	A:PNP 型高频管 B:PNP 型低频管 C:NPN 型高频管 D:NPN 型低频管 J:P 沟道场效应管 K:N 沟道场效应管 M:双向可控硅 F:P 控制极可控硅 G:N 控制极可控硅	用两位以上的数字,如从 11 开始,表示在日本电子协会登记的顺序号,其数字越大越是近期产品	用字母 A、B、C、D、E、F 表示对原型号的改进产品

3. 美国半导体分离元件的型号

美国电子工业协会(EIA)规定的半导体分离元件型号如附表 B.3 所列。

附表 B.3　美国电子工业协会半导体器件型号

前　缀	第一部分	第二部分	第三部分	第四部分
用符号表示用途	用数字表示 PN 结的数目	美国电子工业协会(EIA)注册标志	美国电子工业协会(EIA)登记顺序号	用字母表示器件分档
JAN 或 J:军用品 无符号:非军用品	1:二极管 2:三极管 3:三个 PN 结器件 n:n 个 PN 结器件	N：注册的不加热器件,即半导体器件	多位数字:该器件美国电子工业协会(EIA)登记顺序号	用 A、B、C、D 表示同一型号的不同档别

例如,1N4001:硅材料二极管;JAN2N2904:军用三极管。

美国型号比日本型号简单,型号中不能反映出管子的硅、锗材料,PNP、NPN 极性、高、低频管等特性,需要查阅相关的手册。

4. 欧洲各国半导体分离元件的型号

① 型号直接用字母 A、B 开头。A 表示锗管,B 表示硅管。

② 第二部分用字母表示管子类型。如 C、D 表示低频管,F、L 表示高频管,其中,C、F 为小功率管,D、L 为大功率管,S 和 U 分别表示小功率开关管和大功率开关管。

③ 第三部分用 3 位数字表示登记序号。如 BU208A 表示硅材料大功率开关管,A 表示 β 参数为 A 档。欧洲型号管子不反映管子属于 PNP 或 NPN 型。

5. 韩国半导体分离元件的型号

韩国三星电子公司的半导体器件是以 4 位数字来表示型号的,如 9011～9019 等。

附录 C

9000 系列晶体三极管性能及电气参数

9000 系列晶体三极管性能及电气参数如附表 C.1、附表 C.2 所列。

附表 C.1 9000 系列晶体三极管分类及参数

型　号	极　性	用　途	U_{cb0}/V	U_{ce0}/V	U_{eb0}/V	I_{CM}/mA	P_{CM}/mW	f_T/MHz
9011	NPN	高放	50	30	5	30	400	150
9012	PNP	功放	40	20	5	500	625	150
9013	NPN	功放	40	20	5	500	625	150
9014	NPN	低放	50	45	5	100	450	150
9015	PNP	低放	50	45	5	100	450	100
9016	NPN	高放	30	20	4	25	400	620
9018	NPN	高放	30	15	5	50	400	700

附表 C.2 9000 系列晶体三极管放大倍数

型　号	A	B	C	D	E	F	G	H	I
9011				28～45	39～60	54～80	72～108	94～146	132～198
9012				64～91	78～112	96～135	112～166	144～202	
9013				64～91	78～112	96～135	112～166	144～202	
9014	60～150	100～300	200～600	400～1 000					
9015	60～150	100～300	200～600						
9016				28～45	39～60	54～80	72～108	94～146	132～198
9018				28～45	39～60	54～80	72～108	94～146	132～198

附录 D

万用表简介

1. 常用指针式万用表简介

（1）指针式万用表的组成及特点

指针式万用表的类型很多，功能各异，但工作原理基本相同。典型的万用表原理框图如附图 D.1 所示，它有 4 种测量功能，共 19 挡，由转换开关 K 控制。这 19 挡分别为 5 个直流电流量程、5 个直流电压量程、4 个交流电压量程和 5 个电阻倍率。由于表头是直流电流表头，这就要求 4 种测量功能的参数都要变换成直流电流，然后由指针指示出相应的被测值。

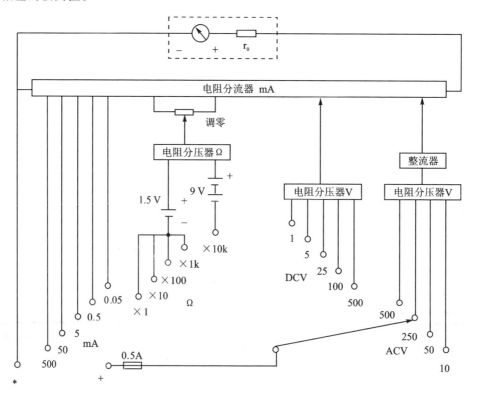

附图 D.1 典型的万用表原理框图

（2）指针式万用表的使用方法

下面以常用的 MF47 – B 型指针万用表为例介绍指针万用表的使用。附图 D.2 为 MF47 – B 型指针万用表实物图,附图 D.3 为其刻度盘。

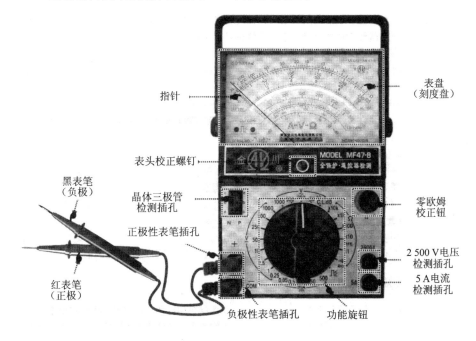

附图 D.2　MF47 – B 型指针万用表实物图

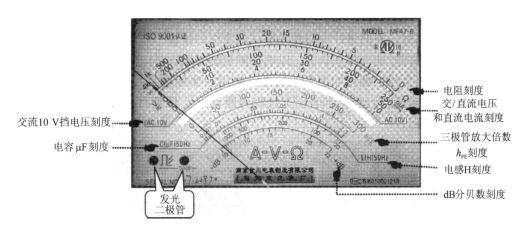

附图 D.3　为 MF47 – B 型指针万用表的刻度盘

使用前应检查指针是否指在机械零位上,如不指在零位,那么可旋转表盖上的调零器(表头校正螺钉)指针使其指示在零位上。然后将测试棒红黑插头分别插入"＋""—"插孔中,如果测量交直流 2 500 V 或直流 5 A 时,则红插头应分别插到标有 2 500 V 或 5 A 的插座中。

① 直流电流测量:测量 0.05～500 mA 时,转动开关至所须电流挡。测量 5 A 时,

应将红插头"+"插入 5 A 插孔内,转动开关应放在 500 mA 直流电流量限上,而后将测试棒串接于被测电路中。

② 交直流电压测量:测量交流 10~1 000 V 或直流 0.25~1 000 V 时,转动开关至所需电压挡。测量交直流 2 500 V 时,开关应分别旋至交、直流 1 000 V 位置上,而后将测试棒跨接于被测电路两端。若配以高压探头,可测量电视机≤25 kV 的高压。测量时,开关应放在 50 μA 位置上,高压探头的红黑插头分别插入"+""-"插座中,接地夹与电视机金属底板连接,而后握住探头进行测量。测量交流 10 V 电压时,读数须看交流 10 V 专用刻度(红色)。

为了减少测量中的示值相对误差,在选择电流和电压挡的量程挡位时,一般应使指针指示在仪表满刻度值的 2/3 区域。

③ 直流电阻测量:装上电池(R14 型 2♯1.5 V 及 6F22 型 9 V 各一只),转动开关至所需测量的电阻挡,将测试棒两端短接,调整欧姆旋钮,使指针对准欧姆"0"位上,然后分开测试棒进行测量。测量电路中的电阻时,应先切断电源,若电路中有电容应先行放电。当检查有极性电解电容器漏电电阻时,可转动开关至 $R×1K$ 挡,测试棒红笔必须接电容器负极,黑笔接电容器正极。注意:当 $R×10K$ 挡不能调至零位,或者红外线检测档发光管亮度不足时,须更换 6F22(9 V)层叠电池。$R×1K$ 及以下挡不能调至零位时,须更换 R14 型 2♯1.5 V 电池。

因为欧姆挡在设计和检定时,均以中值定理为基础。为使测量误差最小,根据被测电阻值大小,电阻挡位的选择应以电表指针偏转到最大偏转角的 1/3~2/3 区域为宜。

注意:使用电阻挡测量晶体管、集成电路时,一般只能用 $R×100$ 或 $R×1K$ 挡。如果 $R×10K$ 挡,则因表内有 9 V 的较高电压,从而可能将晶体管的 PN 结击穿。若用 $R×1$ 挡,因电流过大(约 90 mA),也可能损坏管子。

④ 通断检测(BUZZ):首先同欧姆挡一样将仪表调零,此时蜂鸣器工作,发出约 1 kHz 长鸣叫声,即可进行测量。当被测电路阻值低于 10 Ω 左右时,蜂鸣器发出鸣叫声,此时不必观察表盘即可了解电路通断情况。音量与被测线路电阻成反比关系,此时表盘指示值约为 $R×3$(参考值)。

⑤ 红外线遥控发射器检测(∏⚡):该挡是用于判别红外线遥控发射器工作是否正常。旋至该挡时,将红外线发射器的发射头垂直对准红外接收窗口(偏差不大于 ±15°),按下须检测功能按钮。如红色发光管闪亮,表示该发射器工作正常。在一定距离内(1~30 cm)移动发射器,还可以判断发射器输出功率状态。

当有强烈光线直射接收窗口时,红色指示灯会点亮,并随入射光线强度不同而变化(此时可做光照度计参考使用)。所以,检测红外遥控器时应将万用表红外接收窗口避开直射光。

⑥ 音频电平测量

在一定的负荷阻抗上,用以测量放大器的增益和线路输送的损耗。测量单位以分贝 dB 表示,音频电平与功率电压的关系式是:$N=10 \log (P_2/P_1)=20 \log (V_2/V_1)$

音频电平的刻度系数按 0 dB=1 mW 600 Ω 输送线标准设计。即 0 dB 对应的

$V_1=\sqrt{PR}=\sqrt{0.001\times600}=0.775$ V，0 dB 对应的 $P_1=1$ mW。P_2 和 V_2 分别为被测功率和被测电压。

音频电平是以交流 10 V 挡为基准刻度，如指示值大于 +22 dB，则可在 50 V 以上各量限测量，示值可按附表 D.1 修正。

附表 D.1　修正值列表

量程/V	按电平刻度增加值/dB	电平的测量范围/dB
10		−10～+22
50	14	+4～+36
250	28	+18～+50
500	34	+24～+56

测量方法与交流电压基本相似，转动开关至相应的交流电压挡，并使指针有较大的偏转。如被测电路中带有直流电压成分，则可在"+"插座中串接一个 0.1 μF 的隔直流电容器。

⑦ 电容测量：使用 C(μF) 刻度线。首先准备交流 10 V/50 Hz 标准电压源一台，将开关旋至交流 10 V 挡，须测电容串接于任一测试棒而后跨接于 10 V 标准电源输出端，此时表盘 C(μF) 50 Hz 刻度值即为被测电容值。

注意：每次测量后应将电容彻底放电后再测量，否则测量误差将增大；有极性电容应按正确极性接入，否则测量误差及损耗电阻将增大。

⑧ 电感测量：使用 L(H) 刻度线。首先准备交流 10 V/50 Hz 标准电压源一台，将开关旋至交流 10 V 挡，须测电感串接于任一测试棒而后跨接于 10 V 标准电源输出端，此时表盘 L(H) 50 Hz 刻度值即为被测电感值。

⑨ 晶体管直流放大倍数测量

MF47B 型指针万用表：转动开关至 $R\times10\ h_{FE}$ 处，同 Ω 挡相同方法，调零后将 NPN 或 PNP 型晶体引脚插入对应的 N 或 P 孔内，表针指示值即为该管直流放大倍数。指针偏转指示大于 1 000 时，应首先检查是否插错引脚、是否晶体管损坏。

本仪表按硅三极管定标，复合三极管、锗三极管测量结果仅供参考。

MF47A 型指针万用表：先转动开关至晶体管调节 ADJ 挡，将红黑测试棒短接，调节欧姆旋钮，使指针对准 $300h_{FE}$ 刻度线上，然后转动开关到 h_{FE} 挡，将要测的晶体引脚分别插入晶体管测试座的 e、b、c 管座，指针偏转所示数值约为晶体管的直流放大倍数 β 值。

2. 常用数字万用表简介

数字式万用表与指针式万用表相比，具有体积小、重量轻、测量范围广、测量功能多、读数直观、准确度高、过载能力强等特点。数字式万用表也有不足之处，如测量连续变化的电流、电压、电位器阻值等，观察变化过程显得不够直观，不如模拟式万用表方便；使用电阻挡时虽然不用像指针式万用表那样每次换挡都要进行电气调零，但测量

$10\ \Omega$ 以下小电阻时,须先将两表笔短路,测出表笔及连线电阻(一般为 $0.2\sim0.5\ \Omega$),然后在测量中减去这一数值,否则误差也很大;内部集成电路容易损坏,尽管表内设置了多种保护电路,使用中仍应避免误操作。

(1) 数字式万用表的结构原理

典型数字式万用表组成方框图如附图 D.4 所示,整个电路由 3 大部分组成:

① 由双积分 A/D 转换器和 3 位半 LCD 显示屏组成的 $200\ \text{mV}$ 直流数字电压表构成基本测量显示部件(相当于指针式万用表的表头)。

$$显示位数=整数位的位数+分数位的位数$$

若某位数字的最大显示为 9,则该位为整数位。分数位的数值则以最大显示中的首位(最高位)数值为分子,以最大显示中的首位(最高位)数值加 1 为分母。例如,本表最大显示 1 999,有 3 位最大显示为 9,则整数位的位数为 3。该最大显示中的首位(最高位)数值为 1,则为分子 1,分母为 $1+1=2$。所以,本表显示位数即 $3\frac{1}{2}$ 位,又称 3 位半。

② 由分压器、电流/电压变换器、交流/直流变换器、电阻/电压变换器、电容/电压变换器、晶体管测量电路等组成的量程扩展电路,以构成多量程的数字万用表。

③ 由波段开关构成的测量选择电路。

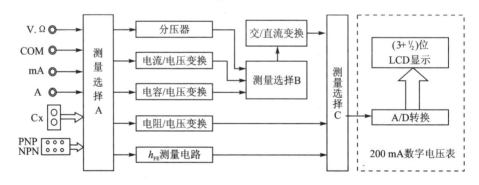

附图 D.4 典型数字式万用表组成方框图

(2) 数字式万用表的正确使用方法

下面以常用的 DT9205A+数字万用表为例介绍数字万用表的使用。附图 D.5 为 DT9205A+数字万用表实物图,其显示区测量数值的单位由选择挡位而定。高档数字万用表显示区具有测量数值/单位/提示信息、功能显示、增加温度和音频电信号频率测试挡等功能。

使用操作首先请注意检查 9 V 电池,将电源开关 POWER 钮按下。如果电池不足,则显示屏左上方会出现 ⊏—+⊐ 符号。还要注意测试笔插孔旁的符号,这是警告用户要留意测试电压和电流不要超出指示数字。此外,使用前要先将量程放置在想测量的挡位上。

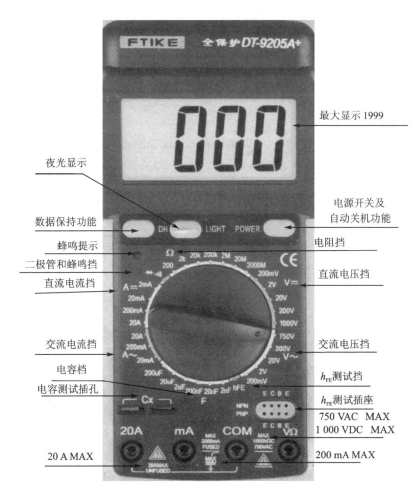

附图 D.5 DT9205A＋数字万用表实物图

1）电压测量

步骤如下：

① 将黑表笔插入 COM 插孔,红表笔插入 VΩHz 插孔。

② 测 DCV 时,将功能开关置于 DCV 量程范围(测 ACV 时则应置于 ACV 量程范围),并将测试表笔并接到被测负载或信号源上,在显示电压读数的同时会指示出红表笔的极性。

注意事项：

① 如果不知被测电压范围,则首先将功能开关置于最大量程,再视情况降至合适量程,尽可能选用接近满刻度的量程,以便提高测量的精度。例如,测一节 1.5 V 的干电池,分别置于 2 V、20 V、200 V 和 1 000 V 挡上,显示的数分别如下：

量程	2 V	20 V	200 V	1 000 V
显示值	1.492 V	1.49 V	1.5 V	2 V

由此可见,用 2 V 挡测量结果的有效数字位数最多,精度最高。

② 如果只显示"1",则表示过量程,功能开关应置于更高量程。

③ DCV 不要输入高于 1 000 V 的电压(ACV 时不要输入高于 750 V 有效值的电压),显示更高的电压值是可能的,但有损坏内部线路的危险。

2) 电流测量

步骤如下:

① 将黑表笔插入 COM 插孔,当被测电流在 200 mA 以下时,红表笔插 mA 插孔;当被测电流在 200 mA～20 A 之间时,红表笔移至 20 A 插孔。20 A 插孔无保险,连续测量时间应少于 15 s。

② 将功能开关置于 DCA 或 ACA 量程范围,测试笔串入被测电路中。

注意事项:

① 如果只显示"1",则表示过量程,功能开关应置于更高量程。

② 开关挡位所处单位就为显示值的单位。如 200 mA 挡,单位就为 mA。

3) 电阻测量

① 将黑表笔插入 COM 插孔,红表笔插入 VΩHz 插孔(注意红表笔极性为"＋")。

② 将功能开关置于所需 Ω 量程上,将测试笔跨接在被测电阻上。

注意事项:

① 如果被测电阻超过所用量程,则指示出过量程"1"须换用高档量程。

② 检测在线电阻时,须确认被测电路已关去电源之后方能进行测量。

③ 开关挡位所处单位就是显示值的单位。例如 20 MΩ 挡,单位就为 MΩ。

4) 电容测量

步骤如下:

① 接上电容器以前,显示可以缓慢地自动校零,但在 2 nF 量程上剩余 10 个"字"以内无效是正常的。

"字"为该挡位上的分辨力。分辨力是数字电压表能够分辨最小电压变化量的能力,也就是使显示器末位跳动一个字所需的输入电压值。不同量程上,电压表的分辨力是不同的。例如 $3\frac{1}{2}$ 位的数字电压表,200 mV 量程上最大显示 199.9 mV,末位跳动一个字所需的输入电压值为 0.1 mV,即该挡分辨力。也可用下式计算:

$$某挡分辨力 = \frac{该挡量程}{最大显示范围}$$

$3\frac{1}{2}$ 位数字电压表的最大显示范围是从 0000～1 999。

$$200 \text{ mV 量程挡分辨力} = \frac{200 \text{ mV}}{2\ 000} = 0.1 \text{ mV}$$

② 把测量电容连接到电容输入插孔(不用试捧),有必要时注意极性连接。

注意事项:

① 测试单个电容器时,把引脚插进位于面板左下边的二个插孔中(插进测试孔之

前电容器务必放尽电,以免损坏仪表)。

② 若开关置于 200 nF、20 nF、2 nF 这 3 档,则显示值以 nF 为单位;若开关置于 200 μF、20 μF、2 μF 这 3 挡,显示值以 μF 为单位,也就是开关挡位所处单位就是显示值的单位。

5)测试数据保持

按下保持开关 HOLD,显示"H"符号,显示数字保持测量数据;恢复保持开关,符号"H"消失,显示数字为测量状态。

6)二极管测量

① 将黑表笔插入 COM 插孔,红表笔插入 VΩHz 插孔。

② 将功能开关置于 ⑴) →+ 挡,将测试笔正向跨接在被测二极管上,显示为正向压降伏特值;硅管显示为 0.500~0.700 V,锗管显示为 0.150~0.300 V。若显示"1",则表示二极管内部开路;若显示全为"0",则表示二极管内部短路。

当二极管反接时,显示为过量程状态"1"。

注意:正向直流电流约 1 mA,反向直流电压约 3 V。

7)晶体三极 h_{FE} 测量

① 将功能开关置于 h_{FE} 挡上。

② 确认三极管是 NPN 型还是 PNP 型,然后将三极管 3 引脚分别插入测试插座 E、B、C 插孔中。

③ 显示读数为晶体三极管的 h_{FE} 近似值。测试条件:基极电流 10 μA,电压 Vce 约 3 V。

8)峰鸣通断测试

① 将黑表笔插入 COM 插孔,红表笔插入 VΩHz 插孔。

② 将量程开关置于"⑴) →+"挡位。

③ 将表笔跨接在欲测线路之两端,当两点之间的电阻值小于 50 Ω 时,蜂鸣器便会发出声响。

注意:被测电路必须在切断电源状态下检查通断,因为任何负载信号都可能会使蜂鸣器发声,从而导致错误判断。

9)液晶显示屏视角调节

一般使用或存放时,可将底部支架锁定。当使用过程中需要改变显示屏视角时,再把底部支架打开。

附录 E

电子元器件实训

一、实训目的

熟悉元器件的性能和检测方法。

二、实训材料

电阻器、电容器、热敏电阻器、光敏电阻器、电容器、电感、变压器、开关与接插件、继电器、扬声器、传声器、二极管、三极管、场效应管、单结晶体管、单向晶闸管、双向晶闸管、光电二极管、光电三极管、光电耦合器、发光二极管、LED 数码管等；指针式万用表、数字式万用表、万用电桥、Q 表、导线等。

三、实训步骤

使用指针式万用表检测以下元器件：

1. 检测色环电阻器(见附表 E.1)

附表 E.1 色环电阻器的检测记录表

序 号	元件名称	色环	标称值(含误差)	数字万用表	指针万用表	
				测量值	测量值	测量挡位
1	电阻器1	棕黑红银	1(1±10%)kΩ		1 kΩ	R×100

2. 电位器检测(见附表 E.2)

附表 E.2 电位器测量记录表

序 号	元件名称	标 识	最大电阻	零位电阻	引脚与外壳绝缘电阻	电位器阻值变化均匀否	测量挡位
1	电位器1						

3.热敏电阻器检测(见附表 E.3)

附表 E.3　热敏电阻器的检测记录表

序　号	元件名称	标　识	标称值	测量值	用烙铁等加热其阻值变化	判断正、负温度系数	测量挡位
1	热敏电阻				增大,减小,不变		

4.光敏电阻器检测(见附表 E.4)

附表 E.4　光敏电阻器的检测记录表

序　号	元件名称	标　识	亮电阻值	暗电阻值	测量挡位
1	光敏电阻				

5.电容器检测(见附表 E.5)

附表 E.5　电容器的检测记录表

序　号	元件名称	容量与耐压	介　质	充放电现象	漏电阻	质量判定	测量挡位
1	铝电解电容器	$100\ \mu F$ $63\ V$		充电正常 放电正常	$>500\ k\Omega$	可用、断路、短路和漏电	

注:有条件用万用电桥测电容量等。

6.电感检测(见附表 E.6)

附表 E.6　电感的检测记录表

序　号	元件名称	外　形	电感器线圈阻值($R\times 1$ 挡)	线圈与铁芯或屏蔽罩间绝缘电阻($R\times 1K$ 或 $R\times 10K$ 挡)	质量判定:内部短路、接触不良、内部断路、基本正常
1	电感器1				
2	电感器2				

注:有条件用万用电桥等测电感量。

7.变压器检测(见附表 E.7)

附表 E.7　变压器的检测记录表

序　号	变压器类型	电路符号	端子号	端子电阻	质量判定:内部短路、接触不良、内部断路、基本正常	说　明
1	电源变压器		3—4			先了解变压器的端子,3、4、5为变压器三端引出端子,1、2为变压器两端引入端子,0为变压器的外壳
			3—5			
			3—1			
			3—2			
			4—5			
			1—2			
			0—1			
			0—3			
2	音频变压器					

8. 开关与接插件检测(见附表 E.8)

附表 E.8　开关与接插件的检测记录表

序　号	元件名称	电路符号	端子号	拨接通时端子电阻	拨断开时端子电阻	质量判定:短路、接触不良、断路、基本正常
1	开关		2—3			
			2—1			
			3—1			
			5—6			
			5—4			
			4—6			
			2—5 不同极间绝缘电阻			
			0 外壳—2,5 接点绝缘电阻			
2	接插件					

9. 继电器检测(见附表 E.9)

附表 E.9　继电器的检测记录表

元件名称	外　形	测继电器线圈电阻	常开触点		常闭触点		标识说明并判定质量
			未通电	通电	未通电	通电	
继电器1	3 A 28 V DC 3 A 120 V AC JZC-21F/006-1Z21	Ω	Ω	Ω	Ω	Ω	继电器交流为:3 A、120 VAC,直流为:3 A、28 VDC。JZC-21F/006-1Z21。J:继电器主称;Z:中功率;C:超小型;21:序号;F:封闭式;/006:额定电压 6 V;1 Z:一组转换接点;2:防尘罩式(1:塑封式);1:纯银镀金接点(2:纯银接点)
继电器2							

10. 扬声器检测(见附表 E.10)

附表 E.10　继电器的检测记录表

检测项目	检测示意图	过程和结果	判定质量
扬声器音圈质量检测	断续触碰　○ ×1Ω	将万用表置于 $R \times 1$ 挡,并进行欧姆挡电调零。用万用表两表笔断续触碰扬声器两引出端,扬声器中(是,否)发出咯咯……声	
扬声器音圈直流电阻检测	6.4Ω左右　3 VA 8Ω　○ ×1Ω	万用表置于 $R \times 1$ 挡,表笔接触扬声器的两引出端,万用表所指示的阻值就是扬声器音圈的直流电阻,_____Ω	

11. 传声器检测(见附表 E.11)

附表 E.11　继电器的检测记录表

元件名称	检测项目	检测示意图	过程和结果	判定质量
动圈式传声器	质量检测	打开开关　○ ×1Ω　断续触碰	将万用表置于 $R \times 1$ 挡,并进行欧姆挡电调零。两表笔断续触碰传声器的两引出端(设有控制开关的传声器应先打开开关),传声器中(是,否)发出清脆的咯咯……声	
	输出端直流电阻		动圈式传声器输出端的电阻值(实际上就是内部输出变压器的次级电阻值)。将万用表置于 $R \times 10$ 挡,两表笔与传声器的两引出端相接_____Ω	

元件名称	检测项目	检测示意图	过程和结果	判定质量
驻极体式传声器	质量检测		将万用表置于 $R×1K$ 挡。对于二端式驻极体传声器,万用表负表笔接传声器 D 端,正表笔接传声器的接地端(三端式 S 端与地短接)。向传声器吹气,万用表表针(是、否)摆动	

12. 二极管检测(见附表 E.12)

附表 E.12 二极管的检测记录表

名称	型号	指针万用表				数字万用表			
		正向电阻	反向电阻	测量挡位	质量判定	用途	正向压降	反向压降	材料
二极管 1	1N4004			$R×1K$	选可用、断路、击穿和漏电流大四种	整流	0.7 V	显示溢出"1"	硅
二极管 2									

13. 三极管检测(见附表 E.13)

附表 E.13 三极管的检测记录表

型号	绘出其外形图,判别并标注引脚	放大倍数 h_{FE}	材料极性	b-c 电阻($R×1K$)		b-e 电阻($R×1K$)		c-e 电阻($R×1K$)		质量判定
				正向	反向	正向	反向	正向	反向	
C1815	C1815 e c b		NPN 型硅材料							
			PNP 型							

14. 场效应管检测(见附表 E.14)

附表 E.14 (结型)场效应管的检测记录表

型号	绘出其外形图,判别并标注引脚	材料极性	S-D 电阻($R×1K$)		S-G 电阻($R×1K$)		D-G 电阻($R×1K$)		质量判定
			正向	反向	正向	反向	正向	反向	
3DJ7G	3DJ7G SGD	P 型硅材料结型管							

15. 单结晶体管检测(见附表 E.15)

附表 E.15　单结晶体管的检测记录表

型　号	绘出其外形图，判别并标注引脚	e－b1 电阻($R\times1K$)		e－b2 电阻($R\times1K$)		b1－b2 电阻($R\times1K$)		质量判定
		正向	反向	正向	反向	正向	反向	
3BT35A								

16. 单向晶闸管检测(见附表 E.16)

附表 E.16　单向晶闸管的检测记录表

型　号	绘出其外形图，判别并标注引脚	k－g 电阻		k－a 电阻		g－a 电阻		有触发时 a－k 电阻	质量判定
		正向	反向	正向	反向	正向	反向		
MCR100 μ936	MCR 100－B μ936 k g a								

17. 双向晶闸管检测(见附表 E.17)

附表 E.17　双向晶闸管的检测记录表

型　号	绘出其外形图，判别并标注引脚	G－T1 电阻		G－T2 电阻		T1－T2 电阻		有触发时 T1－T2 电阻	质量判定
		正向	反向	正向	反向	正向	反向		
MAC 97A6 μ617	MAC 97A6 μ617 T1 G T2								

18. 光电二极管的检测(见附表 E.18)

附表 E.18　光电二极管的检测记录表

型号和电路符号	正常光线下		遮光时反向电阻	强光时反向电阻	质量判定
	正向电阻	反向电阻			

19. 光电三极管的检测(见附表 E.19)

附表 E.19　光电三极管(NPN 型)的检测记录表

型号和电路符号	正常光线下		遮光时正向电阻 (黑笔接 c,红接 e)	强光时正向电阻 (黑笔接 c,红接 e)	质量判定
	正向电阻(黑笔接 c,红接 e)	反向电阻(黑笔接 e,红接 c)			

区别光电二极管与光电三极管:由于光电二极管与光电三极管外形几乎一样,上述检测也可用来区别它们。遮住窗口测量引脚间的正、反向电阻,阻值较小的是光电二极管,两阻值均为无穷大的为光电三极管。

20. 光电耦合器的检测(见附表 E.20)

附表 E.20　光电耦合器的检测记录表

型号和电路符号	发光管(输入电阻)		静态时,发光管不发光 光电管(输出电阻)		动态时,发光管发光 光电管(输出电阻)		输入、输出端绝缘电阻	质量判定
	正向	反向	正向	反向	正向	反向		

21. 发光二极管的检测(见附表 E.21)

附表 E.21　发光二极管的检测记录表

型号和电路符号	正向($R\times10K$)		反向($R\times10K$)		质量判定
	正向电阻	LED 中有无发光亮点	反向电阻	LED 中有无发光亮点	

22. LED 数码管的检测(见附表 E. 22)

附表 E. 22　LED 数码管的检测记录表

序　号	判断共阴或共阳结构 (使用 $R \times 10K$ 挡)	识别并画出引脚排列 (使用 $R \times 10K$ 挡)	画出数码管内电路	检测亮暗和 有无断笔
数码管 1	共阳			
数码管 2				

23. 集成电路的检测

以四运放 LM324 集成电路为例,离线测量集成电路各引脚对地端的正反向电阻,初步判定集成电路的质量(见附表 E. 23)。

附表 E. 23　LM324 集成电路测量记录表

引　脚	1	2	3	4	5	6	7	8	9	10	11	12	13	14
正　向														
反　向														

测量集成电路时应准备和收集相应资料与数据。

参 考 文 献

[1] 朱余钊,电子材料与元件[M].成都:电子科技大学出版社,1998.

[2] 陈颖.电子材料与元器件[M].北京:电子工业出版社,2001.

[3] 姚金生.元器件[M].北京:电子工业出版社,2001.

[4] 龚华生.元器件自学通[M].北京:电子工业出版社,2005.

[5] 何希才,毛德柱.新型半导体器件及其应用实例[M].北京:电子工业出版
    社,2002.

[6] 韩广兴.电子元器件与实用电路基础[M].北京:电子工业出版社,2002.

[7] 方树昌.电子技术基础[M].南京:江苏科学技术出版社,1992.

[8] 吴运昌.模拟集成电路原理与应用[M].广州:华南理工大学出版社,2001.

[9] 应根裕,胡文波.平板显示技术[M].北京:人民邮电出版社,2002.

[10] 张永枫,李益民.电子技术基本技能实训教程[M].西安:西安电子科技大学
    出版社,2002.

[11] 施文冲,李平.电工实用电了技术手册[M].上海:上海科学技术出版
    社,1995.